U0187080

国家自然科学基金，阵列式瞬变电磁法高分辨率储层监测方法研究，60万，2020.01-2023.12，No. 51974250

电子设计自动化原理及应用

主编　任志平　党　博　宋　阳

中国原子能出版社

图书在版编目(CIP)数据

电子设计自动化原理及应用 / 任志平，党博，宋阳主编. --北京：中国原子能出版社，2020.11

ISBN 978-7-5221-1131-5

Ⅰ. ①电… Ⅱ. ①任… ②党… ③宋… Ⅲ. ①电子电路—电路设计—计算机辅助设计 Ⅳ. ①TN702

中国版本图书馆 CIP 数据核字(2020)第 238340 号

内 容 简 介

随着信息技术的快速发展，电子设计自动化已经广泛应用于智能仪器、工业自动化、电气技术、电子通信、信息处理等领域，电子设计自动化已经成为集成电路、印制电路板、电子整机系统设计的主要技术手段。本书分为三个部分，详细介绍了电子设计工程电子电路仿真、PCB设计以及 FPGA 开发的基本知识、使用软件、开发流程和数字系统设计实践等，书中针对不同应用层次，给出了一定数量的设计案例，有助于读者在学习原理，夯实基础之外，开展更多的实践训练，增强工程应用能力培养。

电子设计自动化原理及应用

出版发行	中国原子能出版社(北京市海淀区阜成路 43 号　100048)
责任编辑	白皎玮
印　　刷	三河市铭浩彩色印装有限公司
经　　销	全国新华书店
开　　本	787mm×1092mm　1/16
印　　张	17.125
字　　数	416 千字
版　　次	2021 年 8 月第 1 版　2021 年 8 月第 1 次印刷
书　　号	ISBN 978-7-5221-1131-5　　定　价　75.00 元

网址：http://www.aep.com.cn　　E-mail:atomep123@126.com

发行电话:010—68452845

前　　言

信息技术的快速发展使得电子产品的更新速度越来越快，在电子性能和复杂度不断提高的同时，电子产品的价格却越来越低，电子信息产品性价比大幅提升的原因之一就是电子设计自动化技术的蓬勃发展。电子设计自动化技术借助计算机存储量大、运行速度快的特点，可对设计方案进行人工难以完成的模拟评估、设计检验、设计优化和数据处理等工作。一台电子产品的设计过程，从概念的确立、算法设计，到电路原理、程序编写、FPGA 的构建及仿真、电磁兼容分析在内的物理级设计，再到印刷电路板钻孔图、自动贴片、焊膏漏印、元器件清单、总装配图等生产所需资料等全部在计算机上完成。电子设计自动化已经成为集成电路、印制电路板、电子整机系统设计的主要技术手段。

电子设计自动化已经广泛应用于智能仪器、工业自动化、电气技术、电子通信、信息处理等领域。在我国，所有电子信息专业都开设电子设计自动化的相关课程，内容上主要覆盖电路仿真、电路制图、FPGA 设计三个主要方面，但由于专业侧重点不同，课程设置形式和学时存在差异，造成理论教学和实践环节的衔接上存在弥补空间。本书根据电子信息类专业培养目标的要求，在长期工程实践的基础上，结合教学、科研成果完成电子系统仿真设计，构建理论教学与实验环节有效对接的桥梁，将学科竞赛、创新创业项目训练素材揉入教材中，为学生后续发展提供一本有益的工具用书，期望进一步推进工程实践能力的培养。

此外本书基于电子信息工程的学科平台课建设，不仅可以满足电信专业学生需求，同时还适用于测控、自动化、电气等电类学生的实践能力培养。

本书共 14 章，其中任志平编写了 1、5、6、9、10、11、12、13、14 章，党博编写 6、7、8 章以及第 5 章的部分内容，宋阳编写了 2、3、4 章以及第 1 章的部分内容，研究生杨玲、王炳友、彭梦梦、张晨露参与素材整理、文字校对等工作，最终全书由任志平统稿、修订。

本书在编写过程中参考了互联网上的专业论坛及网络教学视频中很多资料，没有一一列举，在此对资料的提供者表示感谢。感谢西安石油大学教材建设基金以及西安尚观锦程网络科技有限公司对本书出版的支持。

由于作者水平有限，本书存在不妥之处，恳请读者和同行批评指正！

编　者

2020 年 10 月

目　录

第一篇　电子电路仿真与分析

第二篇 电子电路 PCB 设计

第三篇 基于 VHDL 的数字系统设计

第一篇

电子电路仿真与分析

Multisim 拥有互动式的仿真界面、动态显示元件、具有 3D 效果的仿真电路、虚拟仪表、分析功能与图形显示窗口，是业界一流的 SPICE 仿真标准环境，受到国内外教师、科研人员和工程师的广泛认可。Multisim 不仅有助于学生通过设计、原型开发、电子电路测试等实践操作提高工程技能，还可以在工程中减少原型迭代次数，优化印刷电路板(PCB)设计，是电路教学解决方案的重要基础。

第1章 Multisim的简介和电路分析方法

1.1 Multisim简介

Multisim软件是一个专门用于电子电路仿真与设计的EDA(Electronic Design Automatic,电子设计自动化)工具软件,用户可以方便地把理论知识用计算机仿真的形式再现出来,并且可以用虚拟仪器技术创造出属于自己的仪表。Multisim提供了数千个虚拟元器件和虚拟仪表以及全面集成化的设计环境,能够完成从电路原理图设计输入、电路仿真分析到对电路功能测试的任务,并可直接打印输出实验数据、曲线、原理图和元件清单等内容,当改变仿真电路的连接状态或元件参数时,可以清楚地观测到各种变化对电路性能的影响。

Multisim软件具有以下特点:

(1)操作界面方便友好,原理图的设计输入快捷,元器件丰富。整个操作界面就像一个电子实验工作台,绘制电路所需的元器件和仿真所需的测试仪器均可直接拖放到屏幕上,轻点鼠标可用导线将它们连接起来,软件仪器的控制面板和操作方式都与实物相似,测量数据、波形和特性曲线如同在真实仪器上看到的。

(2)强大的仿真能力,对电路进行全面的仿真。以SPICE3F5和Xspice的内核作为仿真的引擎,通过Electronic workbench带有的增强设计功能将数字和混合模式的仿真性能进行优化,包括SPICE仿真、RF仿真、MCU仿真、VHDL仿真、电路向导等功能。

(3)虚拟电子设备种类齐全。如同操作真实设备一样,Multisim支持多种虚拟仪器进行电路动作的测量。这些仪器的设置和使用与真实的一样,动态互交显示。除了Multisim提供的默认的仪器外,还可以创建LabVIEW的自定义仪器,使得图形环境中可以灵活地升级、测试、测量及控制应用程序的仪器。

(4)强大的MCU(Microcontroller Unit,微控制单元)模块。支持4种类型的单片机芯片,支持对外部RAM、外部ROM、键盘和LCD等外围设备的仿真,分别对4种类型芯片提供汇编和编译支持;所建项目支持C代码、汇编代码以及16进制代码,并兼容第三方工具源代码;包含设置断点、单步运行、查看和编辑内部RAM、特殊功能寄存器等高级调试功能。

(5)完善的后处理,可直接打印输出实验数据、曲线、原理图和元件清单等。对分析结果进行的数学运算操作类型包括算术运算、三角运算、指数运行、对数运算、复合运算、向量运算和逻辑运算等;能够呈现材料清单、元件详细报告、网络报表、原理图统计报告、多余门电路报告、模型数据报告、交叉报表7种报告。

(6)兼容性好的信息转换。提供了转换原理图和仿真数据到其他程序的方法,可以输出原理图到 PCB 布线(如 Ultiboard、OrCAD、PADS Layout2005、P-CAD 和 Protel);输出仿真结果到 Mathcad、Excel 或 LabVIEW;输出网络表文件;向前和返回;提供 Internet Design Sharing(互联网共享文件)。

1.2 Multisim 的基本操作

1.2.1 Multisim 的基本界面

点击开始→程序→National Instruments→Circuit Design Suite 13.0→Multisim,启动 Multisim,可以看到图 1.2.1 所示的 Multisim 的主窗口。界面包括菜单栏、工具栏、元器件栏、设计工具箱、仪器仪表栏以及电路设计区域。其中菜单栏可以完成电路设计的所有操作,主工具栏和快捷菜单栏是将菜单栏中的常用操作直接显示出来,方便用户使用选择,下面将逐一介绍各功能模块。

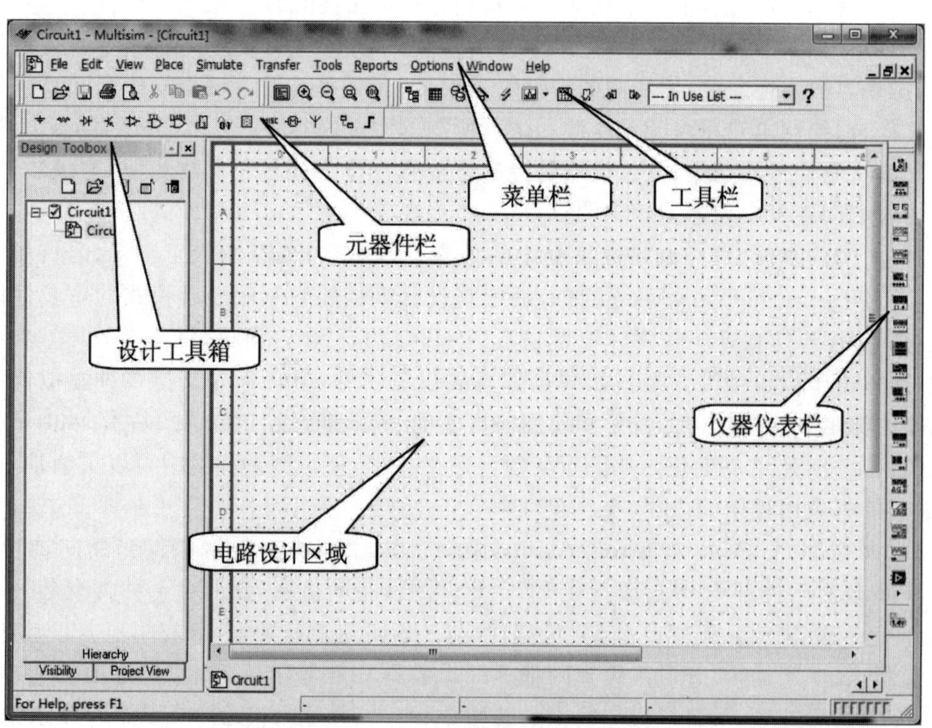

图 1.2.1 Multisim 的主窗口

从图 1.2.1 可以看出，Multisim 的主窗口如同一个实际的电子实验台。屏幕中央区域最大的窗口就是电路工作区，在电路工作区上可将各种电子元器件和测试仪器仪表连接成实验电路。电路工作窗口上方是菜单栏、工具栏。从菜单栏可以选择电路连接、实验所需的各种命令。工具栏包含了常用的操作命令按钮。通过鼠标器操作即可方便地使用各种命令和实验设备。电路工作窗口两边是元器件栏和仪器仪表栏。元器件栏存放着各种电子元器件，仪器仪表栏存放着各种测试仪器仪表，用鼠标操作可以很方便地从元器件和仪器库中，提取实验所需的各种元器件及仪器、仪表到电路工作窗口并连接成实验电路。

1.2.2　Multisim 的菜单项

菜单栏共有 12 个主菜单，涵盖了软件的全部功能。如图 1.2.2 所示。

File　Edit　View　Place　MCU　Simulate　Transfer　Tools　Reports　Options　Window　Help

图 1.2.2　Multisim 菜单栏

(1)File(文件)菜单提供了多个功能，如打开、保存、打印文件等。File 子菜单下，与 Windows 常用的文件操作相似：New——新建文件、Open——打开文件、Save——保存文件、Save as——另存文件、Print——打印文件、Print Setup——打印设置和 Exit——退出等相关的文件操作。

(2)Edit(编辑)菜单在电路绘制过程中，提供对电路及元件仪表灯进行剪切、粘贴、旋转等操作。View(窗口显示)菜单主要提供控制仿真界面上显示内容的操作命令。Edit 菜单中的命令及功能如下：Undo：取消前一次操作；Redo：恢复前一次操作；Cut：剪切所选择的元器件，放在剪贴板中；Copy：将所选择的元器件复制到剪贴板中；Paste：将剪贴板中的元器件粘贴到指定的位置；Delete：删除所选择的元器件；Select All：选择电路中所有的元器件、导线和仪器仪表；Delete Multi-Page：删除多页面；Paste as Subcircuit：将剪贴板中的子电路粘贴到指定的位置；Find：查找电原理图中的元件；Graphic Annotation：图形注释；Order：顺序选择；Assign to Layer：图层赋值；Layer Settings：图层设置；Orientation：旋转方向选择；Title Block Position：工程图明细表位置；Edit Symbol/Title Block：编辑符号/工程明细表；Font：字体设置；Comment：注释；Forms/Questions：格式/问题；Properties：属性编辑。

(3)View(窗口显示)菜单主要提供控制仿真界面上显示内容的操作命令。View 菜单中的命令及功能如下：Full Screen：全屏；Parent Sheet：层次；Zoom In：放大电原理图；Zoom Out：缩小电原理图；Zoom Area：放大面积；Zoom Fit to Page：放大到适合的页面；Zoom to magnification：按比例放大到适合的页面；Zoom Selection：放大选择；Show Grid：显示或者关闭栅格；Show Border：显示或者关闭边界；Show Page Border：显示或者关闭页边界；Ruler Bars：显示或者关闭标尺栏；Statusbar：显示或者关闭状态栏；Design Toolbox：显示或者关闭设计工具箱；Spreadsheet View：显示或者关闭电子数据表；Circuit Description Box：显示或者关闭电路描述工具箱；Toolbar：显示或者关闭工具箱；Show Comment/Probe：显示或者关闭注释/标注；Grapher：显示或者关闭图形编辑器。

(4)Place(放置)菜单提供在电路工作窗口内放置元件、连接点、总线和文字等命令。Place菜单中的命令及功能如下:Component:放置元件;Junction:放置节点;Wire:放置导线;Bus:放置总线;Connectors:放置输入/输出端口连接器;New Hierarchical Block:放置层次模块;Replace Hierarchical Block:替换层次模块;Hierarchical Block form File:来自文件的层次模块;New Subcircuit:创建子电路;Replace by Subcircuit:子电路替换;Multi-Page:设置多页;Merge Bus:合并总线;Bus Vector Connect:总线矢量连接;Comment:注释;Text:放置文字;Grapher:放置图形;Title Block:放置工程标题栏。

(5)MCU(微控制器)菜单主要提供在电路设计区域内 MCU 的调试操作命令。MCU 菜单中的命令及功能如下:No MCU Component Found:没有创建 MCU 器件;Debug View Format:调试格式;Show Line Numbers:显示线路数目;Pause:暂停;Step into:进入;Step over:跨过;Step out:离开;Run to cursor:运行到指针;Toggle breakpoint:设置断点;Remove all breakpoint:移出所有的断点。

(6)Simulate(仿真)菜单提供了电路仿真(即电路的模拟运行)设置与操作的相关命令。Simulate 菜单中的命令及功能如下:Run:开始仿真;Pause:暂停仿真;Stop:停止仿真;Instruments:选择仪器仪表;Interactive Simulation Settings…:交互式仿真设置;Digital Simulation Settings…:数字仿真设置;Analyses:选择仿真分析法;Postprocess:启动后处理器;Simulation Error Log/Audit Trail:仿真误差记录/查询索引;XSpice Command Line Interface:XSpice 命令界面;Load Simulation Setting:导入仿真设置;Save Simulation Setting:保存仿真设置;Auto Fault Option:自动故障选择;VHDL Simlation:VHDL 仿真;Dynamic Probe Properties:动态探针属性;Reverse Probe Direction:反向探针方向;Clear Instrument Data:清除仪器数据;Use Tolerances:使用公差。

(7)Transfer(文件输出)菜单提供不同的传输命令对电路图进行传递以及输出 PCB 设计图。Transfer 菜单中的命令及功能如下:Transfer to Ultiboard 10:将电路图传送给 Ultiboard 10;Transfer to Ultiboard 9 or earlier:将电路图传送给 Ultiboard 9 或者其他早期版本;Export to PCB Layout:输出 PCB 设计图;Forward Annotate to Ultiboard 10:创建 Ultiboard 10 注释文件;Forward Annotate to Ultiboard 9 or earlier:创建 Ultiboard 9 或者其他早期版本注释文件;Backannotate from Ultiboard:修改 Ultiboard 注释文件;Highlight Selection in Ultiboard:加亮所选择的 Ultiboard;Export Netlist:输出网表。

(8)Tools(工具)菜单提供对元件和电路进行编辑、管理的相关命令。Tools 菜单中的命令及功能如下:Component Wizard:元件编辑器;Database:数据库;Variant Manager:变量管理器;Set Active Variant:设置动态变量;Circuit Wizards:电路编辑器;Rename/Renumber Components:元件重新命名/编号;Replace Components:元件替换;Update Circuit Components:更新电路元件;Update HB/SC Symbols:更新 HB/SC 符号;Electrical Rules Check:电气规则检验;Clear ERC Markers:清除 ERC 标志;Toggle NC Marker:设置 NC 标志;Symbol Editor:符号编辑器;Title Block Editor:工程图明细表比较器;Description Box Editor:描述箱比较器;Edit Labels:编辑标签;Capture Screen Area:抓图范围。

(9)Reports(报告)菜单提供对所用材料、元件、统计表等信息的报告生成命令。Reports 菜单中的命令及功能如下:Bill of Report:材料清单;Component Detail Report:元件详细报告;Netlist Report:网络表报告;Cross Reference Report:参照表报告;Schematic Statistics:统计报告;Spare Gates Report:剩余门电路报告。

(10)Option(选项)菜单提供了相关界面的设置功能。Options 菜单中的命令及功能如下:Global Preferences:全部参数设置;Sheet Properties:工作台界面设置;Customize User Interface:用户界面设置。

(11)Window(窗口)菜单提供了电路设计区域的窗口操作命令。Windows 菜单中的命令及功能如下:New Window:建立新窗口;Close:关闭窗口;Close All:关闭所有窗口;Cascade:窗口层叠;Tile Horizontal:窗口水平平铺;Tile Vertical:窗口垂直平铺;Windows:窗口选择。

(12)Help(帮助)菜单为用户提供在线技术帮助和使用指导。Help 菜单中的命令及功能如下:Multisim Help:主题目录;Components Reference:元件索引;Release Notes:版本注释;Check For Updates:更新校验;File Information:文件信息;Patents:专利权;About Multisim:有关 Multisim 的说明。

1.2.3　Multisim 的元器件库

Multisim 提供了丰富的元器件库,元器件库栏图标和名称如图 1.2.3 所示。

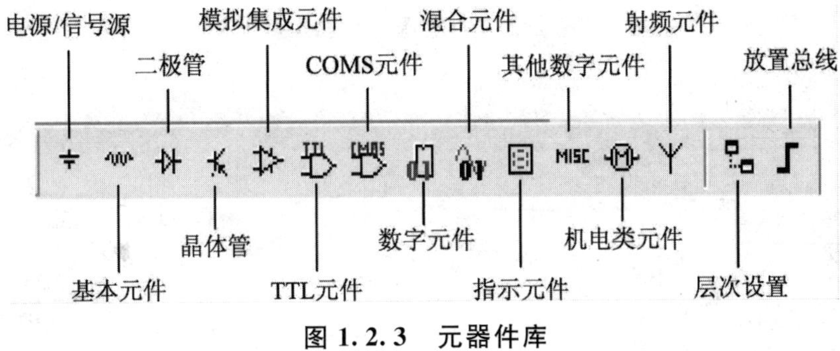

图 1.2.3　元器件库

用鼠标左键单击元器件库栏的某一个图标即可打开该元件库,元器件库中的各个图标所表示的元器件含义如下。

(1)电源/信号源库。电源/信号源库包含有接地端、直流电压源(电池)、正弦交流电压源、方波(时钟)电压源、压控方波电压源等多种电源与信号源。电源/信号源库如图 1.2.4 所示。

(2)基本器件库。基本器件库包含有电阻、电容等多种元件。基本器件库中的虚拟元器件的参数是可以任意设置的,非虚拟元器件的参数是固定的,但是可以选择的。基本器件库如图 1.2.5 所示。

(3)二极管库。二极管库包含有二极管、可控硅等多种器件。二极管库中的虚拟器件的参数是可以任意设置的,非虚拟元器件的参数是固定的,但是是可以选择的。二极管库如图 1.2.6 所示。

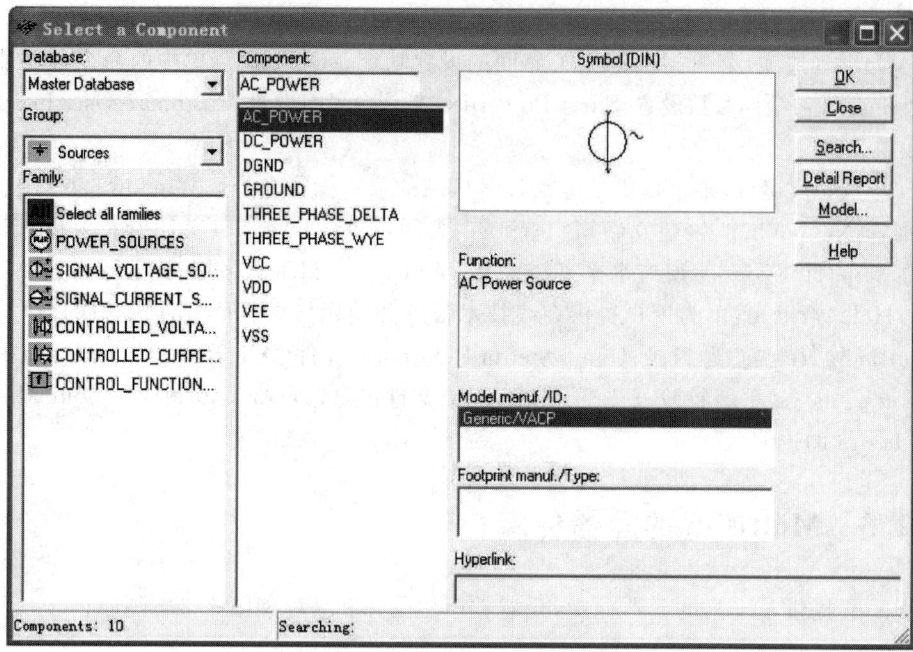

图 1.2.4　电源/信号源库

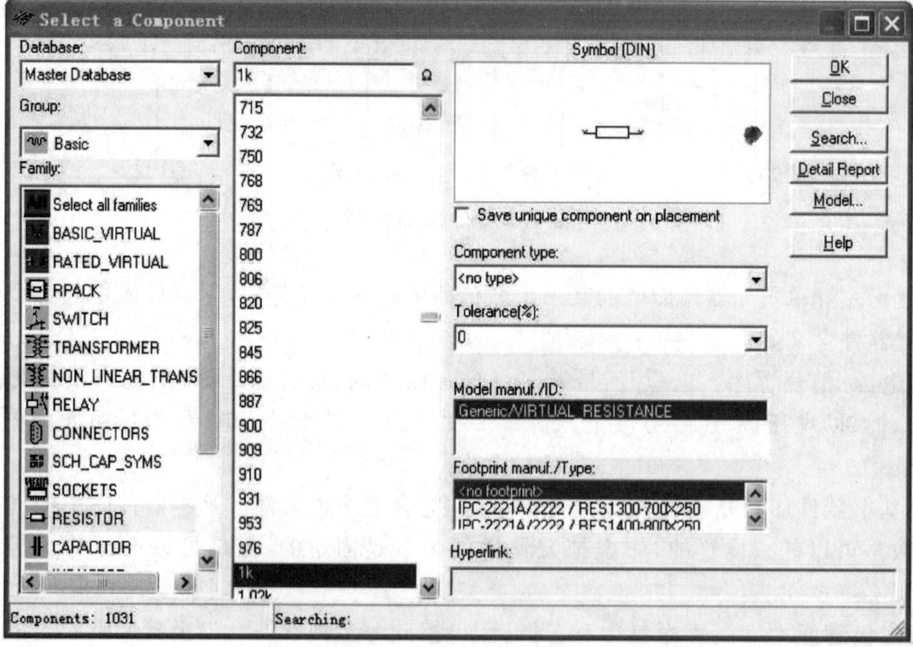

图 1.2.5　基本器件库

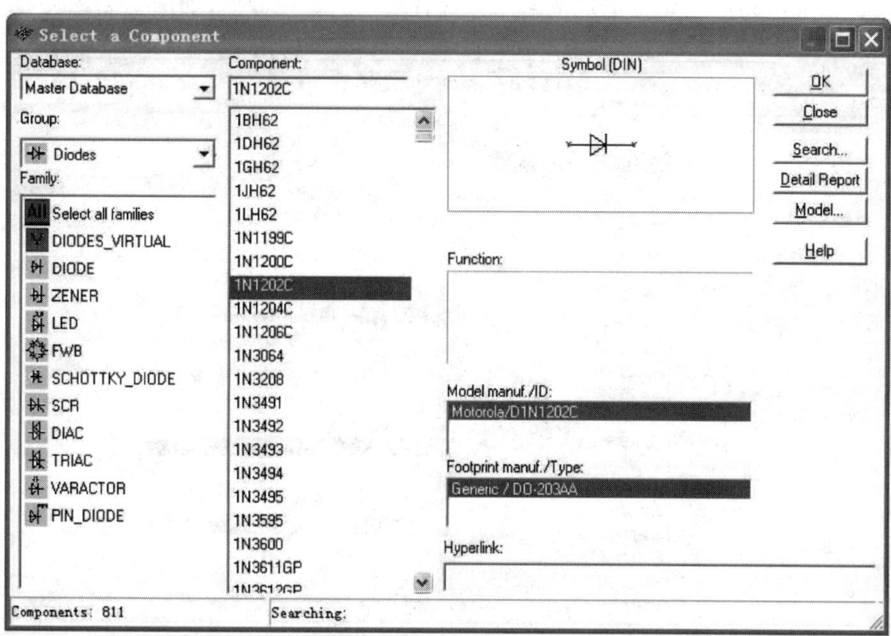

图 1.2.6　二极管库

(4)晶体管库。晶体管库包含有晶体管、FET 等多种器件。晶体管库中的虚拟器件的参数是可以任意设置的,非虚拟元器件的参数是固定的,但是是可以选择的。晶体管库如图 1.2.7 所示。

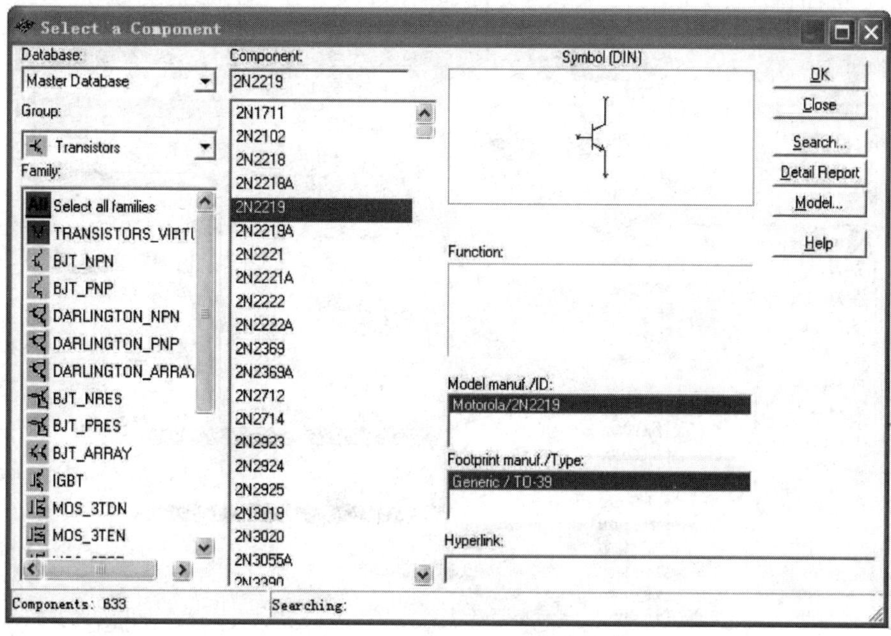

图 1.2.7　晶体管库

(5)模拟集成电路库。模拟集成电路库包含有多种运算放大器,如图 1.2.8 所示。

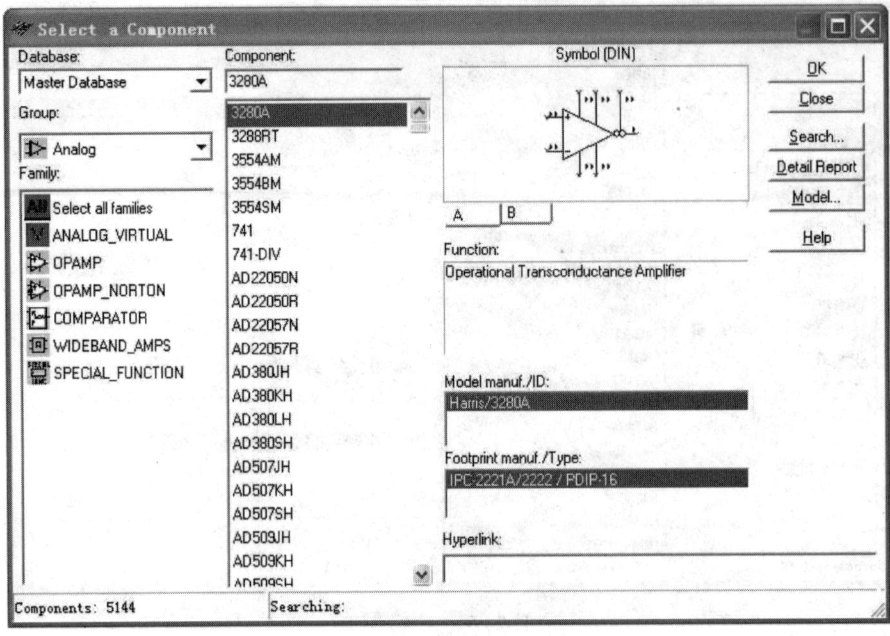

图 1.2.8　模拟集成电路库

(6)TTL 数字集成电路库。TTL 数字集成电路库包含有 74××系列和 74LS××系列等 74 系列数字电路器件。TTL 数字集成电路库如图 1.2.9 所示。

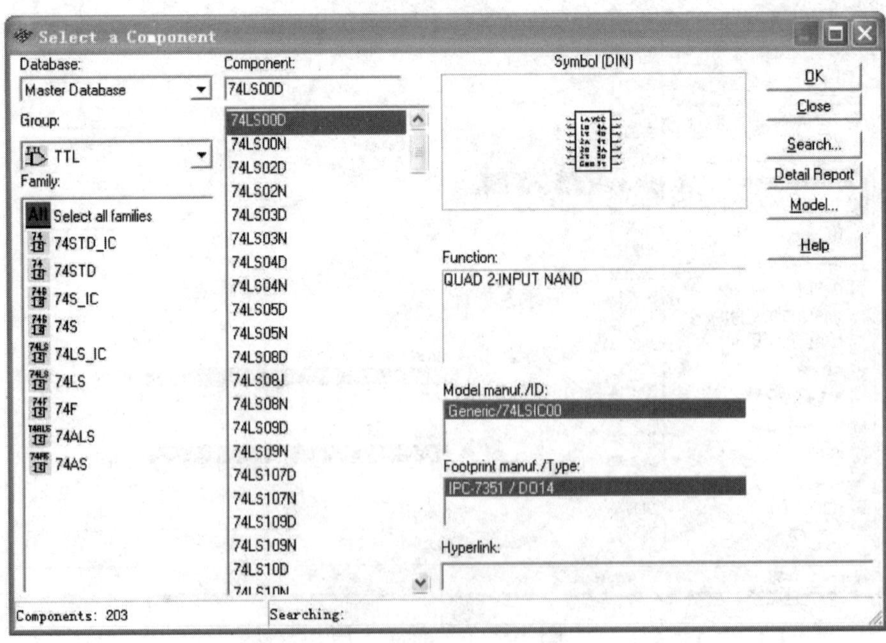

图 1.2.9　TTL 数字集成电路库

(7)CMOS 数字集成电路库。CMOS 数字集成电路库包含有 40××系列和 74HC××系列多种 CMOS 数字集成电路系列器件。CMOS 数字集成电路库如图 1.2.10 所示。

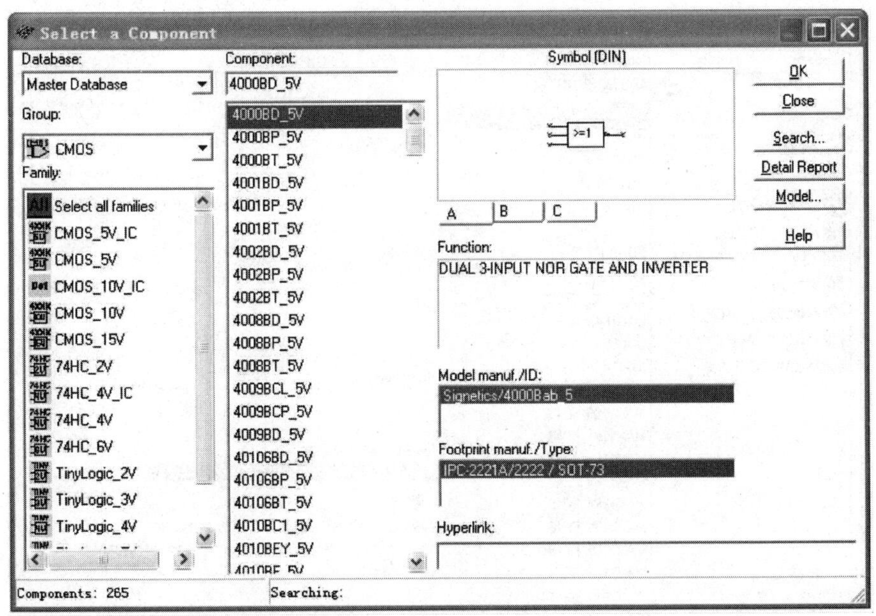

图 1.2.10　CMOS 数字集成电路库

(8)数字器件库。数字器件库包含有 DSP、FPGA、CPLD、VHDL 等多种器件。数字器件库如图 1.2.11 所示。

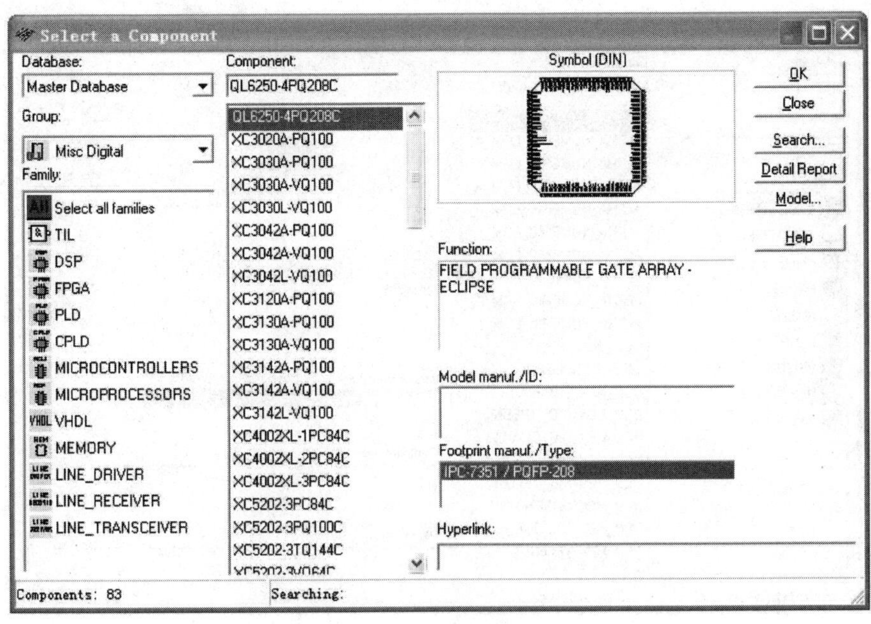

图 1.2.11　数字器件库

(9)数模混合集成电路库。数模混合集成电路库包含有 ADC/DAC、555 定时器等多种数模混合集成电路器件。数模混合集成电路库如图 1.2.12 所示。

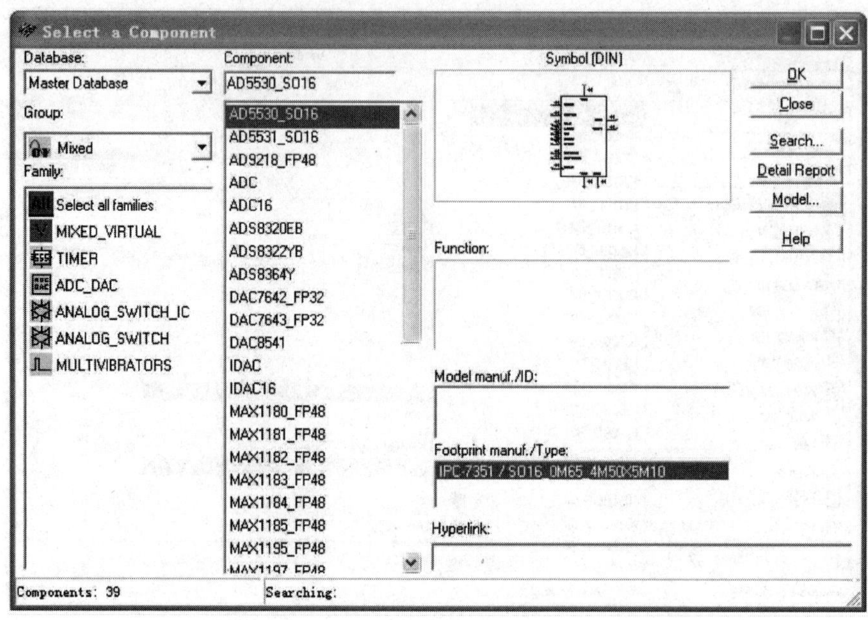

图 1.2.12　数模混合集成电路库

(10)指示器件库。指示器件库包含有电压表、电流表、七段数码管等多种器件。指示器件库如图 1.2.13 所示。

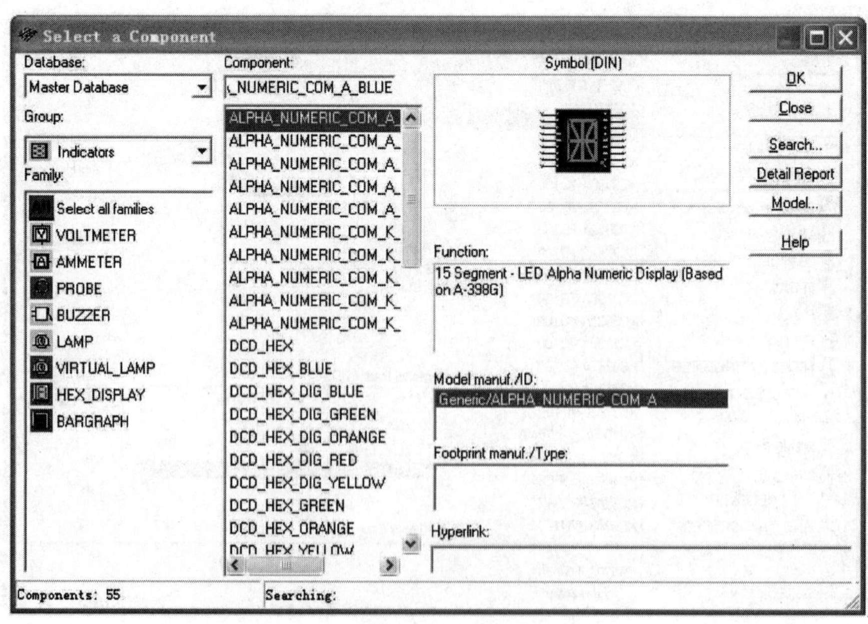

图 1.2.13　指示器件库

(11)电源器件库。电源器件库包含有三端稳压器、PWM 控制器等多种电源器件。电源器件库如图 1.2.14 所示。

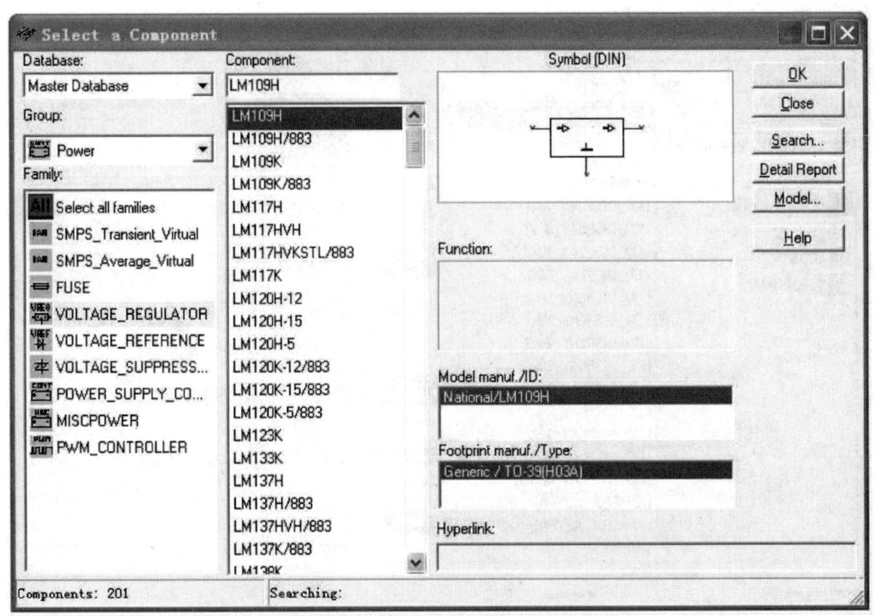

图 1.2.14　电源器件库

(12)其他器件库。其他器件库包含有晶体、滤波器等多种器件。其他器件库如图 1.2.15 所示。

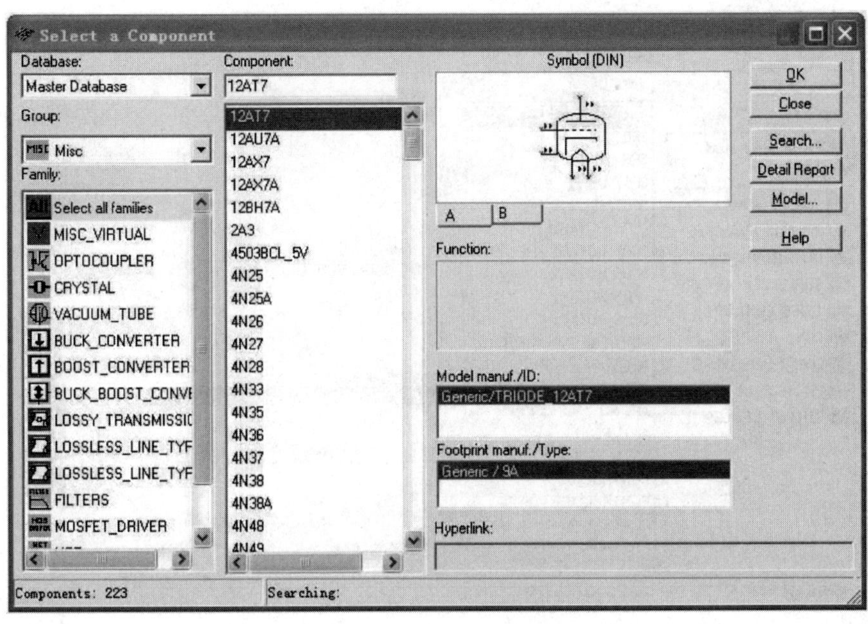

图 1.2.15　其他器件库

(13)键盘显示器库。键盘显示器库包含有键盘、LCD 等多种器件。键盘显示器库如图 1.2.16 所示。

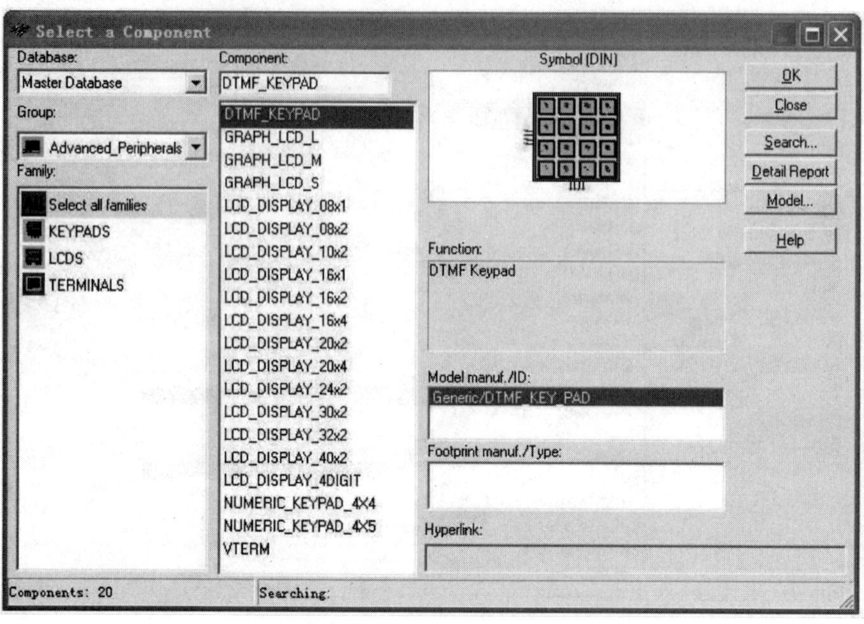

图 1.2.16　键盘显示器库

(14)机电类器件库。机电类器件库包含有开关、继电器等多种机电类器件。机电类器件库如图 1.2.17 所示。

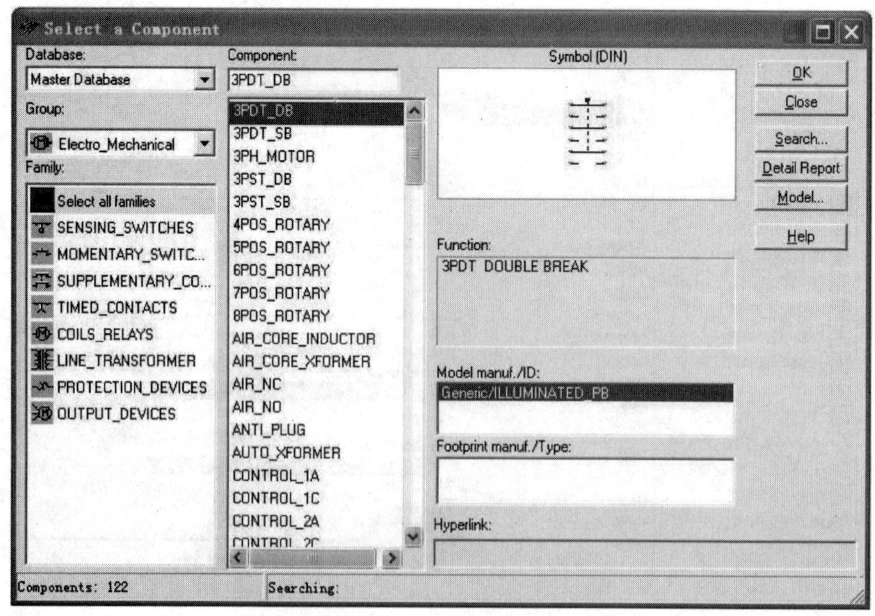

图 1.2.17　机电类器件库

(15)微控制器库。微控制器件库包含有 8051、PIC 等多种微控制器。微控制器件库如图 1.2.18 所示。

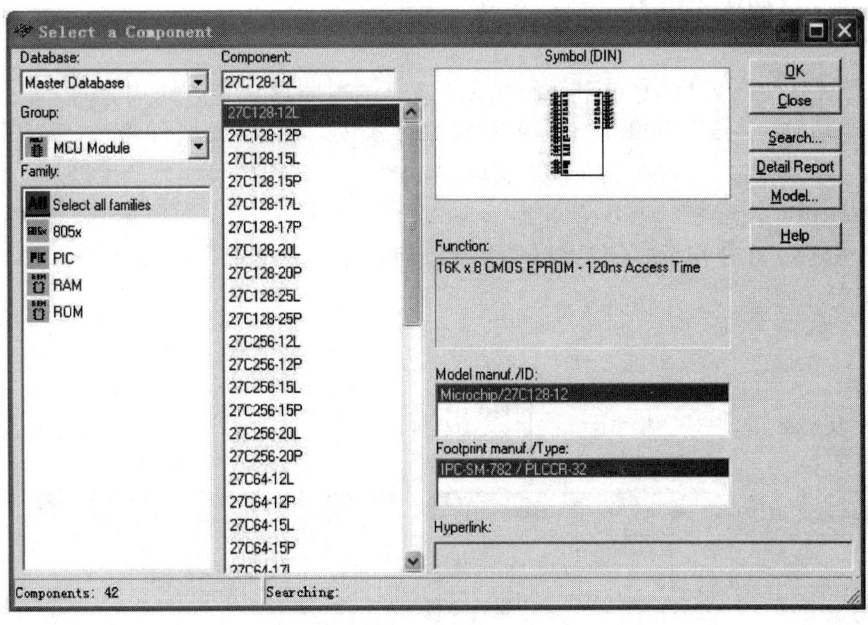

图 1.2.18　微控制器库

(16)射频元器件库。射频元器件库包含有射频晶体管、射频 FET、微带线等多种射频元器件。射频元器件库如图 1.2.19 所示。

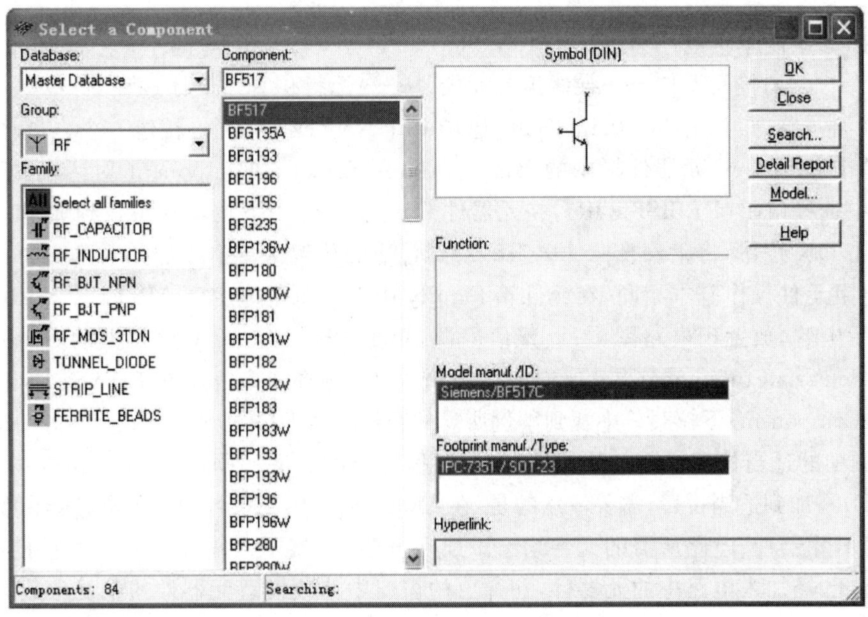

图 1.2.19　射频元器件库

1.2.4 Multisim 仪器仪表库

对电路进行仿真运行，通过对运行结果的分析，判断设计是否正确合理，是 EDA 软件的一项主要功能。为此，Multisim 为用户提供了类型丰富的虚拟仪器，这些虚拟仪器仪表的参数设置、使用方法和外观设计与实验室中的真实仪器基本一致。可以从 Design 工具栏®Instruments 工具栏，或用菜单命令（Simulation/Instrument）选用这 11 种仪表，如图 1.2.20 所示。在选用后，各种虚拟仪表都以面板的方式显示在电路中。

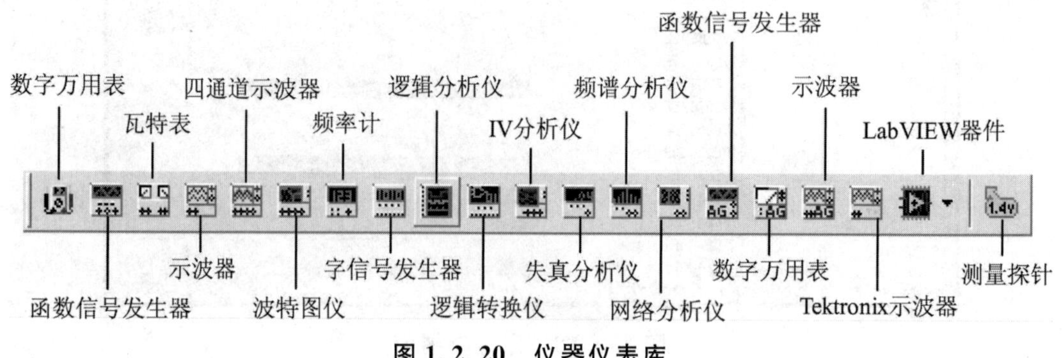

图 1.2.20　仪器仪表库

1.2.5 Multisim 的简易操作

电路图的绘制基本顺序为：启动 Multisim——创建一个新的电路图——添加元器件——编辑元器件——调整元器件——导线连接元器件——运行仿真。具体过程为：

（1）添加元器件：双击 Multisim 图标，选择 File-New 菜单命令，新建一个电路图；添加电阻元件，单击 Multisim 元器件栏中的 Basic 按钮，在 Select a Component 对话框的元器件箱（Family）中选择电阻（RESISITOR），在元器件 Component 中下拉滚动条找到如图所示电阻，选中后单击 OK 按钮，将附着光标的电阻移动到合适的位置后单击添加到电路图中；添加电容元件，与电阻元件操作基本相同，在元件箱 Family 中选择电解电容（CAP_ELECTROLIT），找到如图所示电容，放置于电路图中；放置信号源，单击 Multisim 元器件栏上的 Sources 按钮，在弹出的 Select a Component 中的元器件箱（Family）中选择功率信号源（POWER_SOURCES），在元器件（Component）下拉菜单中找到本例所需的交流信号源（AC_POWER），单击 OK 按钮，添加到电路图中的适当位置。添加接地端，与放置信号源的方法相同，在 Component 中找到接地（GROUND）添加到适当位置，需要注意的是：在 Multisim 的电路设计中要求电路必须接地。

（2）编辑元器件：电路所需的元件均已添加到电路中，接下来需要对各元器件的参数进行修改。双击已经加入电路中的元器件，在弹出的窗口中修改设置元器件的主要参数。

（3）连接电路：将电路中的元器件端口连接，鼠标左键单击元件端口后 Multisim 会自行连接，按照设计的电路图进行连接。

(4)虚拟仪器的使用:Multisim 提供了较为全面的虚拟仪器,如示波器、电流表等常用仪器,根据实验数据监测的不同需要,选择所需仪器放置在电路中的适当位置,放置方式与元器件添加方式基本相同。

1.3　Multisim 电路分析方法

Multisim 具有较强的分析功能,用鼠标点击 Simulate(仿真)菜单中的 Analysis(分析)菜单(Simulate→Analysis),可以弹出电路分析菜单。

1.3.1　直流工作点分析(DC Operating Point)

在进行直流工作点分析时,电路中的交流源将被置零,电容开路,电感短路。用鼠标点击 Simulate→Analysis→DC Operating Point,将弹出 DC Operating Point Analysis 对话框,进入直流工作点分析状态,如图 1.3.1 所示。

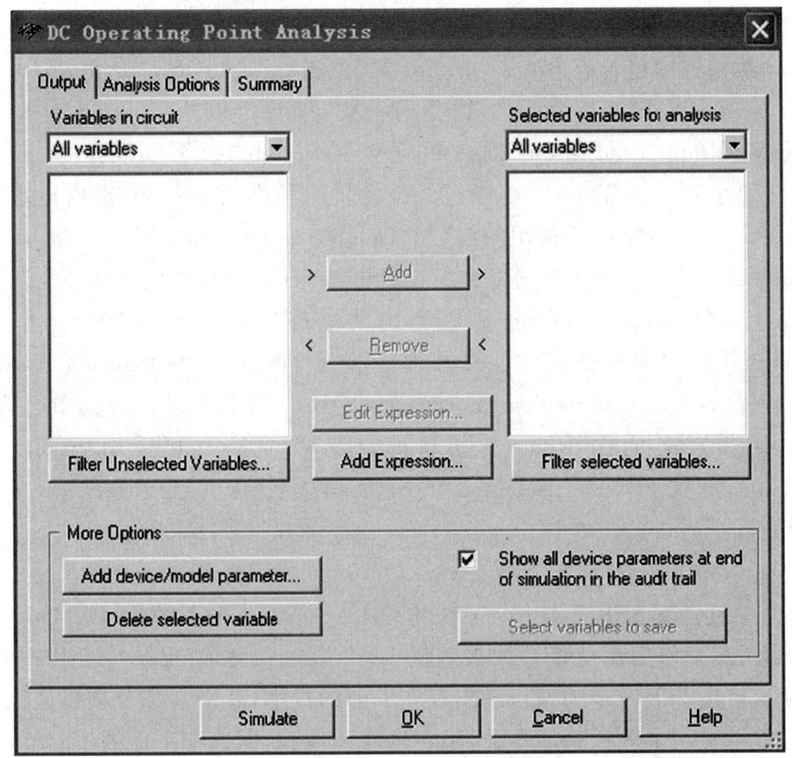

图 1.3.1　DC Operating Point Analysis 对话框

DC Operating Point Analysis 对话框有 Output、Analysis Options 和 Summary 3 个选项。

(1)Output 对话框,用来选择需要分析的节点和变量。在 Variables in Circuit 栏中列出的是电路中可用于分析的节点和变量,点击 Variables in circuit 窗口中的下箭头按钮,可以给出变量类型选择表。在变量类型选择表中,点击 Voltage and current 选择电压和电流变量/点击 Voltage 选择电压变量/点击 Current 选择电流变量/点击 Device/Model Parameters 选择元件/模型参数变量/点击 All variables 选择电路中的全部变量。

点击该栏下的 Filter Unselected Variables 按钮,弹出 Filter nodes 对话框,如图 1.3.2 所示,可以增加一些变量。该对话框有 3 个选项,选择 Display internal nodes 选项显示内部节点,选择 Display submodules 选项显示子模型的节点,选择 Display open pins 选项显示开路的引脚。

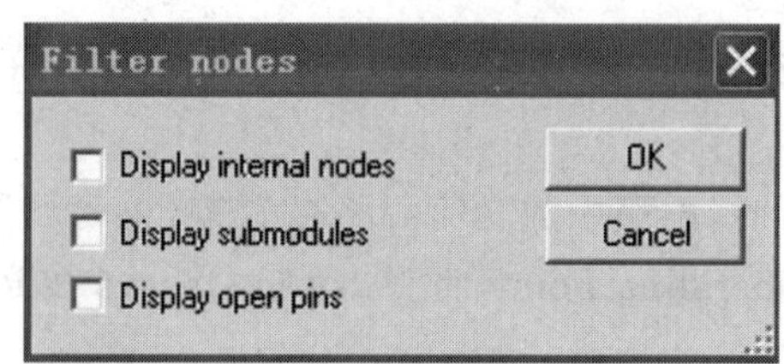

图 1.3.2　Filter nodes 对话框

在 Output 对话框中包含有 More Options 区,点击 Add device/ model parameter 可以在 Variables in circuit 栏内增加某个元件/模型的参数,弹出 Add device/model parameter 对话框。在 Add device/model parameter 对话框,可以在 Parameter Type 栏内指定所要新增参数的形式;然后分别在 Device Type 栏内指定元件模块的种类、在 Name 栏内指定元件名称(序号)、在 Parameter 栏内指定所要使用的参数。Delete selected variables 按钮可以删除已通过 Add device/model parameter 按钮选择到 Variables in circuit 栏中的变量。

在 Selected variables for analysis 栏中列出的是确定需要分析的节点。选中左边的 Variables in circuit 栏中需要分析的一个或多个变量,再点击 Plot during simulation 按钮,则这些变量出现在 Selected variables for analysis 栏中。如果不想分析其中已选中的某一个变量,可先选中该变量,点击 Remove 按钮即将其移回 Variables in circuit 栏内。Filter Selected Variables 筛选 Filter Unselected Variables 已经选中并且放在 Selected variables for analysis 栏的变量。

(2)Analysis Options 对话框。Analysis Options 对话框如图 1.3.3 所示。在 Analysis Options 对话框中包含有 SPICE Options 区和 Other Options 区。Analysis Options 对话框用来设定分析参数,建议使用默认值。如果选择 Use Custom Settings,可以用来选择用户所设定的分析选项。可供选取设定的项目已出现在下面的栏中,其中大部分项目应该采用默认值,如果想要改变其中某一个分析选项参数,则在选取该项后,再选中下面的 Customize 选项。选中 Customize 选项将出现另一个窗口,可以在该窗口中输入新的参数。点击左下角的 Restore to Recommended Settings 按钮,即可恢复默认值。

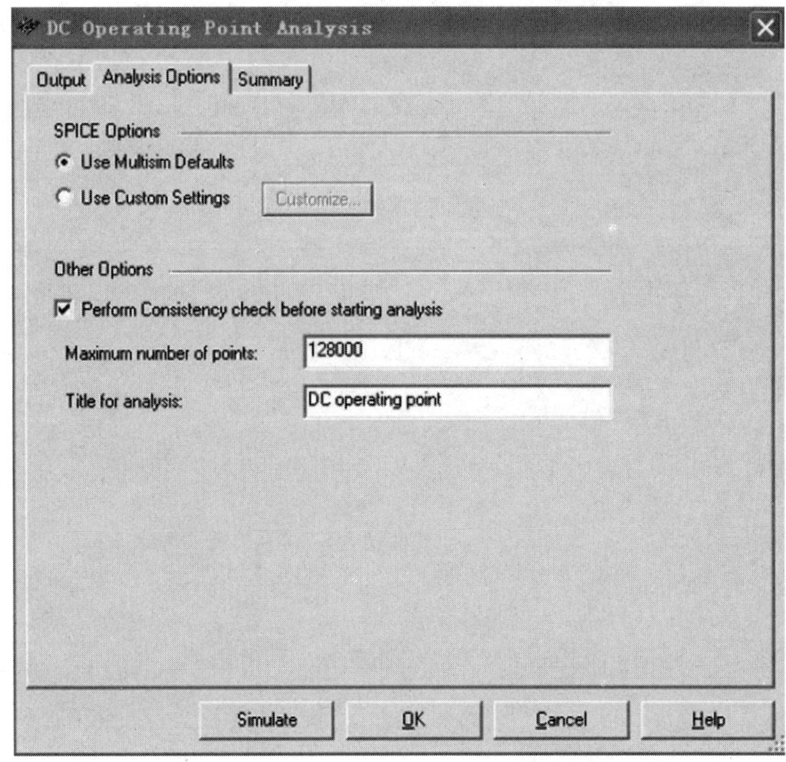

图 1.3.3　Analysis Options 对话框

(3)Summary 对话框。在 Summary 对话框中，给出了所有设定的参数和选项，用户可以检查确认所要进行的分析设置是否正确。

(4)保存设置。点击 OK 按钮可以保存所有的设置。

(5)放弃设置。点击 Cancel 按钮即可放弃设置。

(6)进行仿真分析。点击 Simulate 按钮即可进行仿真分析，得到仿真分析结果。

1.3.2　交流分析(AC Analysis)

交流分析用于分析电路的频率特性。需先选定被分析的电路节点，在分析时，电路中的直流源将自动置零，交流信号源、电容、电感等均处在交流模式，输入信号设定为正弦波形式，因此输出响应是该电路交流频率的函数。

用鼠标点击 Simulate→Analysis→AC Analysis，将弹出 AC Analysis 对话框，进入交流分析状态，AC Analysis 对话框如图 1.3.4 所示。AC Analysis 对话框有 Frequency Parameters、Output、Analysis Options 和 Summary 4 个选项，下面介绍 Frequency Parameters 选项；Output、Analysis Options 和 Summary 3 个选项与直流工作点分析的设置一样，这里不再赘述。

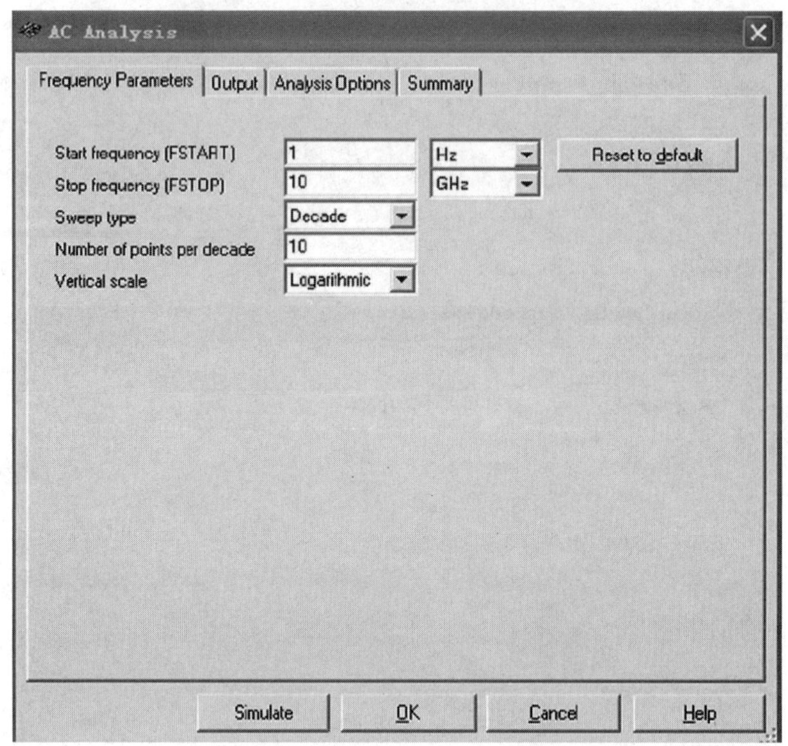

图 1.3.4 AC Analysis 对话框

(1)参数设置。在 Frequency Parameters 参数设置对话框中,可以确定分析的起始频率、终点频率、扫描形式、分析采样点数和纵向坐标(Vertical scale)等参数。其中:在 Start frequency 窗口中,设置分析的起始频率,默认设置为 1 Hz。在 Stop frequency(FSTOP)窗口中,设置扫描终点频率,默认设置为 10 GHz。在 Sweep type 窗口中,设置分析的扫描方式,包括 Decade(十倍程扫描)和 Octave(八倍程扫描)及 Linear(线性扫描)。默认设置为十倍程扫描(Decade 选项),以对数方式展现。在 Number of points per decade 窗口中,设置每十倍频率的分析采样数,默认为 10。在 Vertical Scale 窗口中,选择纵坐标刻度形式:坐标刻度形式有 Decibel(分贝)、Octave(八倍)、Linear(线性)及 Logarithmic(对数)形式。默认设置为对数形式。

(2)默认值恢复。点击 Reset to default 按钮,即可恢复默认值。

(3)仿真分析。按下"Simulate"(仿真)按钮,即可在显示图上获得被分析节点的频率特性波形。交流分析的结果,可以显示幅频特性和相频特性两个图。如果用波特图仪连至电路的输入端和被测节点,同样也可以获得交流频率特性。在对模拟小信号电路进行交流频率分析的时候,数字器件将被视为高阻接地。

1.3.3 瞬态分析(Transient Analysis)

瞬态分析是指对所选定的电路节点的时域响应。即观察该节点在整个显示周期中每一时刻的电压波形。在进行瞬态分析时，直流电源保持常数，交流信号源随着时间而改变，电容和电感都是能量储存模式元件。

用鼠标点击 Simulate→Analysis→Transient Analysis，将弹出 Transient Analysis 对话框，进入瞬态分析状态，Transient Analysis 对话框如图 1.3.5 所示。Transient Analysis 对话框有 Analysis Parameters、Output、Analysis Options 和 Summary 4 个选项，下面介绍 Analysis Parameters 选项，Output、Analysis Options 和 Summary 3 个选项与直流工作点分析的设置一样，不再赘述。

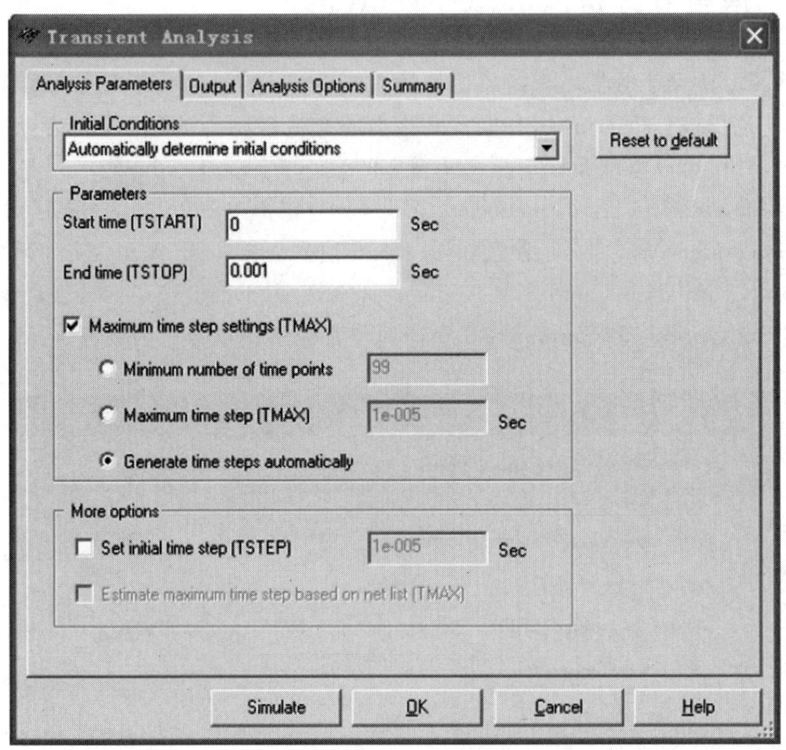

图 1.3.5　Transient Analysis 对话框

(1) Initial conditions 区：在 Initial conditions 区中可以选择初始条件。点击 Automatically determine Initial conditions，由程序自动设置初始值；点击 Set to zero，初始值设置为 0；点击 User defined，由用户定义初始值；点击 Calculate DC operating point，通过计算直流工作点得到的初始值。

(2) Parameters 区：在 Parameters 区可以对时间间隔和步长等参数进行设置。Start time 窗口：设置开始分析的时间；End time 窗口：设置结束分析的时间；点击 Maximum time step settings，可以设置分析的最大时间步长。其中点击 Minimum number of time points，可以设置单位时间内的采样点数。点击 Maximum time step(TMAX)，可以设置最大的采样时间间距。点击 Generate time steps automatically，可以由程序自动决定分析的时间步长。

(3)More Options 区：选择 Set initial time step 选项，可以由用户自行确定起始时间步，步长大小输入在其右边栏内。如不选择，则由程序自动约定。选择 Estimate maximum time step based on net list，根据网表来估算最大时间步长。

(4)Reset to default 按钮：点击 Reset to default 按钮，即可恢复默认值。

(5)Simulate 按钮：按下"Simulate"(仿真)按钮，即可在显示图上获得被分析节点的瞬态特性波形。

1.3.4 傅里叶分析(Fourier Analysis)

傅里叶分析方法用于分析一个时域信号的直流分量、基频分量和谐波分量。在进行傅里叶分析时，首先选择被分析的节点，一般将电路中的交流激励源的频率设定为基频，若在电路中有几个交流源时，可以将基频设定在这些频率的最小公因数上。

鼠标点击 Simulate→Analysis→Fourier Analysis…，将弹出 Fourier Analysis 对话框，进入傅里叶分析状态，Fourier Analysis 对话框如图 1.3.6 所示。Fourier Analysis 对话框有 Analysis Parameters、Output、Analysis Options 和 Summary 4 个选项，下面介绍 Analysis Parameters 选项，Output、Analysis Options 和 Summary 3 个选项与直流工作点分析的设置一样，不再赘述。

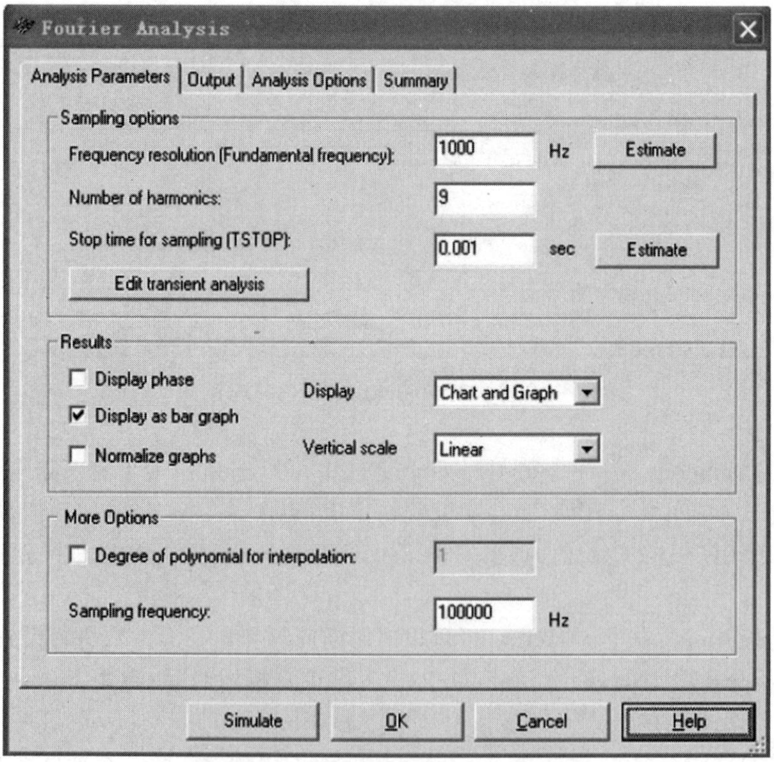

图 1.3.6 Fourier Analysis 对话框

(1)Sampling options 区:在 Sampling options 区可以对傅里叶分析的基本参数进行设置。其中:在 Frequency resolution(Fundamental frequency)窗口中可以设置基频。如果电路之中有多个交流信号源,则取各信号源频率的最小公倍数。如果不知道如何设置时,可以点击 Estimate 按钮,由程序自动设置。在 Number of 窗口可以设置希望分析的谐波的次数。Stopping time for sampling:设置停止取样的时间。如果不知道如何设置时,也可以点击 Estimate 按钮,由程序自动设置。点击 Edit transient Analysis 按钮,弹出的对话框与瞬态分析类似,设置方法与瞬态分析相同。

(2)Results 区:在 Results 区可以选择仿真结果的显示方式。其中:选择 Display phase 可以显示幅频及相频特性。选择 Display as bar graph 可以以线条显示出频谱图。选择 Normalize graphs,可以显示归一化的(Normalize)频谱图。在 Display 窗口可以选择所要显示的项目,有 3 个选项:Chart(图表)、Graph 曲线及 Chart and Graph(图表和曲线)。在 Vertical 窗口可以选择频谱的纵坐标刻度,其中包括 Decibel(分贝刻度)、Octave(八倍刻度)、Linear(线性刻度)及 Logarithmic(对数刻度)。

(3)More Options 区:点击 More>>按钮,将增加一个 More Options 区(点击 Less<<按钮,可以消除 More Options 区)。在 More Options 区中,选择 Degree of polynomial for interpolation 可以设置多项式的维数,选中该选项后,可在其右边栏中输入维数值。多项式的维数越高,仿真运算的精度也越高。Sampling frequency 窗口可以设置取样频率,默认为 100 000 Hz。如果不知道如何设置时,可点击 Stopping time for sampling 区中的 Estimate 按钮,由程序设置。

(4)Simulate 按钮:按“Simulate”(仿真)按钮,即可在显示图上获得被分析节点的离散傅里叶变换的波形。傅里叶分析可以显示被分析节点的电压幅频特性,也可以选择显示相频特性,显示的幅度可以是离散条形,也可以是连续曲线型。

1.3.5　噪声与噪声系数分析

噪声分析用于检测电子线路输出信号的噪声功率幅度,从而计算、分析电阻或晶体管的噪声对电路的影响。在分析时,假定电路中各噪声源是互不相关的,因此它们的数值可以分开各自计算。总的噪声是各噪声在该节点的和(用有效值表示)。

鼠标点击 Simulate→Analysis→Noise Analysis,将弹出 Noise Analysis 对话框,进入噪声分析状态,Noise Analysis 对话框如图 1.3.7 所示。Noise Analysis 对话框有 Analysis Parameters、Frequency Parameters、Output、Analysis Options 和 Summary 5 个选项,其中 Output、Analysis Options 和 Summary 3 个选项与直流工作点分析的设置一样,Frequency Parameters 与交流分析类似,均不再赘述。下面仅介绍 Analysis Parameters 选项。

在 Analysis Parameters 对话框中,在 Input noise reference source 窗口,选择作为噪声输入的交流电压源;默认设置为电路中的编号为第 1 的交流电压源。在 Output node 窗口,选择作测量输出噪声分析的节点;默认设置为电路中编号为第 1 的节点。在 Reference node 窗口,选择参考节点;默认设置为接地点。当选择 Set point per summary 选项时,输出显示为噪声分布为曲线形式;未选择时,输出显示为数据形式。

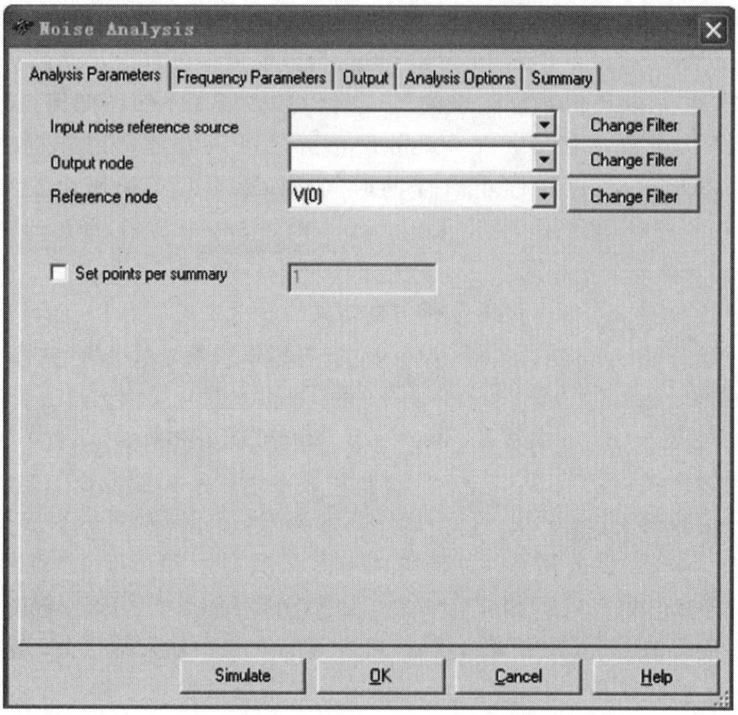

图 1.3.7　Noise Analysis 对话框

在 Analysis Parameters 对话框中的右边有 3 个 Change Filter,分别对应于其左边的栏,其功能与 Output 对话框中的 Filter Unselected Variables 按钮相同,详见直流工作点分析中的 Output 对话框。按"Simulate"(仿真)键,即可在显示图上获得被分析节点的噪声分布曲线图。

噪声系数分析主要用于研究元件模型中的噪声参数对电路的影响。在 Multisim 中噪声系数定义中:N_o 是输出噪声功率,N_s 是信号源电阻的热噪声,G 是电路的 AC 增益(即二端口网络的输出信号与输入信号的比)。噪声系数的单位是 dB,即 10 lg(F)F 为噪声因子。用鼠标点击 Simulate→Analysis→Noise Figure Analysis…,将弹出 Noise Figure Analysis 对话框,进入噪声系数分析状态,Noise Figure Analysis 对话框如图 1.3.8 所示。Noise Figure Analysis 对话框有 Analysis Parameters、Analysis Options 和 Summary 3 个选项,其中 Analysis Options 和 Summary 2 个选项与直流工作点分析的设置一样,Analysis Parameters 与噪声分析类似。只是多了 Frequency(频率)和 Temperature(温度)两项,默认值如图 1.3.8 所示。

1.3.6　失真分析(Distortion Analysis)

失真分析用于分析电子电路中的谐波失真和内部调制失真(互调失真)。用鼠标点击 Simulate→Analysis→Distortion Analysis…,将弹出 Distortion Analysis 对话框,进入失真分析状态,Distortion Analysis 对话框如图 1.3.9 所示。Distortion Analysis 对话框有 Analysis Parameters、Output、Analysis Options 和 Summary 4 个选项,下面介绍 Analysis Parameters 选项。Output、Analysis Options 和 Summary 3 个选项与直流工作点分析的设置类似,不再赘述。

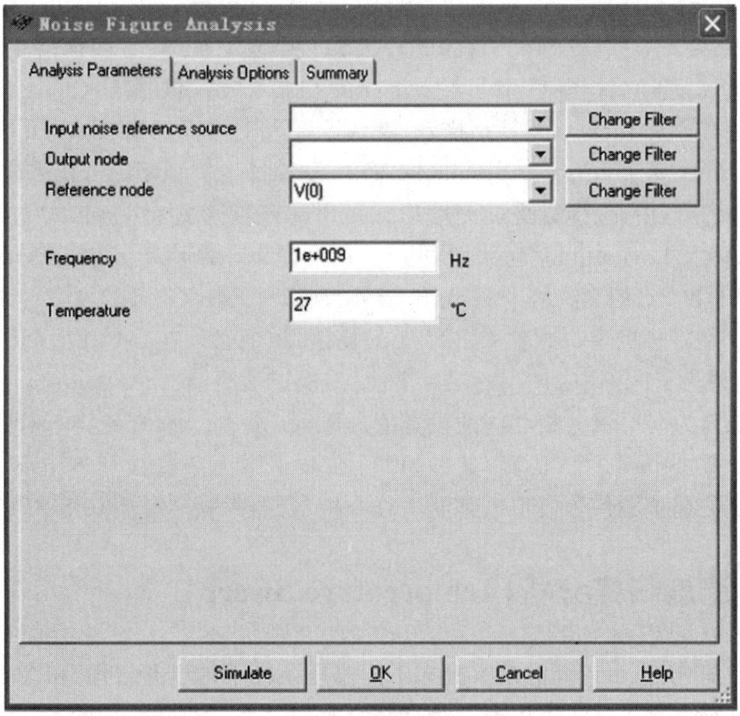

图 1.3.8　Noise Figure Analysis 对话框

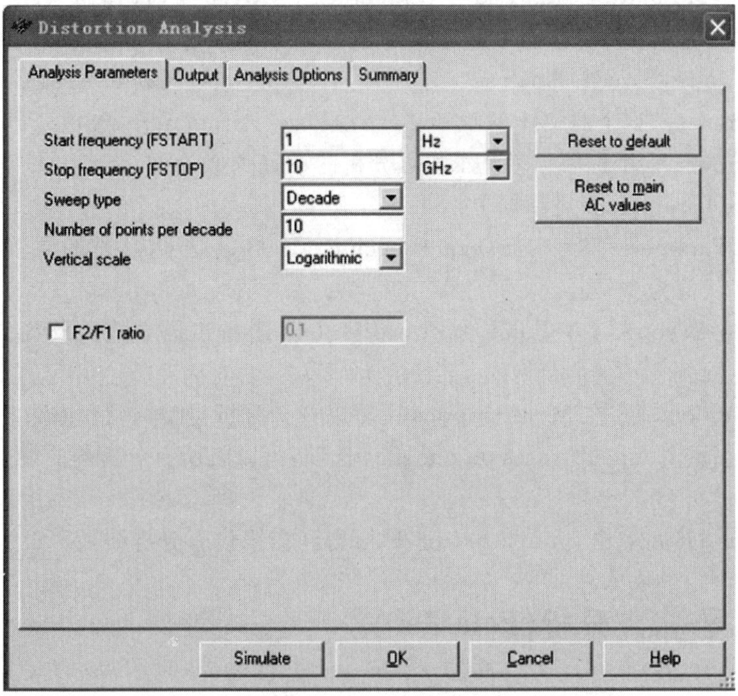

图 1.3.9　Distortion Analysis 对话框

在 Analysis Parameters 对话框中，在 Start frequency(FSTART)窗口中，设置分析的起始频率，默认设置为 1 Hz。在 Stop frequency(FSTOP)窗口中，设置扫描终点频率，默认设置为 10 GHz。在 Sweep type 窗口中，设置分析的扫描方式，包括 Decade(十倍程扫描)和 Octave(八倍程扫描)及 Linear(线性扫描)。默认设置为十倍程扫描(Decade 选项)，以对数方式展现。在 Number of points per decade 窗口中，设置每十倍频率的分析采样数，默认为 10。在 Vertical Scale 窗口中，选择纵坐标刻度形式。坐标刻度形式有 Decibel(分贝)、Octave(八倍)、Linear(线性)及 Logarithmic(对数)形式。默认设置为对数形式。选择 F2/F1 ratio 时，分析两个不同频率(F1 和 F2)的交流信号源，分析结果为(F1+F2)，(F1-F2)及(2F1-F2)相对于频率 F1 的互调失真。在右边的窗口内输入 F2/F1 的比值，该值必须在 0 到 1 之间。不选择 F2/F1 ratio 时，分析结果为 F1 作用时产生的二次谐波、三次谐波失真。Reset to main AC values 按钮将所有设置恢复为与交流分析相同的设置值。Reset to default 按钮将本对话框的所有设置恢复为默认值。按"Simulate"(仿真)按钮，即可在显示图上获得被分析节点的失真曲线图。该分析方法主要被用于小信号模拟电路的失真分析，元器件噪声模型采用 SPICE 模型。

1.3.7 温度扫描分析(Temperature Sweep)

采用温度扫描分析，可以同时观察到在不同温度条件下的电路特性，相当于该元件每次取不同的温度值进行多次仿真。可以通过"温度扫描分析"对话框，选择被分析元件温度的起始值、终值和增量值。在进行其他分析的时候，电路的仿真温度默认值设定在 27℃。

用鼠标点击 Simulate→Analysis→Temperature Sweep…，将弹出 Temperature Sweep Analyses 对话框，进入温度扫描分析状态，Temperature Sweep Analyses 对话框如图 1.3.10 所示。Temperature Sweep Analyses 对话框有 Analysis Parameters、Output、Analysis Options 和 Summary 4 个选项，下面介绍 Analysis Parameters 选项。Output、Analysis Options 和 Summary 3 个选项与直流工作点分析的设置类似，不再赘述。

在 Analysis Parameters 对话框中：

(1)Sweep Parameter 区：在 Sweep Parameter 区可以选择扫描的温度 Temperature。Temperature 默认值为 27 ℃。

(2)Point to sweep 区：在 Point to sweep 区可以选择扫描方式。设置方法与 Point to sweep 区完全相同。

(3)More Options 区：在 More Options 区可以选择分析类型。设置方法与 More Options 区完全相同。选择 Group all traces on one plot 选项，可以将所有分析的曲线放置在同一个分析图中显示。

(4)Simulate 按钮：点击 Simulate 按钮，即可得到扫描仿真分析结果。

1.3.8 零-极点分析(Pole Zero)

零-极点分析方法是一种对电路的稳定性分析相当有用的工具。该分析方法可以用于交流小信号电路传递函数中零点和极点的分析。通常先进行直流工作点分析，对非线性器件求得线性化的小信号模型。在此基础上再分析传输函数的零、极点。零极点分析主要用于模拟小信号电路的分析，对数字器件将被视为高阻接地。

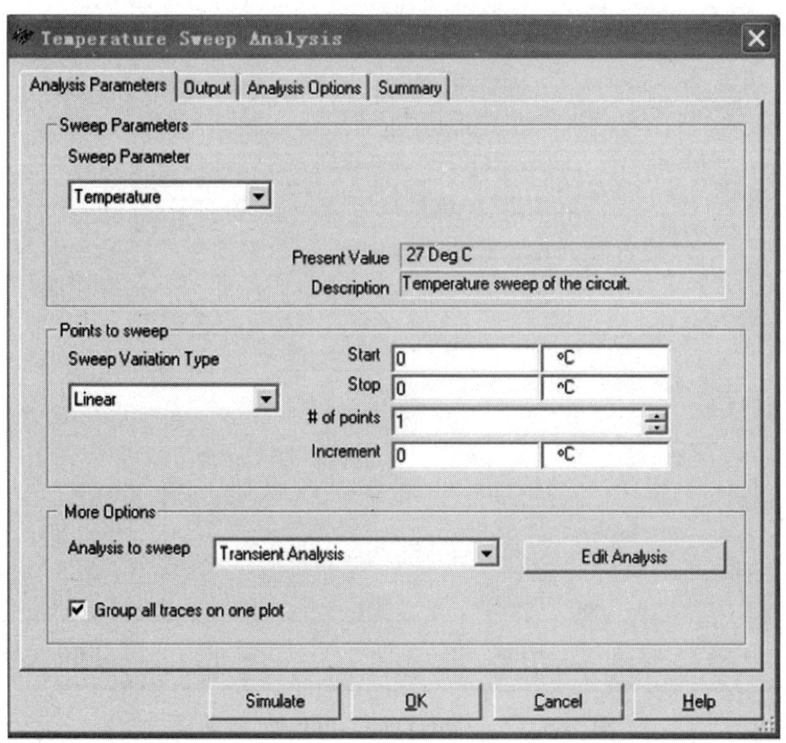

图 1.3.10　Temperature Sweep Analyses 对话框

用鼠标点击 Simulate→Analysis→Pole Zero，将弹出 Pole-Zero Analyses 对话框，进入零-极点分析状态，Pole-Zero Analyses 对话框如图 1.3.11 所示。Pole-Zero Analyses 对话框有 Analysis Parameters、Analysis Options 和 Summary 3 个选项。下面介绍 Analysis Parameters 选项，Analysis Options 和 Summary 与直流工作点分析的设置一样，不再赘述。

(1)Analysis type 区：在 Analysis type 区可以选择 4 种分析类型：①电路增益分析，选择 Gain Analysis(output voltage/input voltage)进行电路增益分析，也就是输出电压/输入电压；②电路互阻抗分析，选择 Impedance Analysis(output voltage/input current)进行电路互阻抗分析，也就是输出电压/输入电流；③电路输入阻抗分析，选择 Input Impedance 进行电路输入阻抗分析；④电路输出阻抗分析，选择 Output Impedance 进行电路输出阻抗分析。

(2)Nodes 区：在 Nodes 区可以选择输入、输出的正负端(节)点。在 Input(＋)窗口可以选择正的输入端(节)点。在 Input(－)窗口可以选择负的输入端(节)点(通常是接地端，即节点 0)。在 Output(＋)窗口可以选择正的输出端(节)点。在 Output(－)窗口可以选择负的输出端(节)点(通常是接地端，即节点 0)。在 Nodes 对话框中的右边的有 4 个 Change Filter，分别对应左边的四个栏，其功能与 Output 对话框中的 Filter Unselected Variables 按钮相同，详见直流工作点分析中的 Output 对话框。

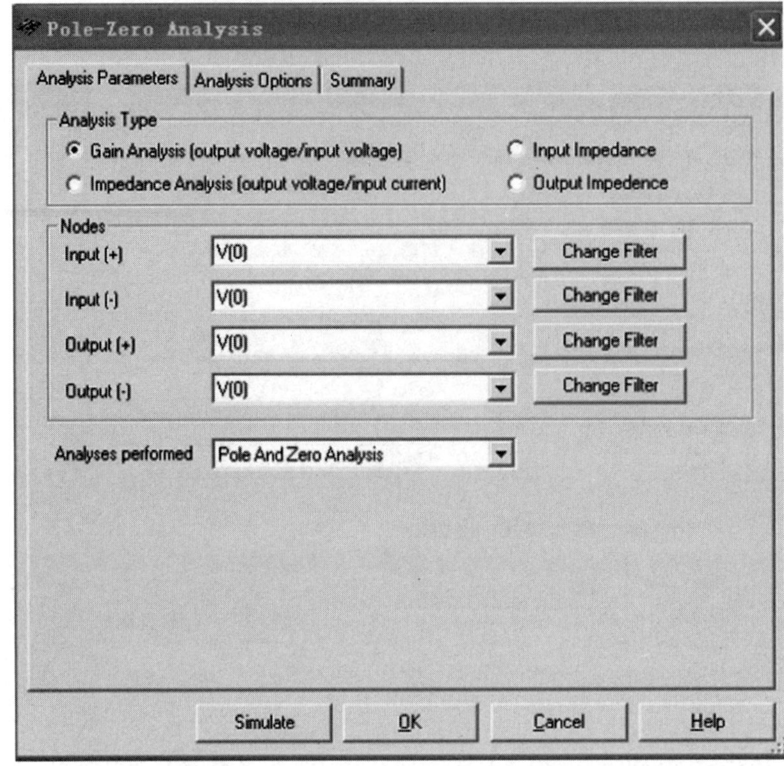

图 1.3.11　Pole-Zero Analyses 对话框

(3)Analyses performed 区：Analyses performed 区可以选择所要分析的项目，有 Pole and Zero Analysis(同时求出极点与零点)、Pole Analysis(仅求出极点)和 Zero Analysis(仅求出零点)3 个选项。

(4)Simulate 按钮：点击 Simulate 按钮，即可得到极点与零点仿真分析结果。

1.3.9　传递函数分析(Transfer Function Analyses)

传递函数分析可以分析一个源与两个节点的输出电压或一个源与一个电流输出变量之间的直流小信号传递函数，也可以用于计算输入和输出阻抗。需先对模拟电路或非线性器件进行直流工作点分析，求得线性化的模型，然后再进行小信号分析。输出变量可以是电路中的节点电压，输入必须是独立源。

用鼠标点击 Simulate→Analysis→Transfer Function…，将弹出 Transfer Function Analyses 对话框，进入传递函数分析状态，Transfer Function Analyses 对话框如图 1.3.12 所示。Transfer Function Analyses 对话框有 Analysis Parameters、Analysis Options 和 Summary 3 个选项，下面介绍 Analysis Parameters 选项。Analysis Options 和 Summary 与直流工作点分析的设置一样，不再赘述。

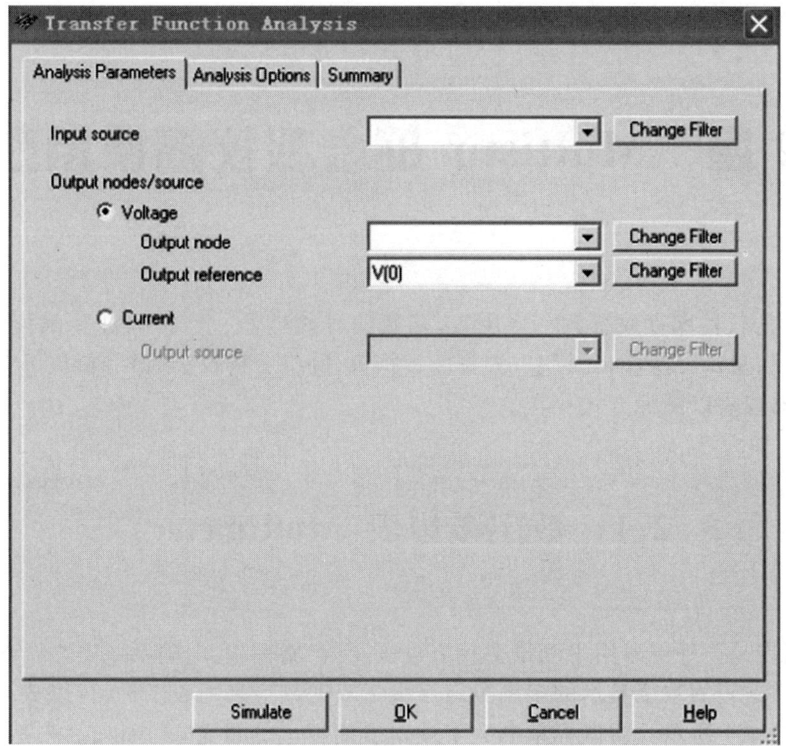

图 1.3.12　Transfer Function Analyses 对话框

在 Analysis Parameters 对话框中，在 Input source 窗口可以选择所要分析的输入电源，在 Output node/source 区中可以选择 Voltage 或者 Current 作为输出电压的变量，选择 Voltage，在 Output node 窗口中指定将作为输出的节点，而在 Output reference 窗口中指定参考节点，通常是接地端(即 0)。

选择 Current，在 Output source 栏中指定所要输出的电流。在 Analysis Parameters 对话框中的右边的有 3 个 Change Filter，分别对应左边的三个栏，其功能与 Output 对话框中的 Filter Unselected Variables 按钮相同，详见直流工作点分析中的 Output 对话框。点击 Simulate 按钮，即可得到传递函数分析结果。

第 2 章　Multisim 的虚拟仪器使用方法

Multisim 的仪器库存放有数字多用表、函数信号发生器、示波器、波特图仪、字信号发生器、逻辑分析仪、逻辑转换仪、瓦特表、失真度分析仪、网络分析仪、频谱分析仪等多种仪器仪表可供使用，仪器仪表以图标方式存在。

2.1　数字多用表(Multimeter)

数字多用表是一种可以用来测量交直流电压、交直流电流、电阻及电路中两点之间的分贝损耗，自动调整量程的数字显示的多用表。用鼠标双击数字多用表图标，可以放大的数字多用表面板，如图 2.1.1 所示。用鼠标单击数字多用表面板上的设置(Settings)按钮，则弹出参数设置对话框窗口，可以设置数字多用表的电流表内阻、电压表内阻、欧姆表电流及测量范围等参数。参数设置对话框如图 2.1.2 所示。

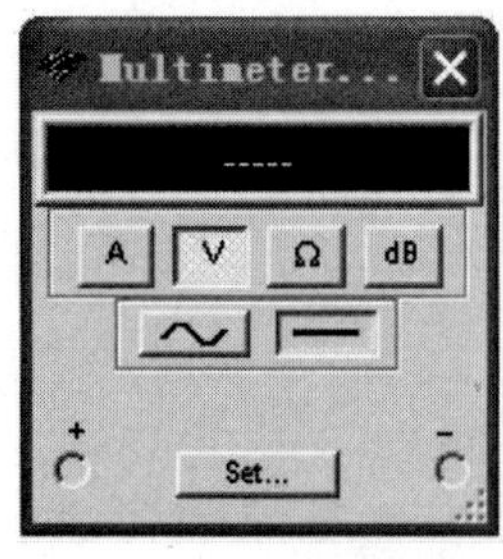

图 2.1.1　数字多用表面板

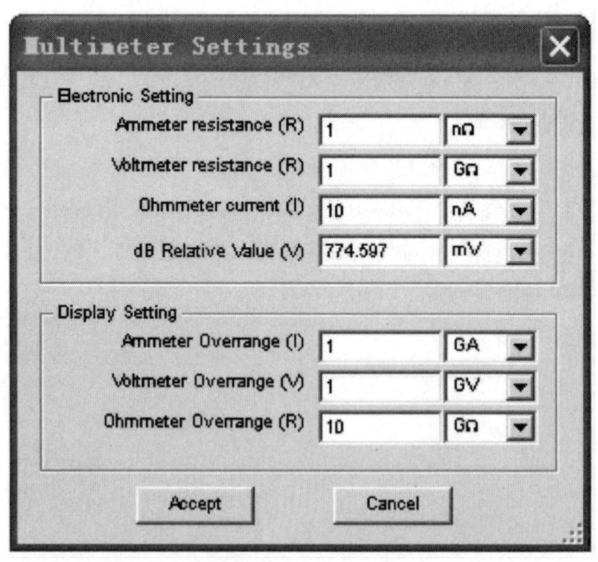

图 2.1.2　数字多用表参数设置对话框

2.2　函数信号发生器

函数信号发生器可提供正弦波、三角波、方波三种不同波形的信号的电压信号源。用鼠标双击函数信号发生器图标，可以放大函数信号发生器的面板。函数信号发生器的面板如图 2.2.1 所示。函数信号发生器其输出波形、工作频率、占空比、幅度和直流偏置，可用鼠标来选择波形选择按钮和在各窗口设置相应的参数来实现。频率设置范围为 1 Hz～999 THz；占空比调整值可从 1%～99%；幅度设置范围为 1 μV～999 kV；偏移设置范围为－999 kV～999 kV。

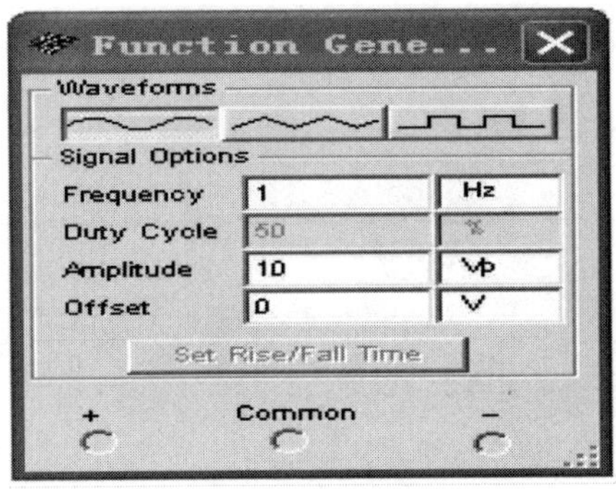

图 2.2.1　函数信号发生器

2.3　瓦特表

瓦特表用来测量电路的功率，交流或者直流均可测量。用鼠标双击瓦特表的图标可以放大的瓦特表的面板。电压输入端与测量电路并联连接，电流输入端与测量电路串联连接。瓦特表的面板如图 2.3.1 所示。

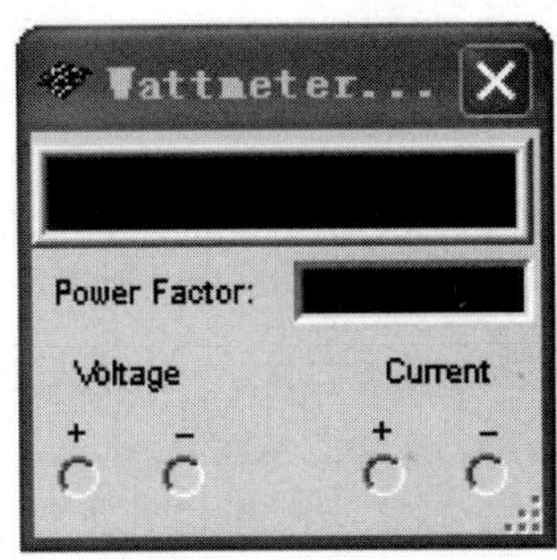

图 2.3.1　瓦特表

2.4 示波器

示波器用来显示电信号波形的形状、大小、频率等参数的仪器。用鼠标双击示波器图标，放大的示波器的面板图如图 2.4.1 所示。示波器面板各按键的作用、调整及参数的设置与实际的示波器类似。

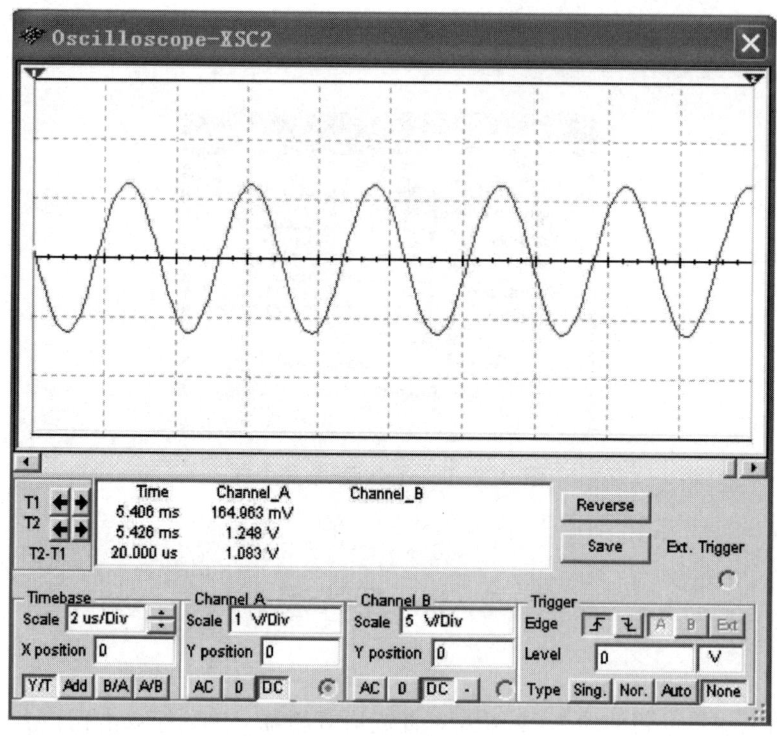

图 2.4.1 示波器

(1)时基(Time base)控制部分的调整。

①时间基准。X 轴刻度显示示波器的时间基准，其基准有 0.1 fs/Div～1 000 Ts/Div 可供选择。

②X 轴位置控制。X 轴位置控制 X 轴的起始点。当 X 的位置调到 0 时，信号从显示器的左边缘开始，正值使起始点右移，负值使起始点左移。X 位置的调节范围为－5.00～＋5.00。

③显示方式选择。显示方式选择示波器的显示，可以从“幅度/时间(Y/T)”切换到“A 通道/B 通道中(A/B”)、“B 通道/A 通道(B/A)”或“Add”方式。Y/T 方式：X 轴显示时间，Y 轴显示电压值。A/B、B/A 方式：X 轴与 Y 轴都显示电压值。Add 方式：X 轴显示时间，Y 轴显示 A 通道、B 通道的输入电压之和。

(2)示波器输入通道(Channel A/B)的设置。

①Y 轴刻度。Y 轴电压刻度范围从 1 fV/Div～1 000 TV/Div,可以根据输入信号大小来选择 Y 轴刻度值的大小,使信号波形在示波器显示屏上显示出合适的幅度。

②Y 轴位置(Y position)。Y 轴位置控制 Y 轴的起始点。当 Y 的位置调到 0 时,Y 轴的起始点与 X 轴重合,如果将 Y 轴位置增加到 1.00,Y 轴原点位置从 X 轴向上移一大格,若将 Y 轴位置减小到期－1.00,Y 轴原点位置从 X 轴向下移一大格。Y 轴位置的调节范围为－3.00～＋3.00。改变 A、B 通道的 Y 轴位置有助于比较或分辨两通道的波形。

③Y 轴输入方式。Y 轴输入方式即信号输入的耦合方式。当用 AC 耦合时,示波器显示信号的交流分量。当用 DC 耦合时,显示的是信号的 AC 和 DC 分量之和。当用 0 耦合时,在 Y 轴设置的原点位置显示一条水平直线。

(3)触发方式(Trigger)调整。

①触发信号选择。触发信号选择一般选择自动触发(Auto)。选择“A”或“B”,则用相应通道的信号作为触发信号。选择“EXT”,则由外触发输入信号触发。选择“Sing”为单脉冲触发。选择“Nor”为一般脉冲触发。

②触发沿(Edge)选择。触发沿(Edge)可选择上升沿或下降沿触发。

③触发电平(Level)选择。触发电平(Level)选择触发电平范围。

(4)示波器显示波形读数。

要显示波形读数的精确值时,可用鼠标将垂直光标拖到需要读取数据的位置。显示屏幕下方的方框内,显示光标与波形垂直相交点处的时间和电压值,以及两光标位置之间的时间、电压的差值。用鼠标单击“Reverse”按钮可改变示波器屏幕的背景颜色。用鼠标单击“Save”按钮可按 ASCII 码格式存储波形读数。

2.5　波特图仪(Bode Plotter)

波特图仪可以用来测量和显示电路的幅频特性与相频特性,类似于扫频仪。用鼠标双击波特图仪图标,放大的波特图仪的面板图如图 2.5.1 所示。可选择幅频特性(Magnitude)或者相频特性(Phase)。波特图仪有 In 和 Out 两对端口,其中 In 端口的＋和－分别接电路输入端的正端和负端;Out 端口的＋和－分别电路输出端的正端和负端。使用波特图仪时,必须在电路的输入端接入 AC(交流)信号源。

(1)波特图仪的坐标设置方法。

在垂直(Vertical)坐标或水平(Horizontal)坐标控制面板图框内,按下“Log”按钮,则坐标以对数(底数为 10)的形式显示;按下“Lin”按钮,则坐标以线性的结果显示。水平(Horizontal)坐标标度(1 mHz～1 000 THz):水平坐标轴戏/轴总是显示频率值。它的标度由水平轴的初始值 I(Initial)或终值 F(Final)决定。在信号频率范围很宽的电路中,分析电路频率响应时,通常选用对数坐标(以对数为坐标所绘出的频率特性曲线称为波特图)。垂直(Vertical)坐标当测量电压增益时,垂直轴显示输出电压与输入电压之比,若使用对数基准,则单位是分贝;如果使用线性基准,显示的是比值。当测量相位时,垂直轴总是以度为单位显示相位角。

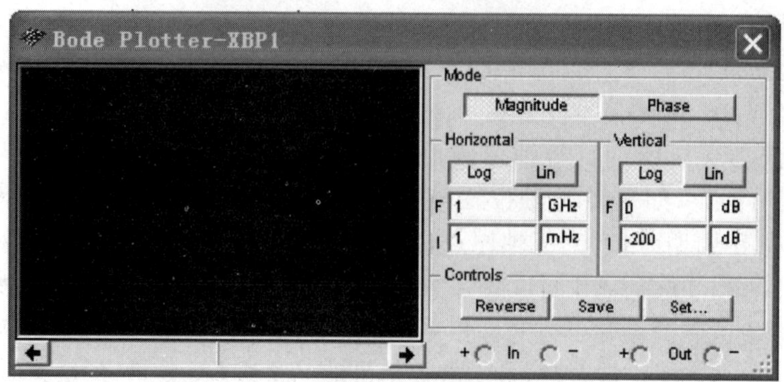

图 2.5.1　波特图仪

(2)波特图仪坐标数值的读出。

要得到特性曲线上任意点的频率、增益或相位差,可用鼠标拖动读数指针(位于波特图仪中的垂直光标),或者用读数指针移动按钮来移动读数指针(垂直光标)到需要测量的点,读数指针(垂直光标)与曲线的交点处的频率和增益或相位角的数值显示在读数框中。波特图仪的分辨率设置。Set 用来设置扫描的分辨率,用鼠标点击 Set,出现分辨率设置对话框,数值越大分辨率越高。

2.6　字信号发生器(Word Generator)

字信号发生器是能产生 16 路(位)同步逻辑信号的一个多路逻辑信号源,用于对数字逻辑电路进行测试。用鼠标双击字信号发生器图标,放大的字信号发生器图标如图 2.6.1 所示。

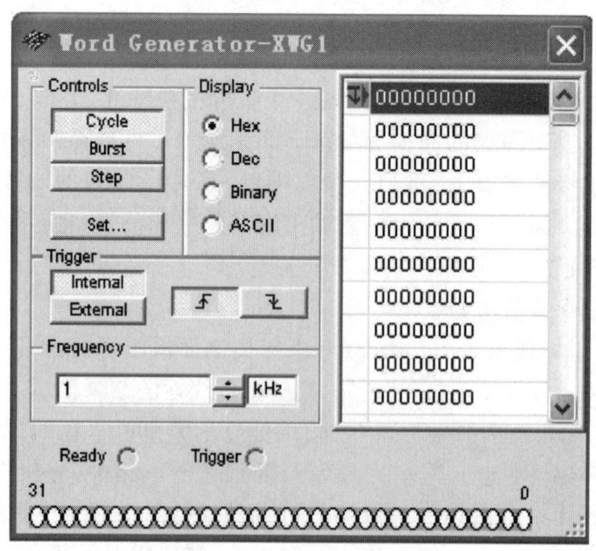

图 2.6.1　字信号发生器

(1)字信号的输入。

在字信号编辑区,32 bit 的字信号以 8 位 16 进制数编辑和存放,可以存放 1024 条字信号,地址编号为 0000～03FF。字信号输入操作:将光标指针移至字信号编辑区的某一位,用鼠标器单击后,由键盘输入如二进制数码的字信号,光标自左至右,自上至下移位,可连续地输入字信号。在字信号显示(Display)编辑区可以编辑或显示字信号格式有关的信息。字信号发生器被激活后,字信号按照一定的规律逐行从底部的输出端送出,同时在面板的底部对应于各输出端的小圆圈内,实时显示输出字信号各个位(bit)的值。

(2)字信号的输出方式。

字信号的输出方式分为 Step(单步)、Burst(单帧)、Cycle(循环)三种方式。用鼠标单击一次 Step 按钮,字信号输出一条。这种方式可用于对电路进行单步调试。用鼠标单击 Burst 按钮,则从首地址开始至本地址连续逐条地输出字信号。用鼠标单击 Cycle 按钮,则循环不断地进行 Burst 方式的输出。Burst 和 Cycle 情况下的输出节奏由输出频率的设置决定。Burst 输出方式时,当运行至该地址时输出暂停。再用鼠标单击 Pause 则恢复输出。

(3)字信号的触发方式。

字信号的触发分为 Internal(内部)和 External(外部)两种触发方式。当选择 Internal(内部)触发方式时,字信号的输出直接由输出方式按钮(Step、Burst、Cycle)启动。当选择 External(外部)触发方式时,则需接入外触发脉冲,并定义"上升沿触发"或"下降沿触发"。然后单击输出方式按钮,待触发脉冲到来时才启动输出。此外在数据准备好输出端还可以得到与输出字信号同步的时钟脉冲输出。

(4)字信号的存盘、重用、清除等操作。

用鼠标单击 Set 按钮,弹出 Pre-setting patterns 对话框,在对话框中 Clear buffer(清除字信号编辑区)、Open(打开字信号文件)、Save(保存字信号文件)三个选项用于对编辑区的字信号进行相应的操作。字信号存盘文件的后缀为". DP"。对话框中 UP Counter(按递增编码)、Down Counter(按递减编码)、Shift right(按右移编码)、Shift left(按左移编码)四个选项用于生成一定规律排列的字信号。例如选项 UP Counter(按递增编码),则按 0000～03FF 排列;如果选择 Shift right(按右移编码),则按 8000,4000,2000 等逐步右移一位的规律排列,其余类推。

2.7　逻辑分析仪

逻辑分析仪用于对数字逻辑信号的高速采集和时序分析,可以同步记录和显示 16 路数字信号。逻辑分析仪的面板图如图 2.7.1 所示。

(1)数字逻辑信号与波形的显示、读数。

面板左边的 16 个小圆圈对应 16 个输入端,各路输入逻辑信号的当前值在小圆圈内显示,接从上到下排列依次为最低位至最高位。16 路输入的逻辑信号的波形以方波形式显示在逻辑信号波形显示区。通过设置输入导线的颜色可修改相应波形的显示颜色。波形显示的时间轴刻度可通过面板下边的 Clocks per division 设置。读取波形的数据可以通过拖放读数指针完成。在面板下部的两个方框内显示指针所处位置的时间读数和逻辑读数(4 位 16 进制数)。

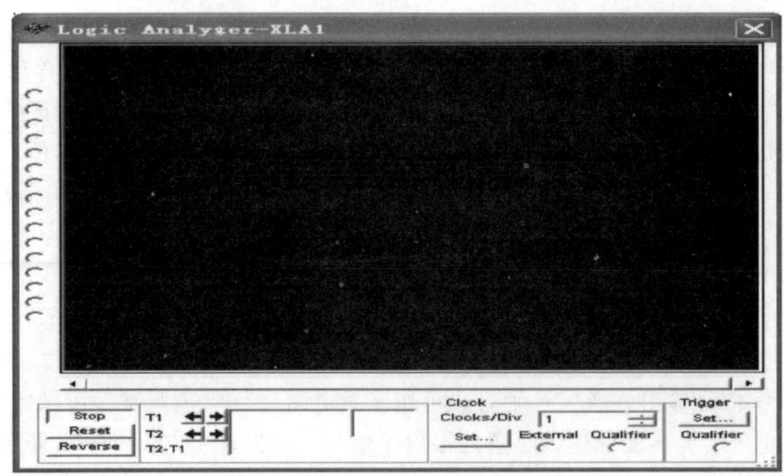

图 2.7.1　逻辑分析仪

(2)触发方式设置。

单击 Trigger 区的 Set 按钮,可以弹出触发方式对话框。触发方式有多种选择。对话框中可以输入 A、B、C 三个触发字。逻辑分析仪在读到一个指定字或几个字的组合后触发。触发字的输入可单击标为 A、B 或 C 的编辑框,然后输入二进制的字(0 或 1)或者 x,x 代表该位为"任意"(0、1 均可)。用鼠标单击对话框中 Trigger combinations 方框右边的按钮,弹出由 A、B、C 组合的八组触发字,选择八种组合之一,并单击 Accept(确认)后,在 Trigger combinations 方框中就被设置为该种组合触发字。三个触发字的默认设置均为 xxxxxxxxxxxxxxxx,表示只要第一个输入逻辑信号到达,无论是什么逻辑值,逻辑分析仪均被触发开始波形的采集,否则必须满足触发字条件才被触发。此外,Trigger qualifier(触发限定字)对触发有控制作用。若该位设为 x,触发控制不起作用,触发完全由触发字决定;若该位设置为"1"(或"0"),则仅当触发控制输入信号为"1"(或"0")时,触发字才起作用;否则即使触发字组合条件满足也不能引起触发。

(3)采样时钟设置。

用鼠标单击对话框面板下部 Clock 区的 Set 按钮弹出时钟控制对话框。在对话框中,波形采集的控制时钟可以选择内时钟或者外时钟;上升沿有效或者下降沿有效。如果选择内时钟,内时钟频率可以设置。此外对 Clock qualifier(时钟限定)的设置决定时钟控制输入对时钟的控制方式。若该位设置为"1",表示时钟控制输入为"1"时开放时钟,逻辑分析仪可以进行波形采集;若该位设置为"0",表示时钟控制输入为"1"时开放时钟;若该位设置为"x",表示时钟总是开放,不受时钟控制输入的限制。

2.8　逻辑转换仪(Logic Converter)

逻辑转换仪是 Multisim 特有的仪器,能够完成真值表、逻辑表达式和逻辑电路三者之间的相互转换,实际中不存在与此对应的设备。逻辑转换仪面板及转换方式选择图如图 2.8.1 和图 2.8.2 所示。

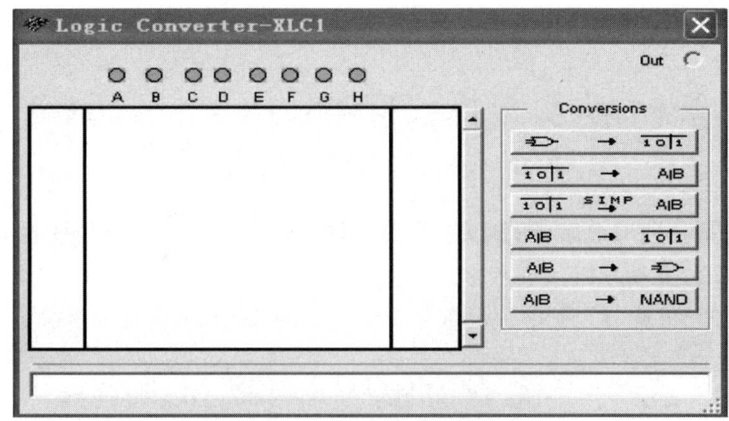

图 2.8.1　逻辑转换仪面板

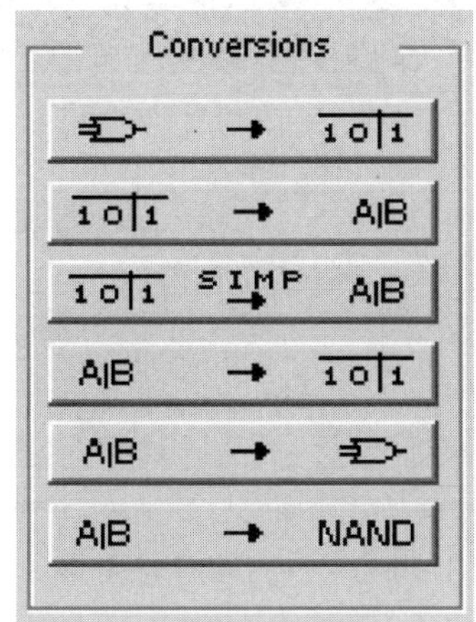

图 2.8.2　逻辑转换仪转换方式

逻辑转换仪可以导出多路(最多八路)输入一路输出的逻辑电路的真值表。首先画出逻辑电路,并将其输入端接至逻辑转换仪的输入端,输出端连至逻辑转换仪的输出端。按下"电路-真值表"按钮,在逻辑转换仪的显示窗口,即真值表区出现该电路的真值表。

真值表的建立有两种方式:一种方法是根据输入端数,用鼠标单击逻辑转换仪面板顶部代表输入端的小圆圈,选定输入信号(由 A 至 H)。此时其值表区自动出现输入信号的所有组合,而输出列的初始值全部为零。可根据所需要的逻辑关系修改真值表的输出值而建立真值表;另一种方法是由电路图通过逻辑转换仪转换过来的真值表。对已在真值表区建立的真值表,用鼠标单击"真值表→逻辑表达式"按钮,在面板的底部逻辑表达式栏出现相应的逻辑表达式。如果要简化该表达式或直接由真值表得到简化的逻辑表达式,单击"真值表→逻辑表达式"按钮后,在逻辑表达式栏中出现相应的该真值表的简化逻辑表达式。

在逻辑表达式栏中输入逻辑表达式,然后按下"表达式→真值表"按钮得到相应的真值表;按下"表达式→电路"按钮得相应的逻辑电路;按下"表达式→与非门电路"按钮得到由与非门构成的逻辑电路。

2.9 失真分析仪(Distortion Analyzer)

失真分析仪是一种用来测量电路信号失真的仪器，Multisim 提供的失真分析仪频率范围为 20 Hz～20 kHz，失真分析仪面板如图 2.9.1 所示。在 Control Mode(控制模式)区域中，THD 设置分析总谐波失真，SINAD 设置分析信噪比。Settings 设置分析参数。

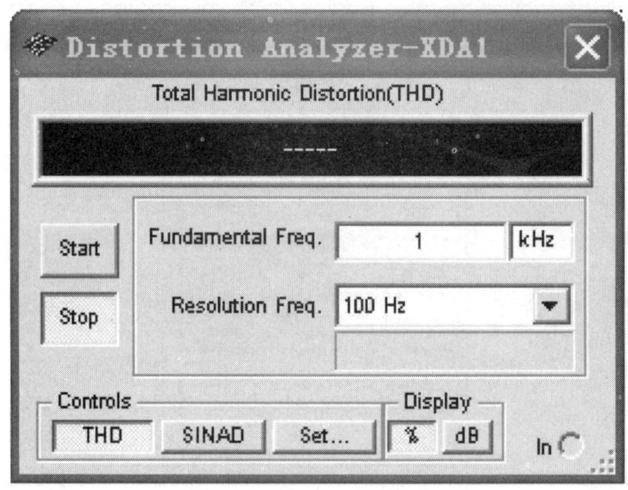

图 2.9.1　失真分析仪

频谱分析仪(Spectrum Analyzer)。频谱分析仪用来分析信号的频域特性，Multisim 提供的频谱分析仪频率范围上限为 4 GHz，频谱分析仪面板如图 2.9.2 所示。

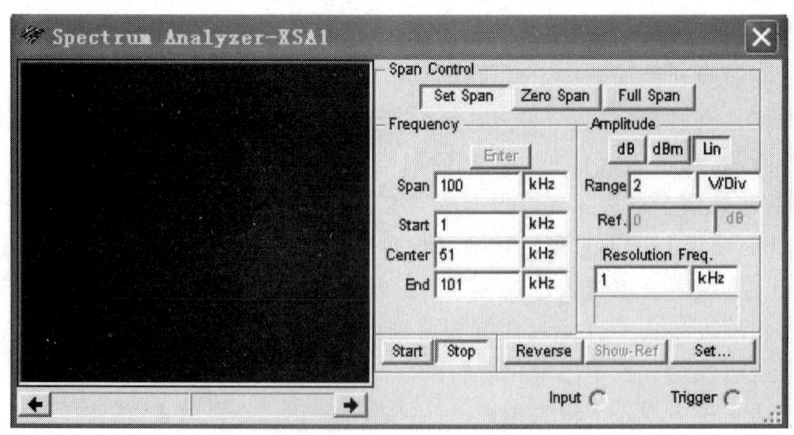

图 2.9.2　频谱分析仪

在图 2.9.2 所示频谱分析仪面板中，分 5 个区。在 Span Control 区中：当选择 Set Span 时，频率范围由 Frequency 区域设定。当选择 Zero Span 时，频率范围仅由 Frequency 区域的 Center 栏位设定的中心频率确定。当选择 Full Span 时，频率范围设定为 0～4 GHz。

在 Frequency 区中：Span 设定频率范围。Start 设定起始频率。Center 设定中心频率。End 设定终止频率。在 Amplitude 区中：当选择 dB 时，纵坐标刻度单位为 dB。当选择 dBm 时，纵坐标刻度单位为 dBm。当选择 Lin 时，纵坐标刻度单位为线性。在 Resolution Frequency 区中可以设定频率分辨率，即能够分辨的最小谱线间隔。在 Controls 区中：当选择 Start 时，启动分析。当选择 Stop 时，停止分析。当选择 Trigger Set 时，选择触发源是 Internal（内部触发）还是 External（外部触发），选择触发模式是 Continue（连续触发）还是 Single（单次触发）。频谱图显示在频谱分析仪面板左侧的窗口中，利用游标可以读取其每点的数据并显示在面板右侧下部的数字显示区域中。

2.10 网络分析仪(Network Analyzer)

网络分析仪是一种用来分析双端口网络的仪器，它可以测量衰减器、放大器、混频器、功率分配器等电子电路及元件的特性。Multisim 提供的网络分析仪可以测量电路的 S 参数并计算出 H、Y、Z 参数。网络分析仪面板如图 2.10.1 所示。

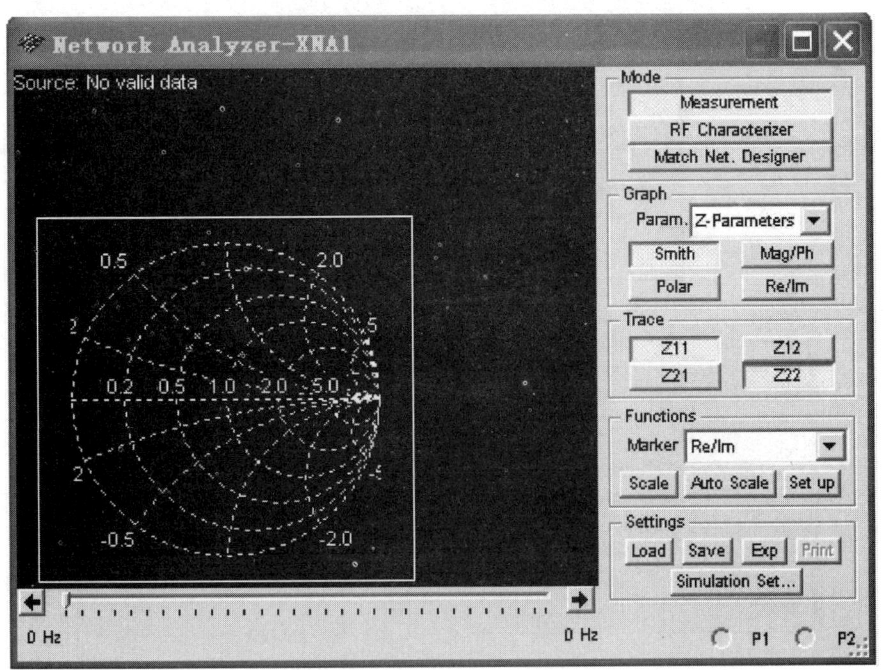

图 2.10.1 网络分析仪

网络分析仪的显示窗口数据显示模式设置。显示窗口数据显示模式在 Marker 区中设置。当选择 Re/Im 时,显示数据为直角坐标模式。当选择 Mag/Ph(Degs)时,显示数据为极坐标模式。当选择 dB Mag/Ph(Deg)时,显示数据为分贝极坐标模式。滚动条控制显示窗口游标所指的位置。

只要按下需要显示的参数按钮(Z11、Z12、Z21、Z22)就可以在 Trace 区域中选择需要显示的参数。参数格式在 Graph 区中设置,Parameters. 选项中可以选择所要分析的参数,其中包括 S-Parameters(S 参数)、H-Parameters(H 参数)、Y-Parameters(Y 参数)、Z-Parameters(Z 参数),Stability factor(稳定因素)四种。

显示模式可以通过选择 Smith(史密斯格式)、Mag/Ph(增益/相位的频率响应图即波特图)、Polar(极化图)、Re/Im(实部/虚部)完成。以上四种显示模式的刻度参数可以通过 Scale 设置;程序自动调整刻度参数由 Auto Scale 设置;显示窗口的显示参数,如线宽、颜色等由 Set up 设置。

Settings 区域提供数据管理功能。点击 LOAD 读取专用格式数据文件;点击 Save 储存专用格式数据文件;点击 Exp 输出数据至文本文件;点击 Print 打印数据。

分析模式在 Mode 区中设置。当选择 Measurement 时为测量模式;当选择 Match Net. Designer 时为电路设计模式,可以显示电路的稳定度、阻抗匹配、增益等数据;当选择 RF Characterizer 时为射频特性分析模式。Set up 设定上面三种分析模式的参数,在不同的分析模式下,将会有不同的参数设定,如图 2.10.2 和图 2.10.3 所示。

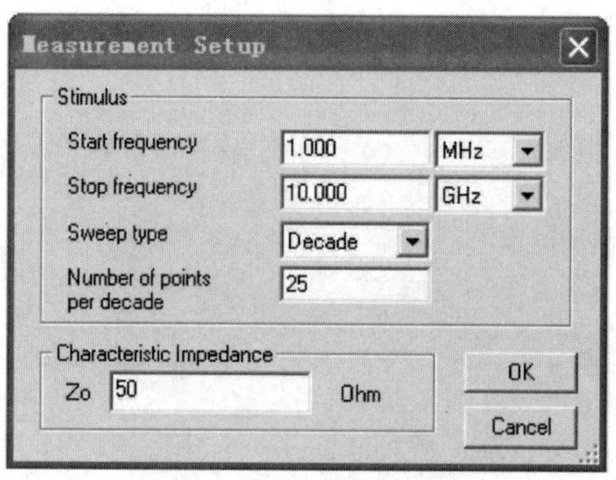

图 2.10.2　Measurement 参数设置

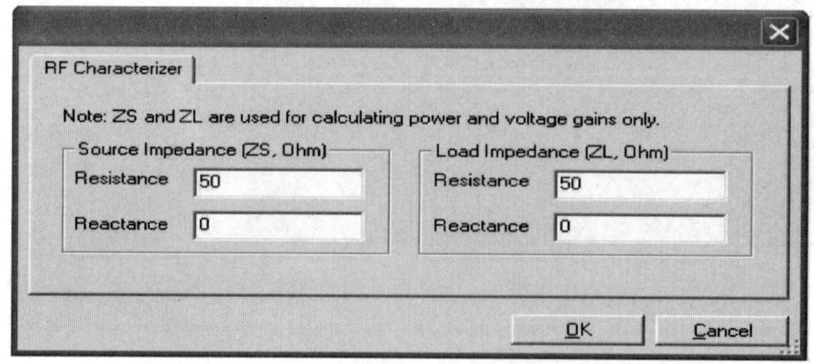

图 2.10.3　RF Characterizer 参数设置

第3章　Multisim 在基本电路中的应用

本章介绍 Multisim 在基本电路仿真中的应用，给出了部分实验的仿真电路以供参考，为进一步熟悉 Multisim 软件的使用过程，进行专业实验、课程设计、毕业设计打下基础。

3.1　电源的外特性

3.1.1　电源的外特性工作原理

3.1.1.1　电压源

理想电压源：一个电压源接上负载，不管流过它的电流是多少，电源两端的电压始终保持恒定，则为理想电压源。电路模型如图 3.1.1(a)，其特点是电压恒定，不随负载的变化而改变；电流是任意的，由负载和电压的大小决定。其特性曲线如图 3.1.1(c) 曲线①所示。实际电压源的端电压随着电流变化，例如一个电池接上电阻后，端点电压会降低，是因为电池内部有电阻的缘故。如图 3.1.1(b) 所示，采用一个电压为 U 的电压源和内阻 R_0 串联的等效电路作为实际电压源的电路模型。其特性曲线如图 3.1.1(c) 曲线②所示。

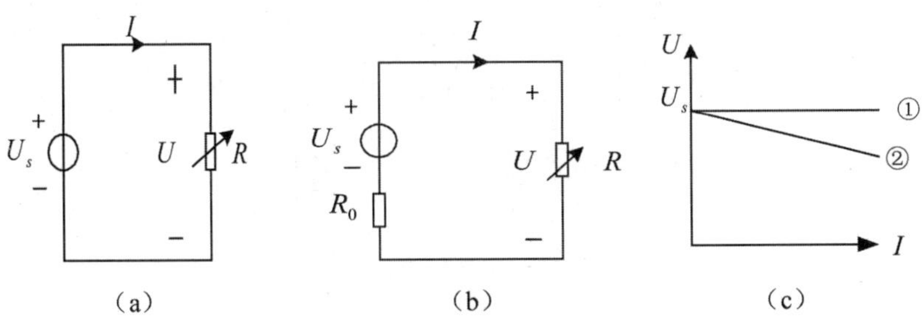

图 3.1.1　电压源的电路模型与特性曲线

3.1.1.2 电流源

理想电流源：一个电流源接上负载，不管它的端电压是多少，电流始终保持恒定，则为理想电流源。电路模型如图 3.1.2(a)，其特点是电流恒定，不随负载的变化而改变；其两端的电压是任意的，由负载和电流的大小决定。其特性曲线如图 3.1.2(c)曲线①所示。

实际电流源的电流是随着端电压的变化而变化的，例如光电池、三极管等。这是由于电源内部电阻的分流作用所致。如图 3.1.2(b)所示采用一个理想电流源和内阻并联的等效电路作为实际电流源的模型，其特性曲线如图 3.1.2(c)曲线②所示。

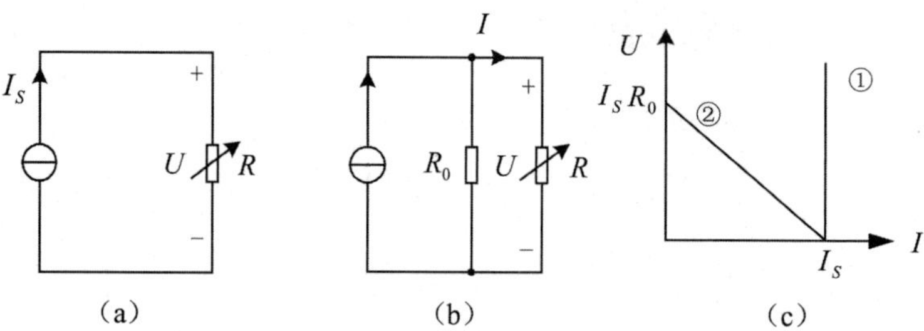

图 3.1.2 电流源的电路模型与特性曲线

实际电流源内阻不可能为无穷大，也就是说实际上不存在理想电流源。当电源的内阻远大于负载时，它的外特性就非常接近理想电流源的外特性，可近似把它看成理想电流源。

3.1.2 电源的外特性实验仿真

测量电压源的外特性如下：

(1)按图 3.1.3 搭建模拟电路。稳压电源输出设置为 10 V；电阻 R0、R1 分别模拟电压源内阻和负载。

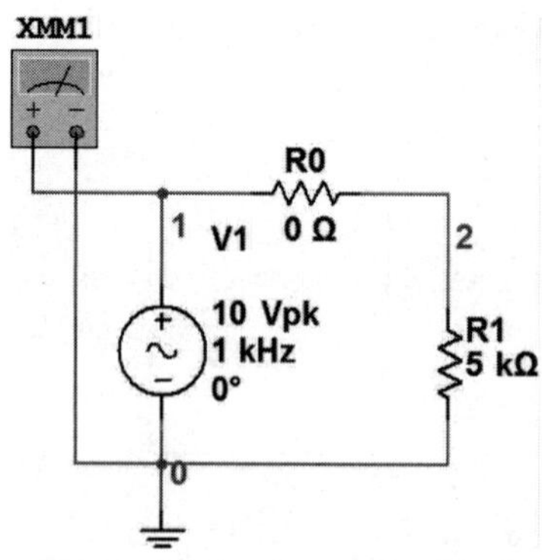

图 3.1.3 电压源外特性测量

(2)改变 R0、R1 的取值,利用虚拟万用表 XMM1,测出相应 U 值记入表中,双击万用表,选择电压挡,可以显示出电压读数如图 3.1.4 所示。

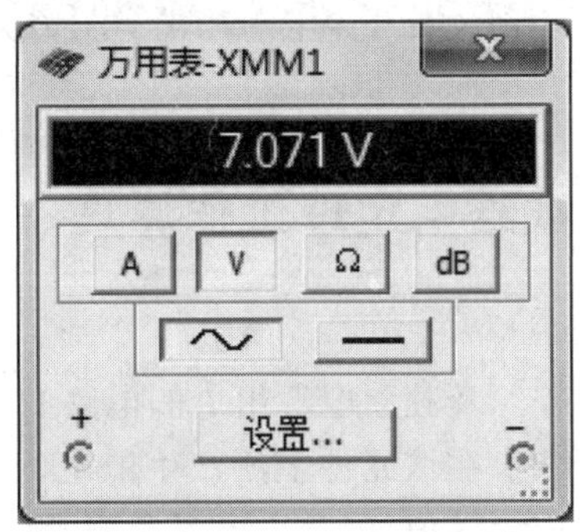

图 3.1.4　万用表

测量电流源的外特性:

(1)按图 3.1.5 搭建模拟电路。电流源输出设置为 1 mA;电阻 R0、R2 分别模拟电压源内阻和负载。

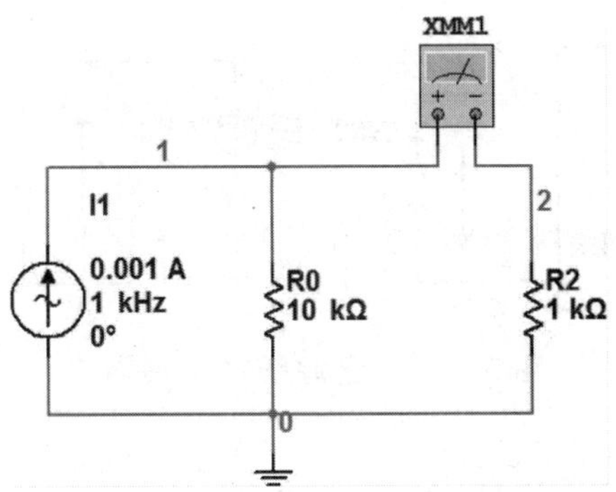

图 3.1.5　电流源外特性测量

(2)按表 2-2 所列数值逐个改变 R0、R2 的取值,利用虚拟万用表 XMM1,测出相应 I 值记入表中,双击万用表,选择电流挡,可以显示出电流读数如图 3.1.6 所示。

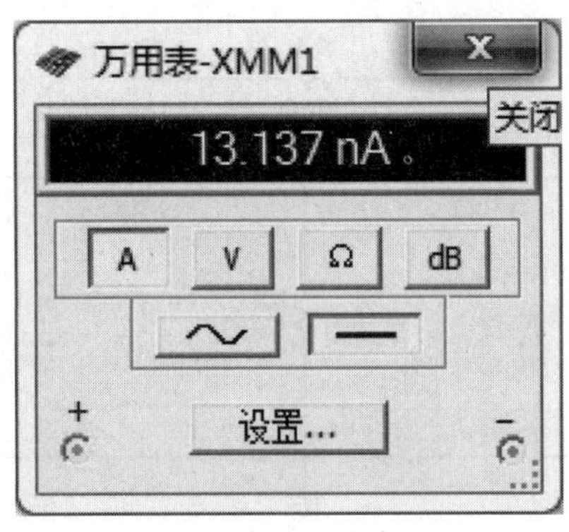

图 3.1.6　万用表

3.2　叠加定理与戴维南定理

3.2.1　叠加定理与戴维南定理工作原理

(1)叠加定理

在任何由线性电阻、线性受控源及独立电源组成的电路中,任一元件的电流或电压可以看成是每一独立源单独作用于电路时,在该元件上所产生的电流或电压的代数和。当某一独立电源独立作用时,其他独立电源应为零值;即独立电流源用开路代替,独立电压源用短路代替。

(2)戴维南定理

任何一个含源线性二端网络,都可以用一个电压源和内阻 R_0 串联支路来代替(图 3.2.1);电压源的电压就是有源二端网络的开路电压 U_{OC},内阻 R_0 等于有源二端网络中所有独立源为零值时所得到的无源网络的等效电阻 R_{ab}。

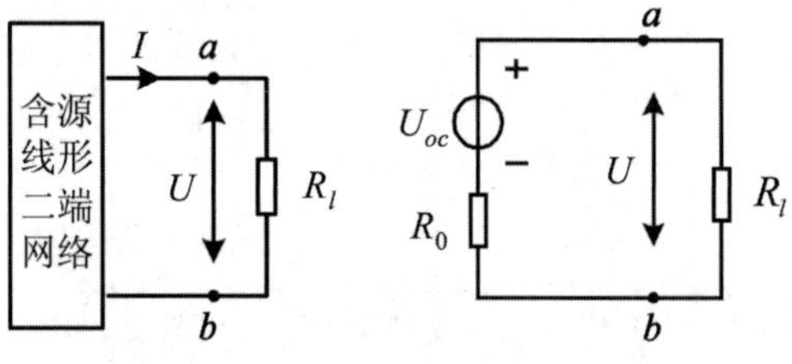

图 3.2.1　含源线性二端网络

3.2.2　叠加定理与戴维南定理实验仿真

根据实验内容,搭建模拟电路图并验证叠加定理和戴维南定理。

(1)叠加定理如图 3.2.2 所示。

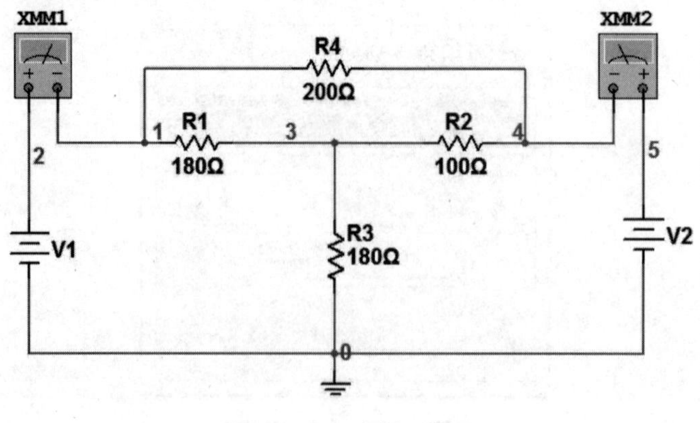

图 3.2.2　叠加定理

(2)戴维南定理如图 3.2.3 所示。

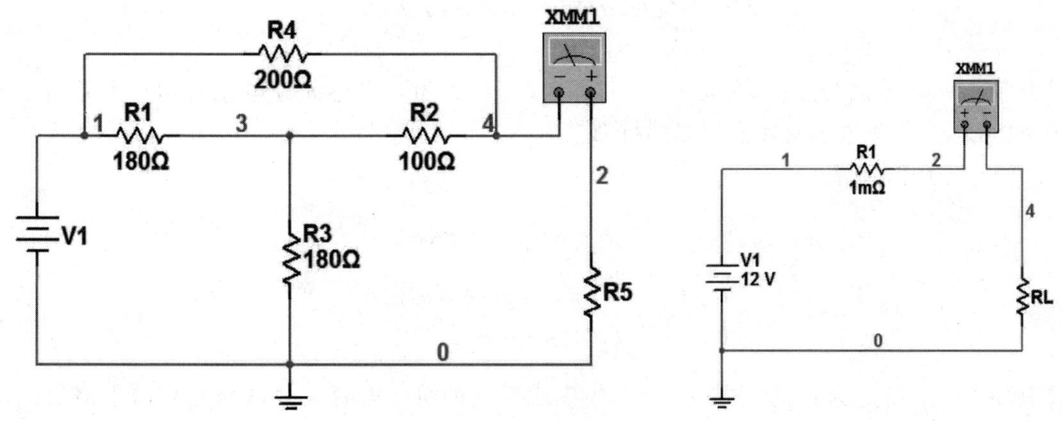

图 3.2.3　戴维南定理

3.3　RLC 电路在正弦交流电路中的特性

3.3.1　RLC 电路在正弦交流电路工作原理

用相量法分析正弦交流电路的理论基础有如下两点：

3.3.1.1　基尔霍夫定律的相量形式

$$\sum_{k=1}^{m} \dot{I}_k = 0 \quad k = 1, 2, \cdots, m$$

$$\sum_{k=1}^{m} U_k = 0 \quad k = 1, 2, \cdots, m$$

3.3.1.2　欧姆定理的相量形式

(1)Z 为电阻元件：

$$Z_R = R$$

$$\dot{U}_R = R \cdot \dot{I} \quad U_R \angle \varphi_u = RI \angle \varphi_i$$

$$U_R = RI \qquad \angle \varphi_u = \angle \varphi_i$$

可见电阻元件电压和电流同相，电压的大小等于电流有效值乘以电阻 R，R 是一个与频率无关的常量。

(2)Z 为电感元件：

$$Z_L = \mathrm{j}\omega_L = \mathrm{j}X_L$$

$$\dot{U}_L = Z_L I_L \quad U_L \angle \varphi_u = X_L \angle \varphi_i + 90^\circ$$

$$U_L = X_L I \quad \angle \varphi_u = \angle \varphi_i + 90^\circ$$

式中，$X_L = \omega L$ 称之为感抗，它是一个与频率成正比的量。电感元件电压在相位上超前电流 90°，电压大小等于电流有效值乘以感抗 X_L。

(3)Z 为电容元件：

$$Z_C = -\mathrm{j}\frac{1}{\omega C} = -\mathrm{j}X_C$$

$$\dot{U}_C = Z_C \dot{I} \quad U_C \angle \varphi_u = X_C I \angle \varphi_i - 90^\circ$$

$$U_C = X_C I \quad \angle \varphi_u = \varphi_i - 90^\circ$$

式中，$X_C = \frac{1}{wc}$ 称之为容抗，它是一个与频率成反比的量。电容元件电压在相位上滞后电流 90°，电压的大小等于电流有效值乘以容抗 X_C。

(4)Z 为电阻、电容、电感等无源元件组成的二端口网络，都可以等效为 $Z = R(\omega) + \mathrm{j}X(\omega)$ 的阻抗，其中 $R(\omega)$ 是等效阻抗的实部，$X(\omega)$ 是等效阻抗的虚部，它们都是频率函数。此时：

$$Z = |Z| \angle \phi_Z = \frac{\dot{U}}{\dot{I}} = \frac{U}{I} \angle \varphi_u - \angle \varphi_i$$

即：

$$|Z| = \frac{U}{I} \angle \phi_Z = \angle \varphi_u - \angle \varphi_i$$

$\angle \phi_Z$ 为阻抗角，由 $\angle \phi_Z$ 可判断二端网络的性质。$\angle \phi_Z > 0$，则电压超前电流，该二端网络为感性，$\angle \phi_Z < 0$，则电压滞后电流，该二端网络为容性，$\angle \phi_Z = 0$，则电压和电流同相，该二端网络为阻性。

3.3.2 RLC 电路在正弦交流电路实验仿真

(1)电阻串并联电路如图 3.3.1 所示。

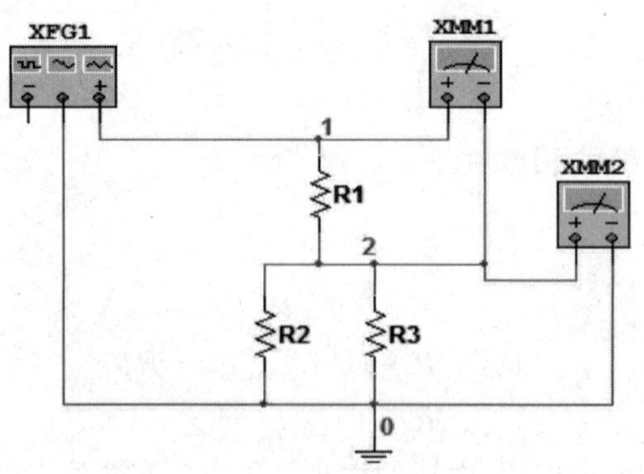

图 3.3.1 电阻串并联电路

(2)电感电阻串联电路如图 3.3.2 所示。

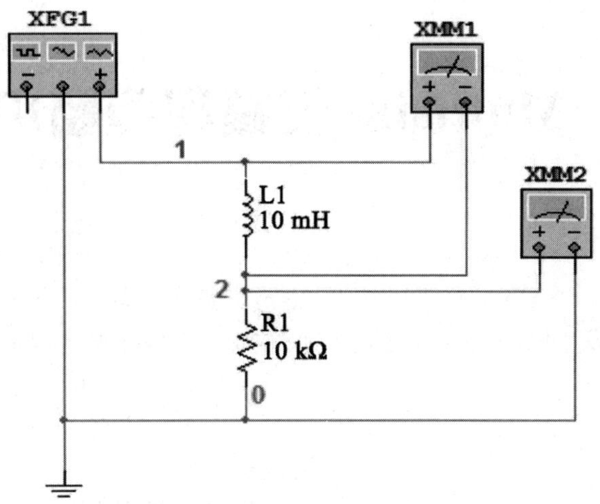

图 3.3.2　电感电阻串联电路

(3)电容电阻串联电路如图 3.3.3 所示。

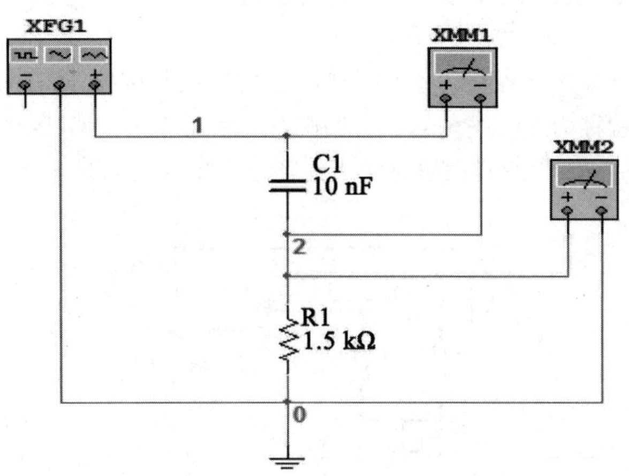

图 3.3.3　电容电阻串联电路

第4章　Multisim在模拟电路中的应用

本章利用 Multisim 对基本电路进行仿真，本章主要介绍 RC 正弦波振荡器电路、LC 振荡器电路、方波和三角波发生电路、限幅电路、电压/电流(V/I)变换电路的电路结构与计算机仿真设计方法。

4.1　RC 正弦波振荡器

4.1.1　RC 正弦波振荡器工作原理

从结构上看，正弦波振荡器是没有输入信号的、带选频网络的正反馈放大器。若用 R、C 元件组成选频网络，就称为 RC 振荡器，一般用来产生 1 Hz～1 MHz 的低频信号。

(1)RC 移相振荡器。电路型式如图 4.1.1 所示，选择 $R \gg R_i$。

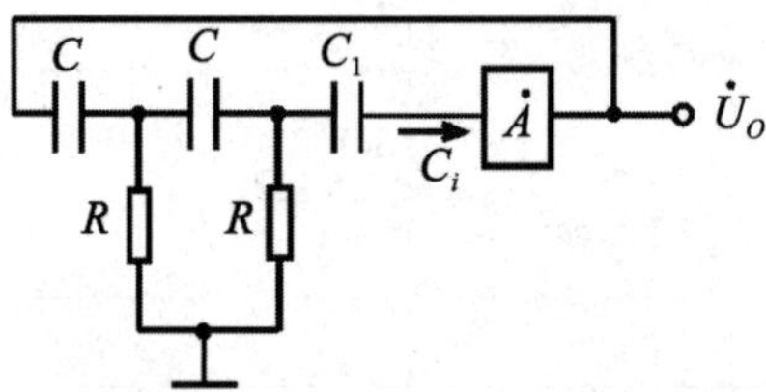

图 4.1.1　RC 移相振荡器原理图

振荡频率：$f_0 = \dfrac{1}{2\pi\sqrt{6}RC}$。

起振条件：放大器 A 的电压放大倍数 $|A| > 29$。

电路特点：简便，但选频作用差，振幅不稳，频率调节不便，一般用于频率固定且稳定性要求不高的场合。

频率范围：几赫～数十千赫。

(2)RC 串并联网络(文氏桥)振荡器。电路型式如图 4.1.2 所示。

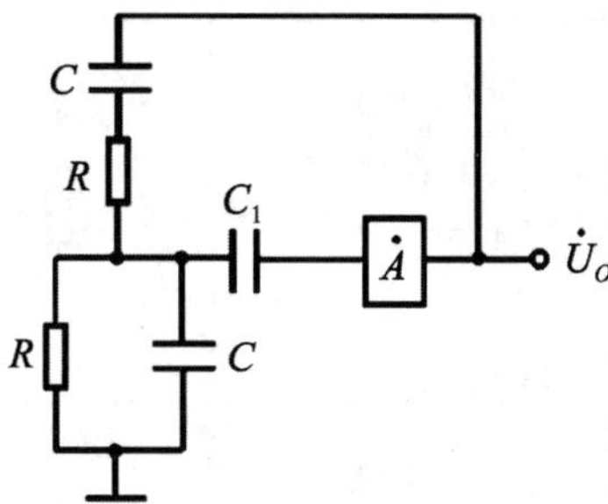

图 4.1.2　RC 串并联网络振荡器原理图

振荡频率:$f_0=\dfrac{1}{2\pi RC}$。

起振条件:$|A|>3$。

电路特点:可方便地连续改变振荡频率,便于加负反馈稳幅,容易得到良好的振荡波形。

(3)双 T 选频网络振荡器。电路型式如图 4.1.3 所示。

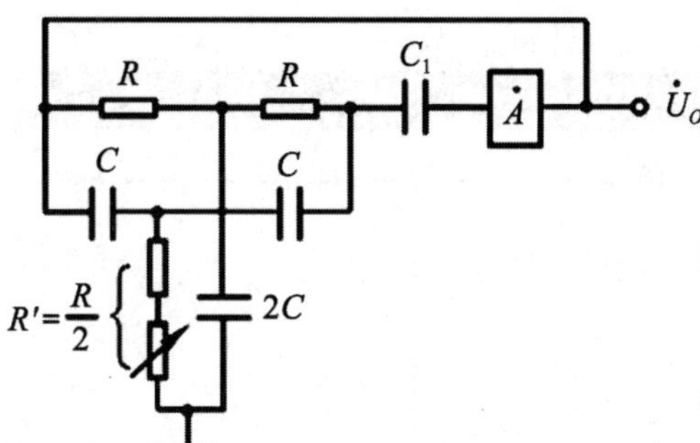

图 4.1.3　双 T 选频网络原理图

振荡频率:$f_0=\dfrac{1}{5RC}$。

起振条件:$R'<\dfrac{R}{2}$,$|AF|>1$。

电路特点:选频特性好,调频困难,适于产生单一频率的振荡。

4.1.2　双 T 选频网络正弦波振荡器

采用两级共射极分立元件放大器组成双 T 选频网络正弦波振荡器如图 4.1.4 所示。

在调试电路时应适当调节 RP1(RP1)和 RP2(RP2),否则振荡器不起振。仿真结果如图 4.1.5 所示。

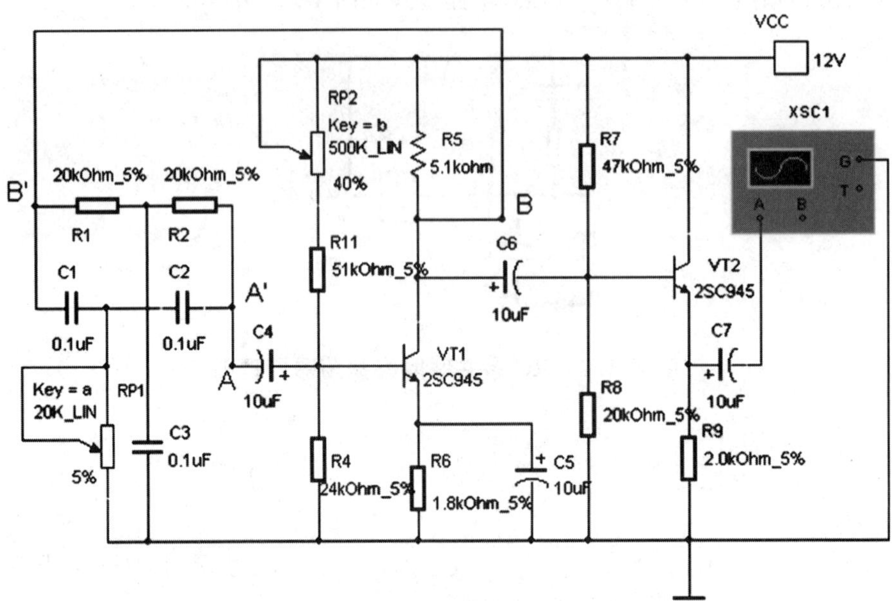

图 4.1.4　双 T 选频网络正弦波振荡器原理图

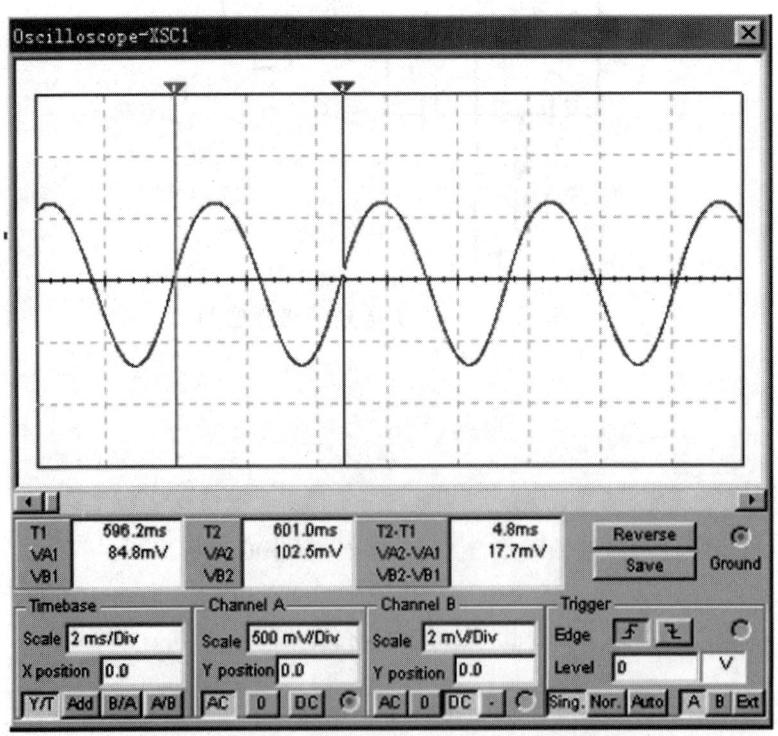

图 4.1.5　双 T 选频网络正弦波振荡器振荡波形

4.2　LC 振荡电路

4.2.1　LC 振荡电路原理

振荡器是一种将直流电源的能量变换为一定波形的交变振荡能量的电路。LC 振荡器振荡应满足两个条件。

(1)相位平衡条件:反馈信号与输入信号同相,保证电路正反馈。在电路中表现为,集电极—发射极之间和基极—发射极之间回路元件的电抗性质是相同的,集电极—基极之间回路元件的电抗性质是相反的。

(2)振幅平衡条件:反馈信号的振幅应该大于或等于输入信号的振幅。

振荡器接通电源后,由于电路中存在某种扰动,这些微小的扰动信号,通过电路放大及正馈使振荡幅度不断增大。当增大到一定程度时,导致晶体管进入非线性区域,产生自给偏压,引起晶体管的放大倍数减小;最后达到平衡,振荡幅度就不再增大了。

4.2.2　电容反馈三点式振荡器

图 4.2.1 所示电路为电容反馈三点式振荡器。电路在设计时要注意电路中的参数设置,特别是电位器 R_{P1} 和 R_{P2} 要调节合适,否则电路将不起振。其振荡波形如图 4.2.2 所示。

振荡频率为:$f=\dfrac{1}{2\pi\sqrt{L\dfrac{C_4C_5}{C_4+C_5}}}$。

4.2.3　电感反馈三点式振荡器

图 4.2.3 为电感反馈三点式振荡电路。从图 4.2.4 仿真结果可测出其振荡频率为 1 MHz,输出电压的幅值为 14.2 V。

振荡频率为:$f=\dfrac{1}{2\pi\sqrt{(L_1+L_2+2M)C_2}}$。

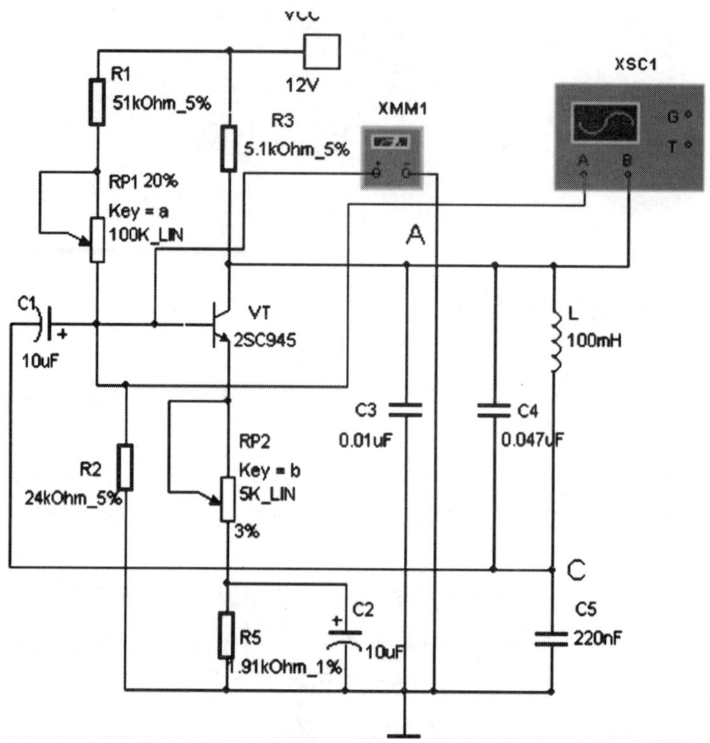

图 4.2.1 电容反馈三点式振荡器

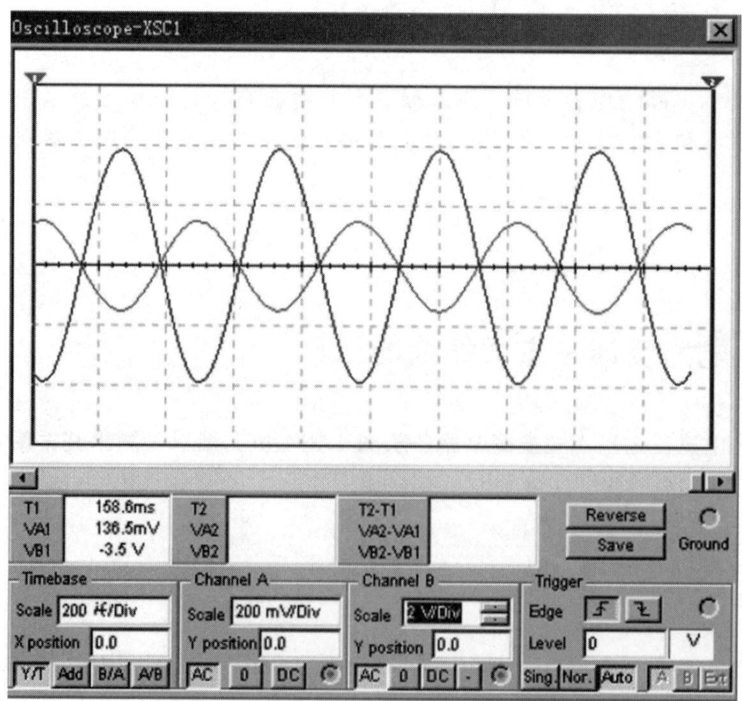

图 4.2.2 电容三点式局部放大波形

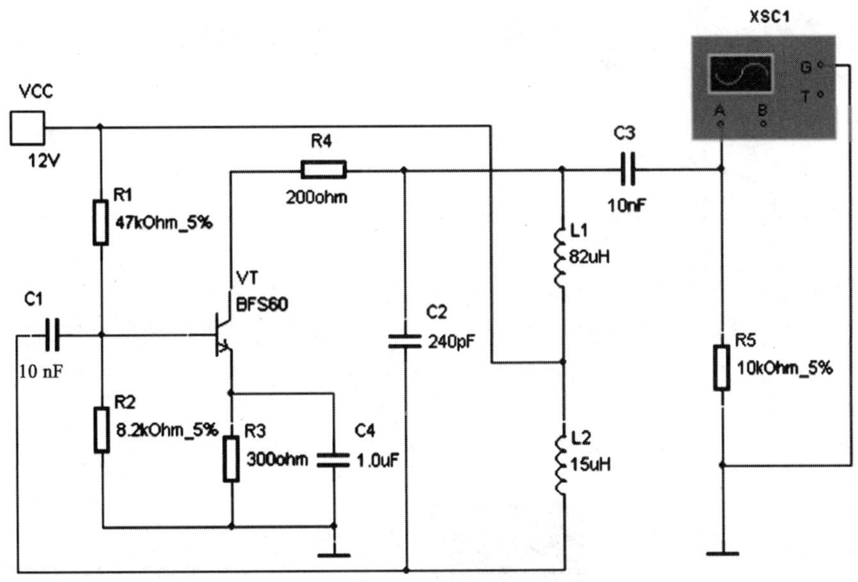

图 4.2.3　电感反馈三点式振荡电路

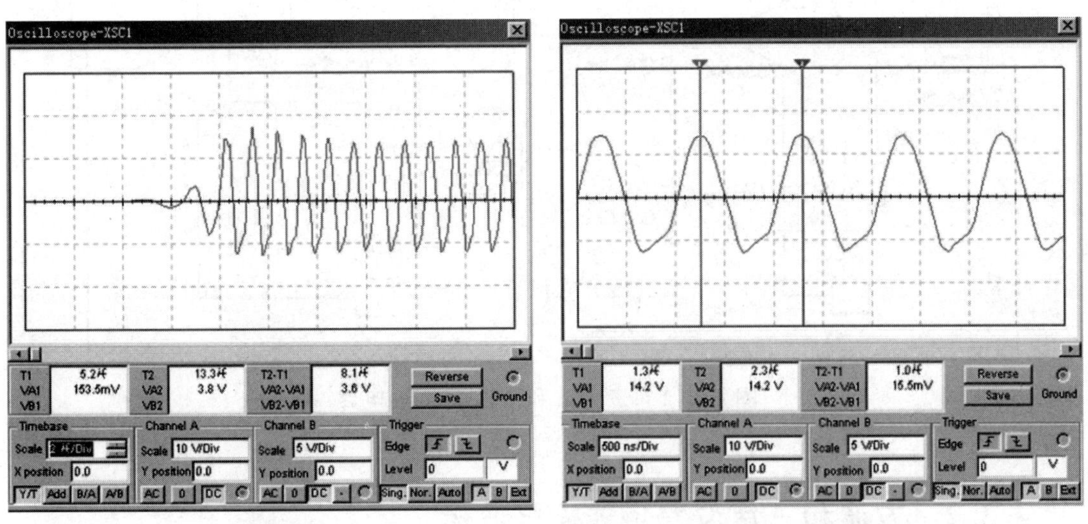

(a) 起振过程　　(b) 局部放大波形

图 4.2.4　电感三点式振荡电路仿真结果

4.3 方波和三角波发生电路

4.3.1 方波和三角波发生电路结构

构成的方波和三角波发生器有多种形式，本设计选用最常用的、线路比较简单的电路加以分析。如图 4.3.1 所示，把滞回比较器和积分器首尾相接形成正反馈闭环系统，比较器 U1 输出的方波经积分器 U2 积分可得到三角波，三角波触发比较器自动翻转形成方波，这样即可构成三角波和方波发生器。

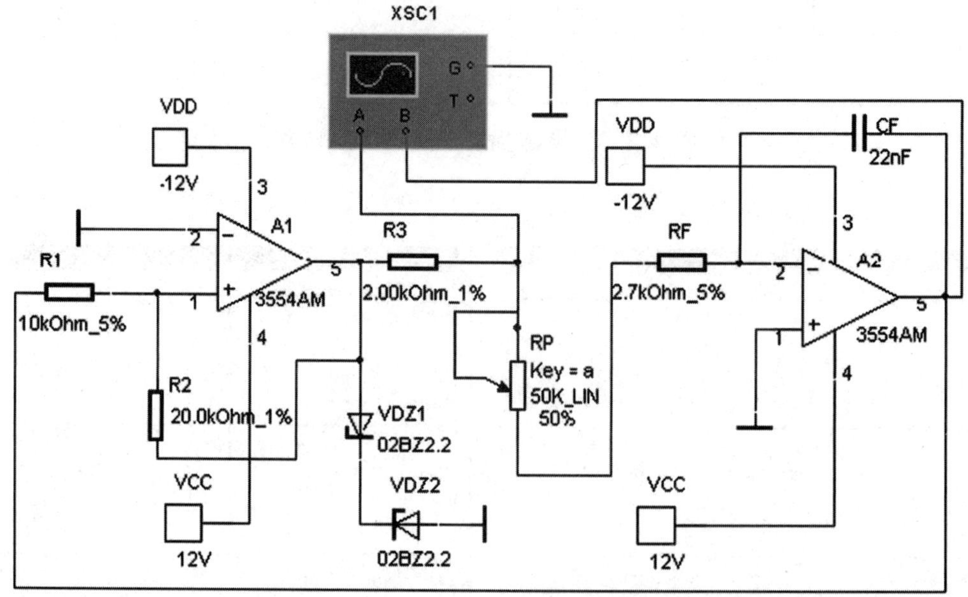

图 4.3.1 三角波和方波发生器电路

4.3.2 方波和三角波发生器输出波形

图 4.3.2 为方波和三角波发生器输出波形图。采用运放组成的积分电路，可实现恒流充电，使三角波线性大大改善。

电路振荡频率：$f=\dfrac{R_2}{4R_1(R_f+RP)C_f}$。

方波幅值：$U'_{om}=\pm U_Z$。

三角波幅值：$U_{om}=\frac{R_1}{R_2}U_Z$。

调节 RP 可以改变振荡频率，改变比值可调节三角波的幅值。

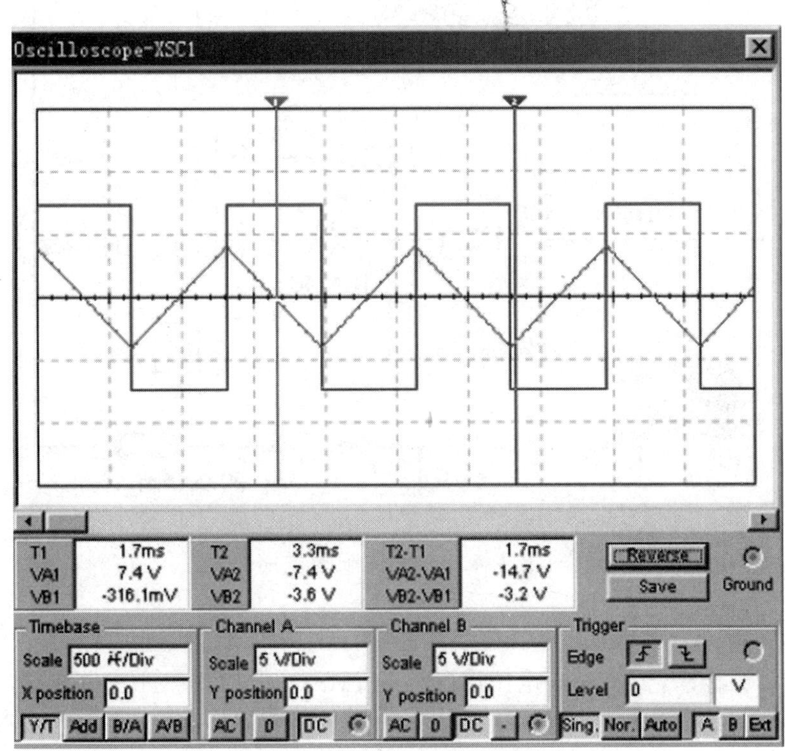

图 4.3.2　方波和三角波发生器输出波形图

4.4　限幅电路

限幅电路的功能是：当输入信号电压进入某一范围（限幅区）后，其输出信号电压不再跟随输入信号电压变化，或是改变了传输特性。

4.4.1　串联限幅电路

串联限幅电路如图 4.4.1 所示，起限幅控制作用的二极管 VD_1 与运放 A_1 输入端串联，参考电压（$-U_R$）作 VD_1 的反偏电压，以控制限幅器的限幅门限电压 U_{th}。

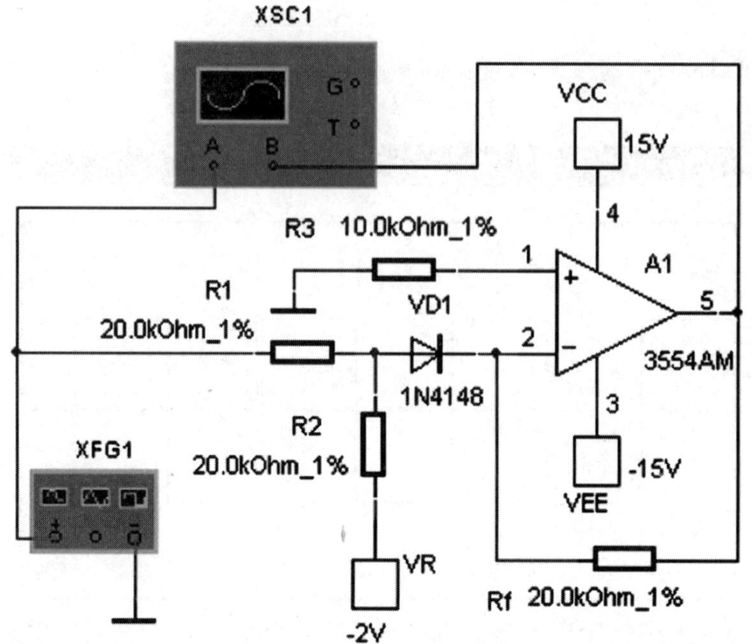

图 4.4.1 串联限幅电路

由电路可知，$u_i<0$ 或 u_i 为数值较小的正电压时，VD 截止，运放 U_1 输出 $u_i=0$；仅当 $u_i>0$ 且数值大于或等于某一个正电压值(称为正门限电压)时，V_D 才正偏导通，电路有输出，且 u_o 跟随输入信号 u_i 变化。由于输入信号 $u_i=0$ 时，电路开始有输出，此时 A 点电压应等于二极管 VD 的正向导通电压 u_D，故使 $u_A=u_D$ 时的输入电压值即为门限电压，即

$$u_A=\frac{R_2}{R_1+R_2}U_{th}^{+}-\frac{R_2}{R_1+R_2}U_R=U_D$$

可求得 U_{th}^{+} 为：

$$U_{th}^{+}=\frac{R_1}{R_2}U_R+\left(1+\frac{R_1}{R_2}\right)U_D$$

可见，当 $u_i<0$ 时，$u_o=0$，因此 $u_i<0$ 的区域称为限幅区；当 $u_i>0$ 时，u_o 随 u_i 而变化，$u_i>0$ 的区域称为传输区，传输系数为 $A_{uf}=-\frac{R_f}{R_1}$。

如果把电路中的二极管 D 的正负极性对调，参考电压改为正电压 $+U_R$，则门限电压值为：

$$U_{th}^{-}=-\left[\frac{R_1}{R_2}U_R+(1+\frac{R_1}{R_2})U_D\right]$$

从上式中可知，改变的数值和改变与的比值，均可以改变门限电压。

串联限幅电路输入正弦波和三角波时的限幅情况如图 4.4.2(a)和(b)所示，改变门限电压，可以改变限幅情况。

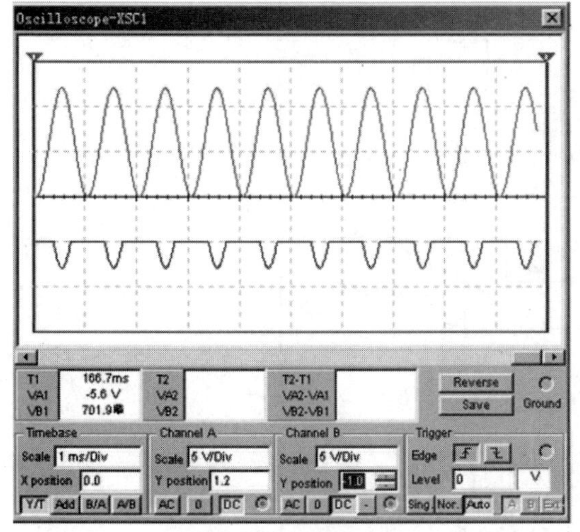

(a) 输入正弦波的限幅

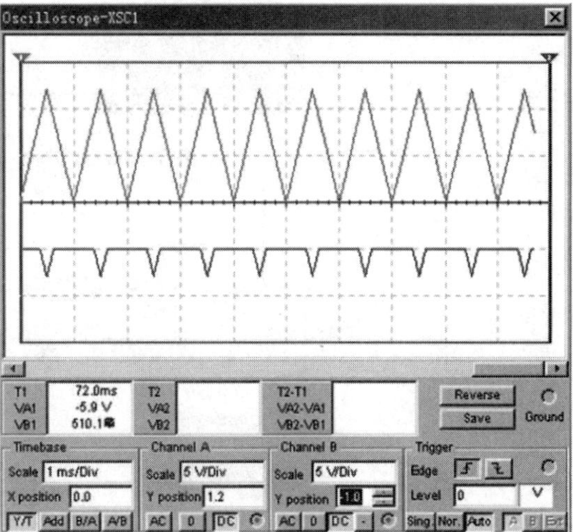

(b) 输入三角波的限幅

图 4.4.2　串联限幅电路输入和输出波形

4.4.2　稳压管双向限幅电路

稳压管构成的双向限幅电路如图 4.4.3 所示。稳压管 VD_{Z1}(VDZ1)和 VD_{Z2}(VDZ2)与负反馈电阻 R_f 并联。当 u_i 较小时，u_0 亦较小，VD_{Z1}和 VD_{Z2}没有击穿，输出电压 u_0 随输入电压 u_i 变化，传输系数为 $A_{uf}=-\dfrac{R_f}{R_1}$。

当幅值增大，使幅值增大至使 VD_{Z1}和 VD_{Z2}击穿时，输出 u_0 的幅度保持值不变，电路进入限幅工作状态。限幅正门限电压和负门限电压 U_{th}^- 的数值为：

$$U_{th}^+=|U_{th}^-|=\frac{R_1}{R_2}(U_Z+U_D)$$

稳压管双向限幅器电路简单，无需调整；但限幅特性受稳压管参数影响大，而且输出限幅电压完全取决于稳压管的稳压值。因而，这种稳压器只适用于限幅电压固定，且限幅精度要求不高的电路。

稳压管构成的双向限幅电路输入三角波时的限幅情况如图 4.4.4 所示，改变门限电压限幅正门限电压和负门限电压的数值，可以改变限幅情况。

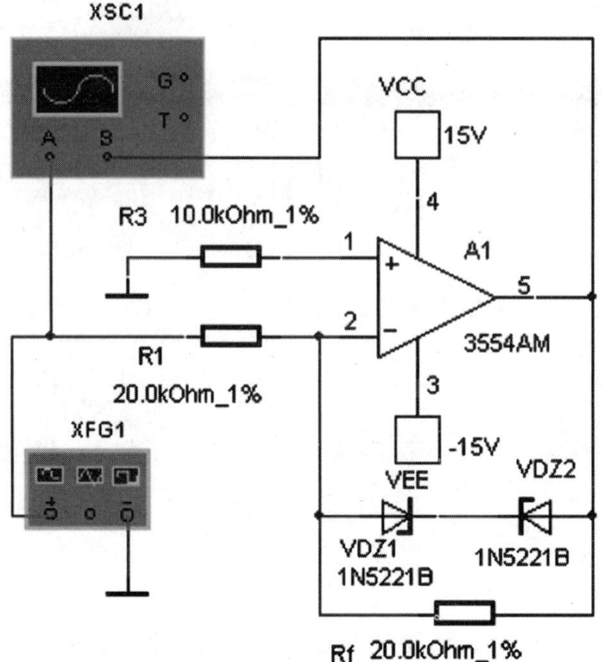

图 4.4.3　稳压管构成的双向限幅电路

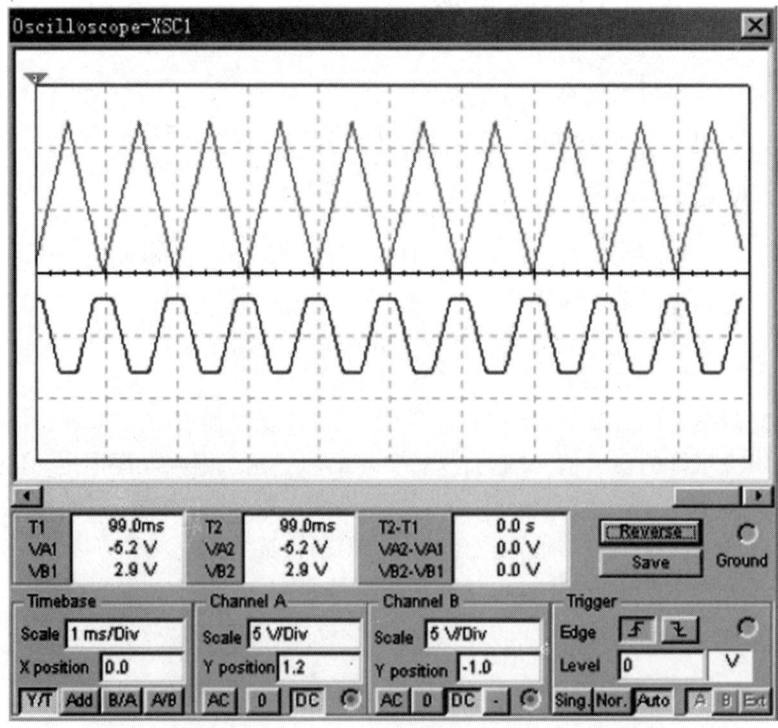

图 4.4.4　双向限幅电路输入三角波的限幅

4.5　电压/电流(*U*/*I*)变换电路

4.5.1　负载不接地 *U*/*I* 变换电路

负载不接地电压/电流变换原理电路如图 4.5.1 所示，电路中电流表 XMM1 和 XMM2 为测量用。负载 R_L 接在反馈支路，兼作反馈电阻。A_1 为运算放大器，则有

$$i_L \approx i_R \approx \frac{u_i}{R}$$

可见，负载 R_L 的电流大小与输入电压 u_i（电路图中的 V1）成正比例，而与负载大小无关，实现 *U*/*I* 变换。如果 u_i 不变，即采用直流电源，则负载电流 i_L 保持不变，可以构成一个恒流源电路。图 4.5.1 所示电路，最大负载电流受运放最大输出电流的限制；最小负载电流又受运放输入电流 I_B 的限制而取值不能太小，$u_o = -i_L \cdot R_L$ 值不能超过运放输出电压范围。

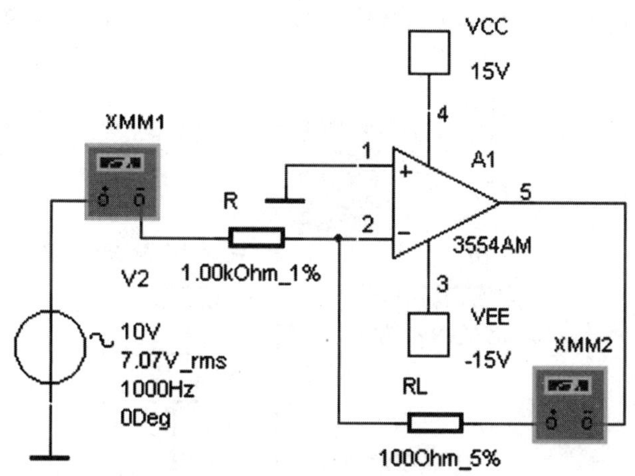

（a）负载不接地电压/电流变换电路

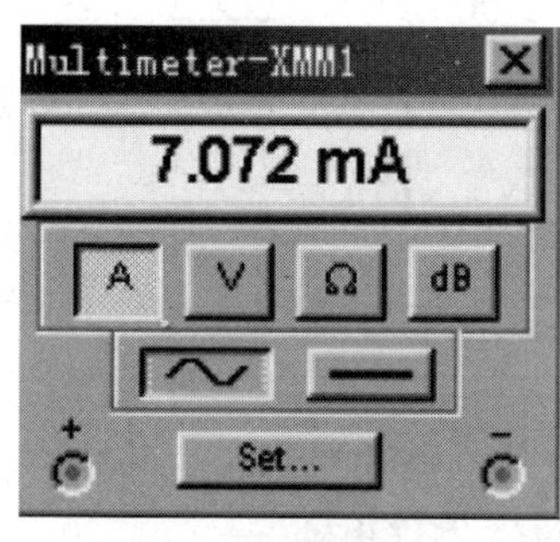

（b）电流i_R数值

（c）电流i_L数值

图 4.5.1　负载不接地 *U*/*I* 变换电路

4.5.2 负载接地的 U/I 变换电路

负载接地 U/I 变换电路如图 4.5.2 所示，电路中电流表 XMM1 为测量用。由图可知：

$$u_0=-\frac{R_f}{R_1}u_i+\left(1+\frac{R_f}{R_1}\right)i_LR_L$$

$$i_LR_L=\frac{R_1/\!/R_L}{R_3+R_2/\!/R_L}u_0$$

联解上述两式可得：

$$i_L=\frac{\dfrac{R_f}{R_1}u_i}{\dfrac{R_3}{R_2}R_L-\dfrac{R_f}{R_1}R_L+R_3}$$

如取$\frac{R_f}{R_1}=\frac{R_3}{R_2}$，则 $i_L=-\frac{u_i}{R_2}$。

可见，负载 R_L 的电流大小 i_L 与输入电压 u_i（电路图中的 V1）成正比例，而与负载大小无关，实现 U/I 变换。如果 u_i 不变，即采用直流电源，则负载电流 i_L 保持不变，可以构成一个恒流源电路。

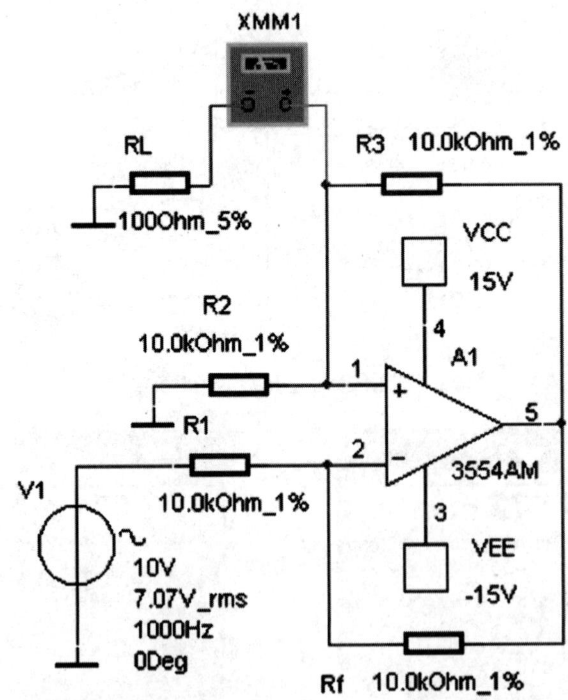

图 4.5.2 负载接地 U/I 变换电路

4.6 VFC(电压—频率变换)电路

VFC(电压—频率变换)电路能把输入信号电压变换成相应的频率信号,即它的输出信号频率与输入信号电压值成比例,故又称之为电压控制振荡器(VCO)。图 4.6.1 所示为简单的运算放大器组成的 VFC 电路。从图可知,当外输入信号 $u_i=0$ 时,电路为方波发生器。振荡频率 f_0 为:

$$f_0=\frac{1}{2R_1C_1\ln\left(1+\frac{2R_4}{R_3}\right)}$$

当 $u_i\neq0$ 时,运放同相输入端的基准电压由 v_i 和反馈电压 F_uu_0 决定。如 $u_i>0$,则输出脉冲的频率低,$f<f_0$;如 $u_i<0$,则输出脉冲的频率升高,$f>f_0$。可见,输出信号频率随输入信号电压 u_i 变化,实现 V/F 变换。

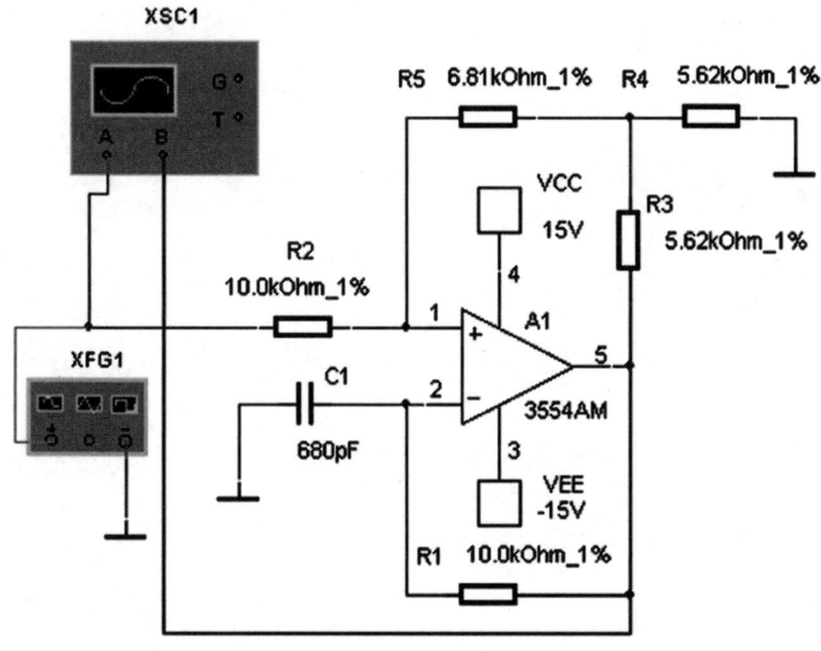

(a) 运算放大器组成的VFC电路

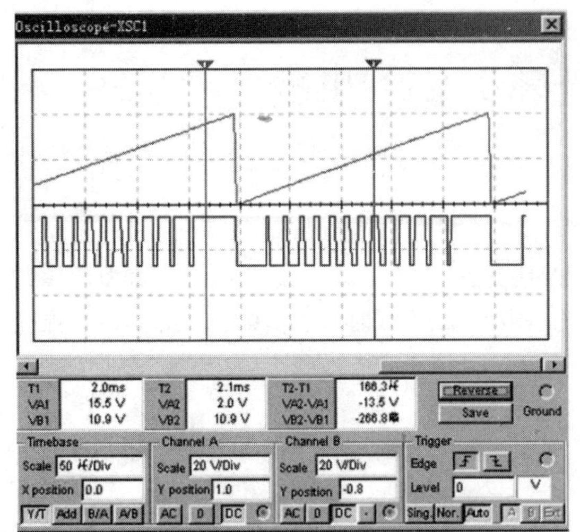

（b）u_i上升，输出脉冲的频率降低

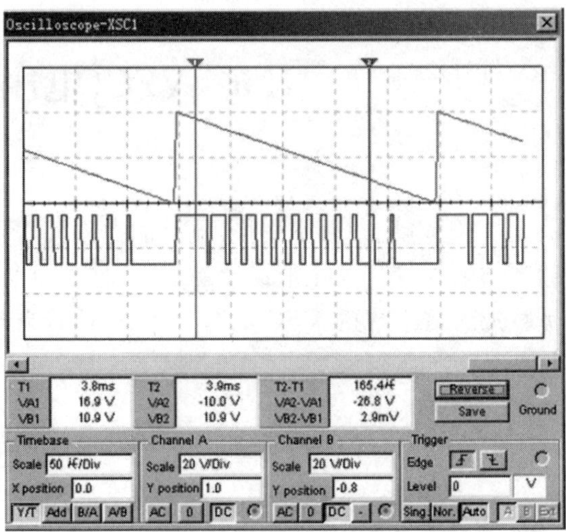

（c）u_i下降，输出脉冲的频率升高

图 4.6.1　运算放大器组成的 VFC 电路

第二篇

电子电路 PCB 设计

第 5 章　Altium 概述

随着电子技术的飞速发展，大规模超厚度印制电路板加工工艺不断提高，电子系统设计变得愈发复杂，众多电子线路辅助设计软件应运而生，其中 Altium Designer 集成了大量设计工具，具有友好的设计管理器人机接口，设计功能强大，使用方便，易于上手。本章将对设计管理器的使用进行介绍。

5.1　Altium Designer 介绍

Altium Designer 把为电子产品开发提供完整环境所需的工具全部整合在一个应用软件中，包含所有设计任务所需的工具：原理图和 HDL 设计输入、电路仿真、信号完整性分析、PCB 设计、基于 FPGA 的嵌入式系统设计和开发。

5.1.1　Altium Designer 集成平台

Altium Designer 基于 DXP 平台，支持创建设计时使用的各种编辑器。执行菜单命令[开始]-[所有程序]-[Altium Designer]启动 Altium Designer，应用界面通过自动配置来适应正在处理的文件。

项目是每项电子产品设计的基础。项目将设计元素链接起来，包括电源原理图、PCB、网表和预保留在项目中的所有库或模型。项目还能存储项目级选项设置，例如错误检查设置、多层连接模式和多通道标注方案。Altium Designer 中项目共有 6 种类型——PCB 项目、FPGA 项目、内核项目、嵌入式项目、脚本项目和库封装项目(集成库的源)。Altium Designer 允许通过 Projects 面板访问与项目相关的所有文档，还可在通用的 Workspace(工作空间)中链接相关项目，查看与设计产品相关的所有文档。一个项目可以包含多个设计文件，图 5.1.1 所示为项目结构图，包括了原理图设计文件、PCB 设计文件等，同时还包含有项目输出文件，以及设计中所用到的库文件。

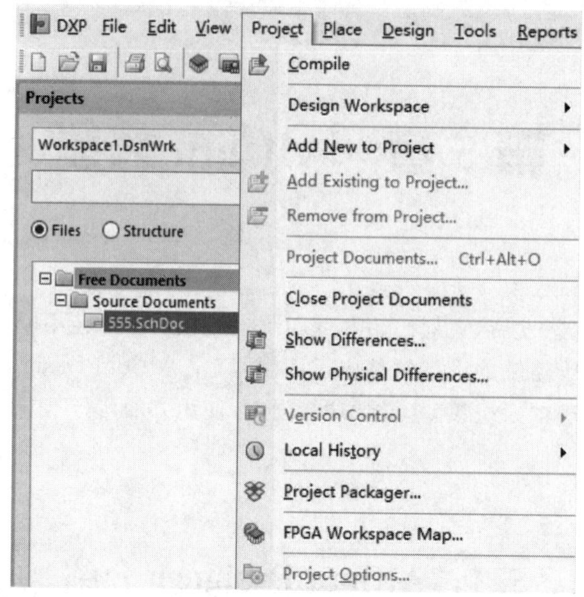

图 5.1.1　项目结构图

5.1.2　Altium Designer 主要特点

(1)通过设计档包的方式,将原理图编辑、电路仿真、PCB 设计、FPGA 设计及打印这些功能有机地结合在一起,提供了一个集成开发环境。

(2)提供了混合电路仿真功能,为设计实验原理图电路中某些功能模块的正确与否提供了方便。

(3)提供了丰富的原理图组件库和 PCB 封装库,并且为设计新的器件提供了封装向导程序,简化了封装设计过程。

(4)提供了层次原理图设计方法,支持“自上向下”的设计思想,使大型电路设计的工作组开发方式成为可能。

(5)提供了强大的查错功能。原理图中的 ERC(电气法则检查)工具和 PCB 的 DRC(设计规则检查)工具能帮助设计者更快地查出和改正错误。

(6)全面兼容 Protel 系列以前版本的设计文件,并提供了 OrCAD 格式文件的转换功能。

(7)提供了全新的 FPGA 设计的功能。

5.1.3　PCB 板设计的工作流程

(1)方案分析。决定电路原理图如何设计,同时也影响到 PCB 板如何规划。根据设计要求进行方案比较、选择,元器件的选择等,开发项目中最重要的环节。

(2)电路仿真。在设计电路原理图之前,有时候会对某一部分电路设计并不十分确定,因此需要通过电路仿真来验证，还可以用于确定电路中某些重要器件参数。

(3)设计原理图组件。Altium Designer 提供了丰富的原理图组件库，但不可能包括所有组件，必要时需动手设计原理图组件，建立自己的组件库。

(4)绘制原理图。找到所有需要的原理组件后，开始原理图绘制。根据电路复杂程度决定是否需要使用层次原理图。完成原理图后，用 ERC(电气法则检查)工具查错。找到出错原因并修改原理图电路，重新查错到没有原则性错误为止。

(5)设计组件封装。和原理图组件库一样，Altium Designer 也不可能提供所有组件的封装。需要时自行设计并建立新的组件封装库。

(6)设计 PCB 板。确认原理图没有错误之后，开始 PCB 板的绘制。首先绘出 PCB 板的轮廓，确定工艺要求，然后在网络表、设计规则和原理图的引导下布局和布线，按设计规则检查，进行工具查错。电路设计需要考虑的因素很多，不同的电路有不同要求，决定该产品的实用性能。

(7)文档整理。对原理图、PCB 图及器件清单等文件予以保存，以便以后维护、修改。

5.2 Altium Designer 设计管理器

5.2.1 Altium Designer 的主工作面板

类似于 Windows 的资源管理器窗口，Altium Designer 设计管理器窗口设有主菜单、主工具栏，左边为 Files Panels，右边对应的是主工作面板，最下面的是状态条。设计管理器中分成如下几个选项。

5.2.1.1 Pick a task 选项区域

(1)Create a new Board Level Design Project：新建一项设计项目。Altium Designer 中以设计项目为中心，一个设计项目中可以包含各种设计文件，如原理图 SCH 文件，电路图 PCB 文件及各种报表，多个设计项目可以构成一个 Project Group(设计项目组)。

(2)Create a new FPGA Design Project：新建一项 FPGA 项目设计。单击 Create a new FPGA Design Project 选项，将弹出如图 5.2.1 所示的新建 FPGA 项目设计的档工作面板。

(3)Create a new integrated Library Package：新建一个集成库。

(4)Display System Information：显示系统的信息。显示当前所安装的各项软件服务器，若安装了某项服务器，则能提供该项软件功能，如 SCH 服务器，用于原理图的编辑、设计、修改和生成零件封装等。

(5)Customize Resources：自定义资源。包括定义各种菜单的图标、文字提示、更改快捷键，以及新建命令操作等功能。这可以使用户完全根据自己的爱好定义软件的使用接口。

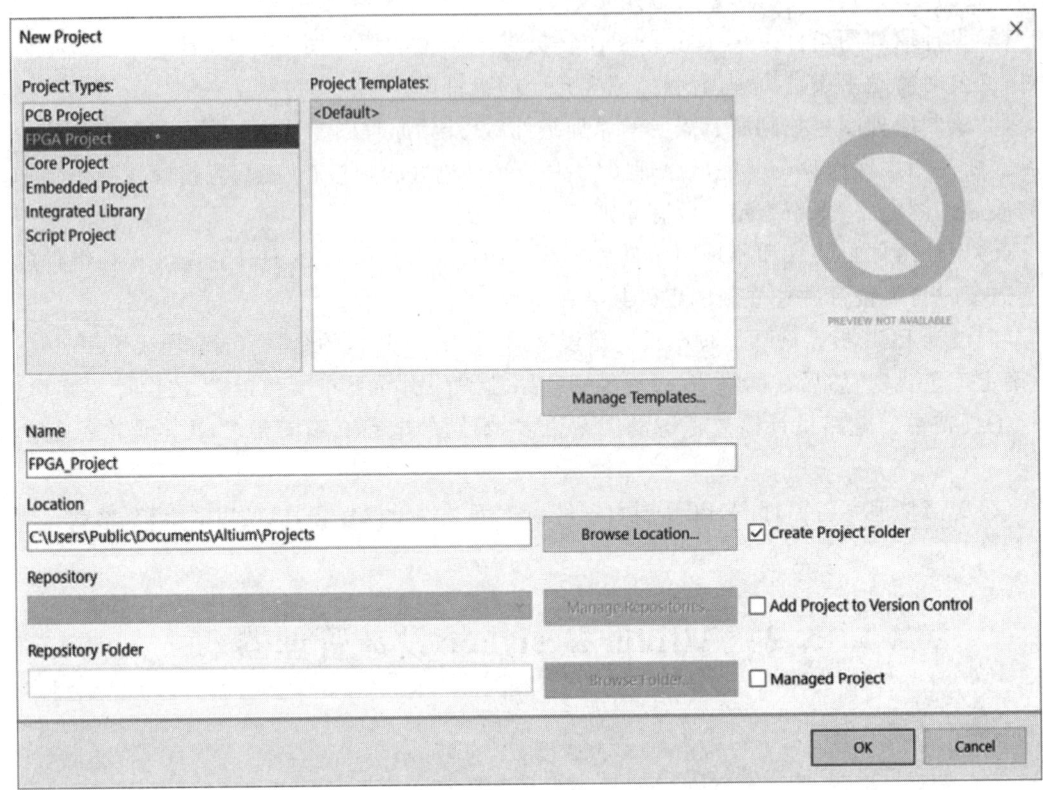

图 5.2.1　新建 FPGA 项目设计档工作

(6)Configure License:配置使用许可证。可以看到当前使用许可的配置,用户也可以更改当前的配置,输入新的使用许可证。

5.2.1.2　Or open a project or document 选项区域

(1)Open a project or document:打开一项设计项目或者设计档。单击该选项,将弹出对话框。

(2)Most recent project:列出最近使用过的项目名称。单击该选项,可以直接调出该项目进行编辑。

(3)Most recent document:列出最近使用过的设计文件名称。

5.2.1.3　Or get help 选项区域

Or get help 选项区域用于获得以下各种帮助。

(1)DXP Online help:在线帮助。

(2)DXP Learning Guides:学习向导。

(3)DXP Help Advisor:DXP 帮助指南。

(4)DXP Knowledge Base:知识库。

5.2.2　主菜单和主工具栏

主菜单和主工具栏如图 5.2.2 所示。Altium Designer 的主菜单栏包括 File(文件)、View(视图)、Project(项目)、Window(窗口)和 Help(帮助)等。

图 5.2.2　主菜单和主工具栏

文件菜单包括常用的文件功能,如打开文件、新建档等,也可以用来打开项目档、保存项目文件,显示最近使用过的档和项目、项目组以及退出 Altium Designer 系统等。视图菜单包括选择是否显示各种工具条,显示各种工作面板(Workspace Panels)以及状态条的显示,使用接口的定制等。项目菜单包括项目的编译(Compile)、项目的建立(Build),将档加入项目和将档从项目中删除等。

窗口菜单可以水平或者垂直显示当前打开的多个文件窗口。帮助菜单则是版本信息和 Altium Designer 的教程学习。主工具栏的按钮图标包括打开文件,打开已存在的项目文件等。

5.3　Altium Designer 系统参数设置

在 Altium Designer 原理图图纸上右击鼠标,选择 Preferences 选项,对话框如图 5.3.1 所示。

5.3.1　Schematic 选项卡设置

5.3.1.1　Pin Options 选项区域设置

其功能是设置元器件上的引脚名称、引脚号码和组件边缘间的间距。其中 Pin Name Margin 设置引脚名称与组件边缘间的间距,Pin Number Margin 用于设置引脚符号与组件边缘间的间距。

5.3.1.2　Alpha Numeric Suffix 选项区域设置

用于设置多组件的组件标设后缀的类型。有些组件内部是由多组组件组成的,例如 74 系列器件,Sn7404 就是由 6 个非门组成,则通过 Alpha Numeric Suffix 区域设置组件的后缀。

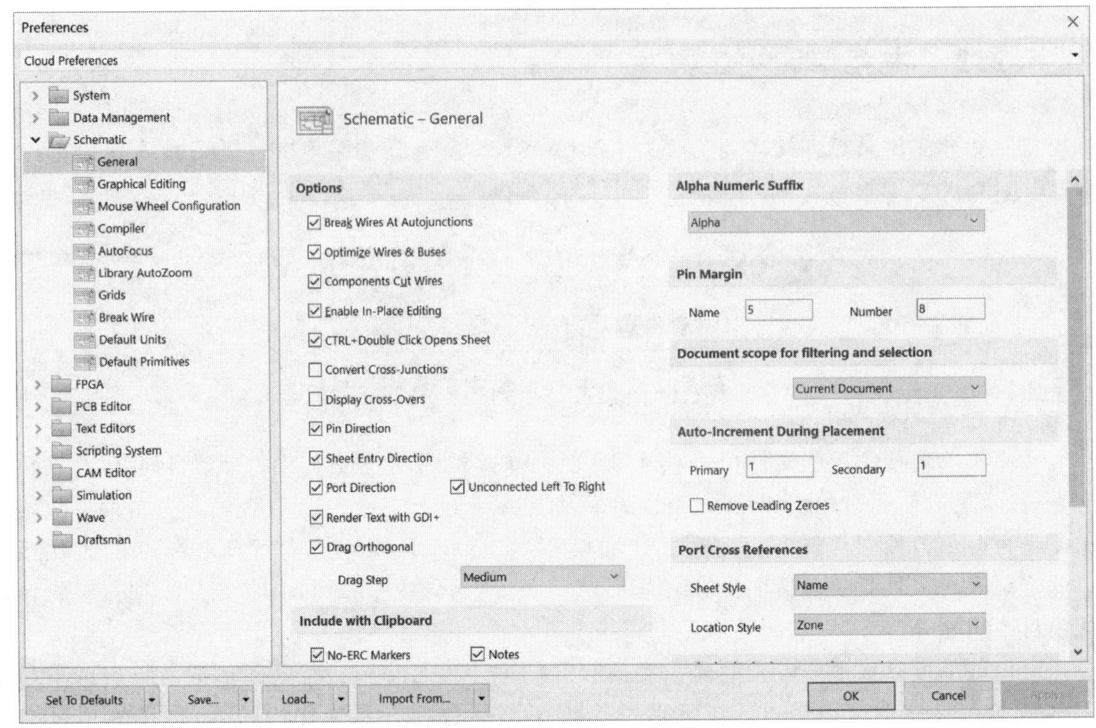

图 5.3.1　系统参数设置对话框

选择 Alpha 单选项则后缀以字母表示，如 A、B 等。选择 Numeric 单选项则后缀以数字表示，如 1、2 等。下面以组件 Sn7404 时，原理图图纸就会出现一个非门，而不是实际所见的双列直插器件。

在放置组件 Sn7404 时设置组件属性对话框，假定设置组件标识为 U1，由于 Sn7404 是 6 路非门，在原理图上可以连续放置 6 路非门。此时可以看到组件的后缀依次为 U1A、U1B 等，按字母顺序递增。

在选择 Numeric 情况下，放置 Sn7404 的 6 路非门后可以看到组件后缀的区别。

5.3.1.3　Copy Footprint From To 选项区域设置

Copy Footprint From To 选项区域用于在其列表框中设置 orCAD 加载选项，当设置了该项后，用户如果使用 orCAD 软件加载该文件时，将只加载所设置域的引脚。

5.3.1.4　Include With Clipboard and Prints 选项区域设置

Include With Clipboard and Prints 选项主要用来设置使用剪切板或打印时的参数。

(1)选定 No-ERC Markers 复选项，则使用剪切板进行复制操作或打印时，对象的 No-ERC 标记将随对象被复制或打印。否则，复制和打印对象时，将不包括 No-ERC 标记。

(2)选定 Parameter Sets 复选项，则使用剪切板进行复制操作或打印时，对象的参数设置将随对象被复制或打印。否则，复制和打印对象时，将不包括对象参数。

5.3.1.5 Options 选项区域设置

Options 选项主要用来设置连接导线时的一些功能,分别介绍如下:

(1)Auto Junction(自动放置节点):选定该复选项,在绘制导线时,只要导线的起点或终点在另一根导线上(T 形连接),系统会在交叉点上自动放置一个节点。如果是跨过一根导线(十字形连接),系统在交叉点处不会放置节点,必须手动放置节点。

(2)Drag Orthogonal(直角拖动):选定该复选项,当拖动组件时,被拖动的导线将与组件保持直角关系。不选定,则被拖动的导线与组件不再保持直角关系。

(3)Enable In-Place Editing(编辑使能):选定该复选项,当游标指向已放置的组件标识、文本、网络名称等文本文件时,单击鼠标可以直接在原理图上修改文本内容。若未选中该选项,则必须在参数设置对话框中修改文本内容。

(4)Optimize Wires & Buses(导线和总线最优化):选定该复选项,可以防止不必要的导线、总线覆盖在其他导线或总线上,若有覆盖,系统会自动移除。

(5)Components Cut Wires:选定该复选项,在将一个组件放置在一条导线上时,如果该组件有两个引脚在导线上,则该导线被组件的两个引脚分成两段,并分别连接在两个引脚上。

5.3.1.6 Default Power Object Names 选项区域设置

Default Power Object Names 选项区域用于设置电源端子的默认网络名称,如果该区域中的输入框为空,电源端子的网络名称将由设计者在电源属性对话框中设置,具体设置如下:

(1)Power Ground:表示电源地,系统默认值为 GND。在原理图上放置电源和接地符号后,打开电源和接地属性对话框。如果此处设置为空,那么在原理图上放置电源和接地符号后,打开电源和接地属性对话框。注意在 Net 栏的名称区别。

(2)Signal Ground:表示信号地,系统默认设置为 SGND。

(3)Earth:表示接地,系统默认设置为 EARTHA。

5.3.1.7 Document scope for filtering and selection 选项区域设置

Document scope for filtering and selection 选项区域用于设定给定选项的适用范围,可以只应用于 Current Document(当前文档)和用于所有 Open Documents(打开的文档)。

5.3.1.8 Default Template Name 选项区域设置。

Default Template Name 选项用于设置默认模板文件。当一个模板设置为默认模板后,每次创建一个新文件时,系统自动套用该模板,适用于固定使用某个模板的情况。

5.3.2 Graphical Editing 选项卡的设置

在图 5.3.1 系统参数设置对话框中,单击 Graphical Editing 标签,将弹出 Graphical Editing 选项卡,如图 5.3.2 所示。

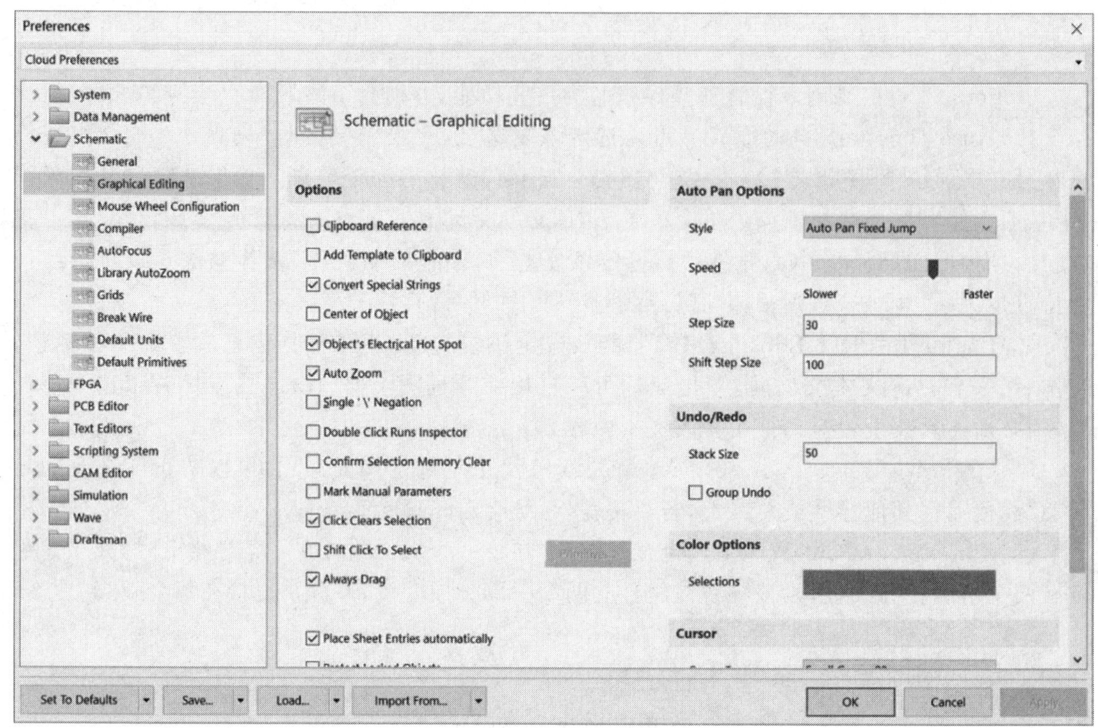

图 5.3.2　Graphical Editing 选项卡

5.3.2.1　Options 选项区域设置

(1)Clipboard Reference:用于设置将选取的组件复制或剪切到剪切板时,是否要指定参考点。如果选定此复选项,进行复制或剪切操作时,系统会要求指定参考点,对于复制一个将要粘贴回原来位置的原理图部分非常重要,该参考点是粘贴时被保留部分的点,建议选定此项。

(2)Add Template to Clipboard:加模块到剪切板上,当执行复制或剪切操作时,系统会把模板文件添加到剪切板上。当取消选定该复选项时,可以直接将原理图复制到 Word 文档。系统默认为选中状态,建议用户取消选定该复选项。

(3)Convert Special Strings:用于设置将特殊字符串转换成相应的内容,选定此复选项时,在电路图中将显示特殊字符串的内容。

(4)Display Printer Fonts:选定该复选项后,可以看到哪些文本可以与打印出来的文本一致。

(5)Center of Object:该复选项的功能使设定移动组件时,游标捕捉的是组件的参考点还是组件的中心。要想实现该选项的功能,必须取消 Object's Electrical Hot Spot 选项的选定。

(6)Object's Electrical Hot Spot:选定该复选项后,将可以通过距对象最近的电气点移动或拖动对象。建议用户选定该复选项。

(7)Auto Zoom:用于设置插入组件时,原理图是否可以自动调整视图显示比例,以适合显示该组件。

(8)Single '\' Negation:选定该复选项后,可以'\'表示对某字符取反。

(9)Click Clears Selection:该选项可用于单击原理图编辑窗口内的任意位置来取消对象的选取状态。不选定此项时,取消组件被选中状态需要执行菜单命令 Edit/Deselect 或单击工具栏图标按钮取消组件的选中状态。选定该选项时取消组件的选取状态可以有两种方法:其一,直接在原理图编辑窗口的任意位置单击鼠标左键,就可以取消组件的选取状态。其二,执行菜单命令 Edit/Deselect 或单击工具栏图示按钮来取消组件的选定状态。

(10)Double Click Runs Inspector:选定该复选项,当在原理图上双击一个对象组件时,弹出不是 Component Properties(组件属性)对话框,而是如图 5.3.3 所示 Inspector 对话框。建议用户不选定该选项。

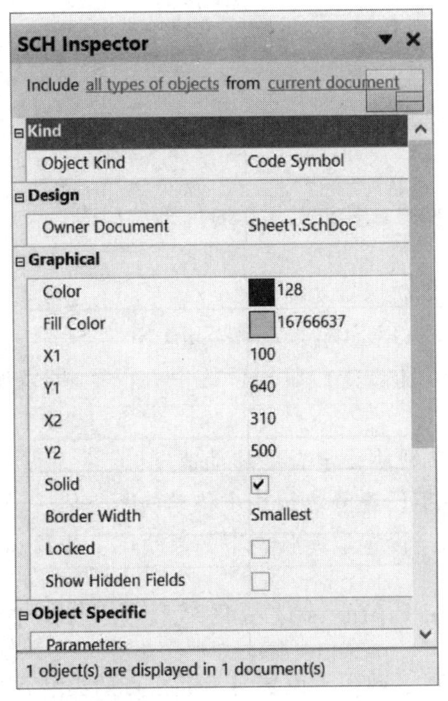

图 5.3.3　Inspector 对话框

5.3.2.2　Color Options 选项区域设置

(1)Selections:用于设置所选中的对象组件的高亮颜色,即在原理图上选取某个对象组件,则该对象组件被高亮显示。单击其右边的颜色属性框可以打开颜色设置对话框,选择高亮显示颜色。

(2)Grid Color:用于设置原理图上栅网格线的颜色。

5.3.2.3 Auto Pan Options 选项区域设置

Auto Pan Options 选项区域主要包括如下设置：

(1)Auto Pan Options 选项：用于设置系统的自动摇景功能。自动摇景是指当鼠标处于放置图纸组件的状态时，如果将游标移动到编辑区边界上，图纸边界自动向窗口中心移动。

(2)Style 下拉菜单：单击该选项右边的下拉按钮，弹出如图 5.3.4 所示下拉列表，其各项功能如下：

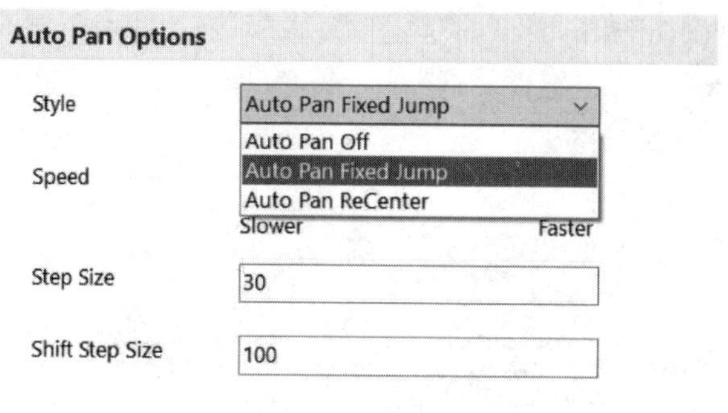

图 5.3.4 Style 下拉列表

(3)Auto Pan Off：取消自动摇景功能。

(4)Auto Pan Fixed Jump：以 Step Size 和 Shift Step Size 所设置的值进行自动移动。

(5)Auto Pan ReCenter。重新定位编辑区的中心位置，即以游标所指的边为新的编辑区中心。

(6)Speed 选项：用于调节滑块设定自动移动速度。

(7)Step Size 文本框：用于设置滑块每一步移动的距离值。

(8)Step Size 文本框：用于设置加速状态下的滑块第五步移动的距离值。

5.3.2.4 Cusor/Grid Options 选项区域设置

Cusor/Grid Options 选项区域用于设置游标和格点的类型，主要包括如下设置：

(1)Cursor Type：用于设置组件和拖动组件时出现的游标类型设置。单击右边的下拉按钮，将弹出如图 5.3.5 所示的下拉列表。其设置如下：

(2)Large Cursor 90：将游标设置为由水平线和垂直线组成的 90°大游标。

(3)Small Cursor 90：将游标设置为由水平线和垂直线组成的 90°小游标。

(4)Small Cursor 45：将游标设置为 45°相交线组成的小游标。

(5)Visible Grid：该选项的下拉列表中设有 Line Grid 和 Dot Grid，分别用设置线状格点和点状格点。

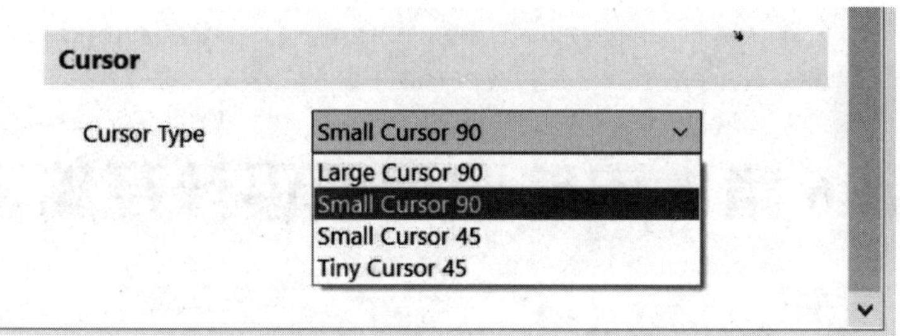

图 5.3.5　Cursor Type 下拉列表

5.3.2.5　Undo/Redo 选项区域设置

Undo/Redo 选项区域中的 Stack Size 框,用于设置的堆栈次数。

第 6 章　电路原理图设计及编辑

原理图设计是电路设计的基础，只有在设计好原理图的基础上才可以进行印刷电路板的设计和电路仿真等。本章详细介绍了如何设计电路原理图、编辑修改原理图。通过本章的学习，掌握原理图设计的过程和技巧以及如何在原理图上放置组件、原理图编辑器的使用和组件位置的编辑。

6.1　原理图的设计方法和步骤

原理图具体设计步骤：

新建原理图文件→设置工作环境→放置组件→原理图的布线→建立网络表→原理图的电气检查→编译和调整→存盘和报表输出

为了更直观地说明电路原理图的设计方法和步骤，下面以图 6.1.1 所示的简单 555 定时器电路图为例，介绍电路原理图的设计方法和步骤。

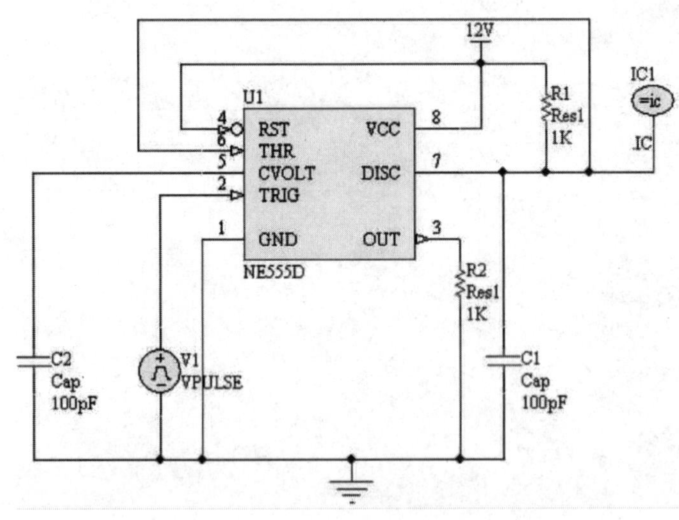

图 6.1.1　555 电路原理图

6.1.1　创建一个新项目

电路设计主要包括原理图设计和 PCB 设计。首先创建一个新项目，然后在项目中添加原理图文件和 PCB 文件，创建一个新项目方法：单击设计管理窗口底部的 File 按钮，弹出如图 6.1.2 所示面板。在 New 子面板中单击 Blank Project(PCB)选项，将弹出 Projects 工作面板。建立了一个新的项目后，执行菜单命令 File/Save Project As，将新项目重命名为“myProject1. PriPCB”，保存该项目到合适位置，如图 6.1.3。

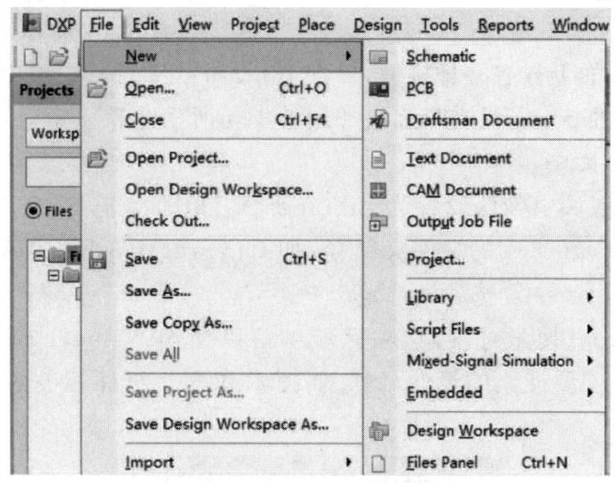

图 6.1.2　Files 面板图

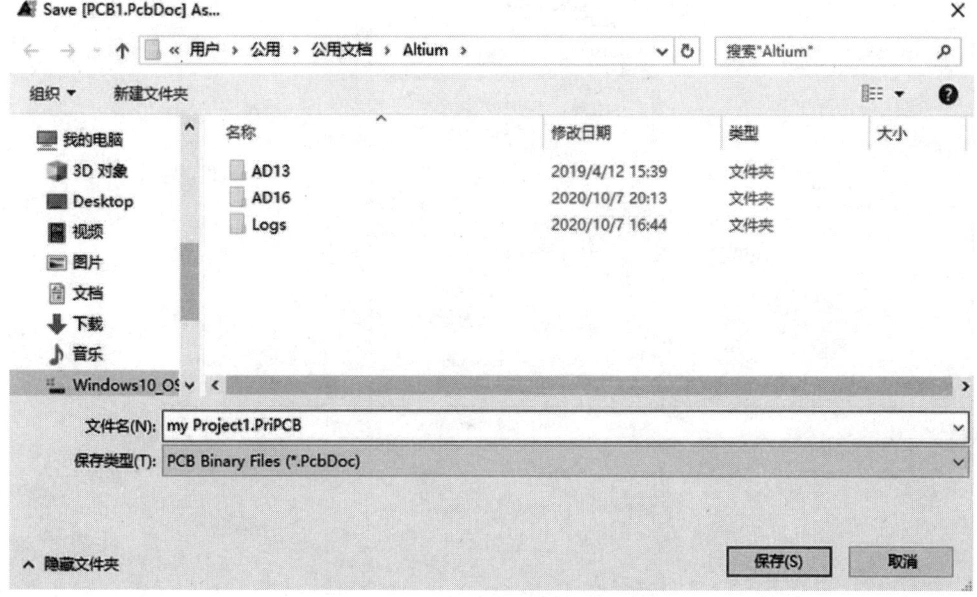

图 6.1.3　保存项目对话框

6.1.2　创建一张新的原理图图纸

执行菜单命令 New/Schematic 创建一张新的原理图文件。可以看到 Sheet1. SchDoc 的原理图文件，同时原理图文件夹自动添加到项目中。执行菜单命令 File/Save As，将新原理图文件保存在用户指定的位置。同时可以改变原理图文件名为 555. SchDoc。此时看到一张空白电路图纸，打开原理图图纸设置对话框。

6.1.3　查找组件

(1)SCH 设计接口的下方有一排按钮，单击 Libraries(库)按钮，弹出库对话框。

(2)单击对话框中的 Search 按钮，弹出如图 6.1.4 所示的库搜索对话框，利用此对话框可以找到组件 555 在哪个库中。

(3)在 Scope 选项区域中确认设置为 Librarieson Path，单击 Path 右边的打开图标按钮，找到安装的 Altium Designer 库的文件夹路径，如 C:\Program Files\Altium\Library。同时确认 Include Esubdirectories 复选项被选定。

(4)在 Seach Criteria(搜索标准)选项区域中可以使用 Name、Description、Model Type、Model Name 组合来说明要搜索的组件，例如要搜索和 555 组件相关的可以在 Name 文本框中键入 * 555 * 。

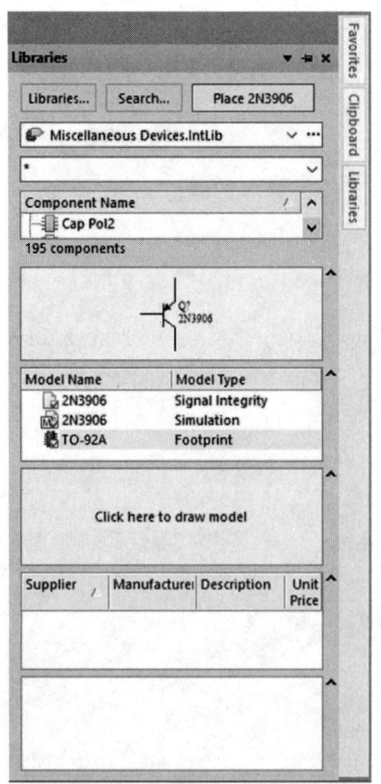

图 6.1.4　库搜索对话框

(5)单击 Search 按钮开始搜索,查找结果会显示在 Result 对话框中。

可以看到很多匹配搜索标准的芯片型号,选择一款适合的组件原理图符号和封装。这里选择组件 NE555D,属于 TI Analog Timer Circuit. IntLib 库。能否找到所需要的组件关键在于输入的规则设置是否正确,一般尽量使用通配符以扩大搜索范围。

(6)单击 Install Library 按钮,TI Analog Timer Circuit. IntLib 库就添加到当前项目中。在当前项目中就可以取用该库中的所有组件。

在完成了对一个组件的查找后,可以按照 555 电路原理图的要求,依次找到其他组件所属组件库,见表 6.1.1 所示。

表 6.1.1　555 原理图的组件列表

组件名称	组件库	组件符号	组件属性
NE555D	TI Analog Timer Circuit. IntLib	U1	NE555D
CAP	Miscellaneous Devices. IntLib	C1	1 μF
CAP	Miscellaneous Devices. IntLib	C2	0.1 μF
RES	Miscellaneous Devices. IntLib	R1	27 kΩ
RES	Miscellaneous Devices. IntLib	RL	10 kΩ
. IC	Simulation Sources. IntLib	IC1	0 V
VPULSE	Simulation Sources. IntLib	V1	VPULSE

6.1.4　添加或删除组件库

(1)单击 Libraries 按钮,弹出如图 6.1.5 所示对话框,其中 Ordered List of Installed Libraries列表框中主要说明当前项目中安装了哪些组件库。

(2)添加组件库。单击 Add Library 按钮,将弹出查找文件夹对话框,选择安装 Altium Designer 组件库的路径。然后根据项目需要决定安装哪些库就可以了。例如本例中安装了 Miscellaneous Device. IntLib、TI Analog Timer Circuit. IntLib 等。在当前组件库列表中选中一个库文件,单击 MOVE UP 按钮可以使该库在列表中的位置上移一位,MOVE DOWN 相反。组件库在列表中的位置影响了组件的搜索速度,通常是将常用组件库放在较高位置,以便对其先进行搜索。

(3)删除组件库。当添加了不需要的组件库时,可以选中不需要的库,然后单击 Remove 按钮就可以删除不需要的库。

6.1.5　在原理图中放置组件

(1)执行菜单命令 View/Fit Document,或者在图纸上右击鼠标,在弹出的快捷菜单中选择 Fit Document 选项,使原理图图纸显示在整个窗口中。可以按 Page Down 和 Page Up 键缩小和放大图纸视图。或者右击鼠标,在弹出的快捷菜单中选择 Zomin 和 Zomout 选项同样可以缩小和放大图纸视图。

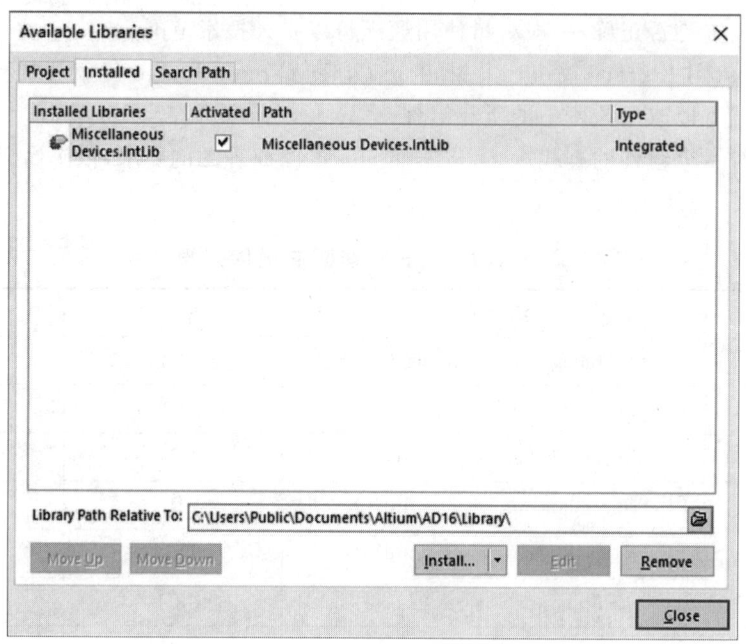

图 6.1.5 添加、删除组件库

(2)在组件库列表下拉菜单中选择 TI Analog Timer Circuit. IntLib 使之成为当前库,同时库中的组件列表显示在库的下方,找到组件 NE555D。

(3)使用过滤器快速定位需要的组件,默认通配符(*)列出当前库中的所有组件,也可以在过滤器栏键入 NE555D,使 NE555D 显示出来,避免在当前库的很多组件中查找的困难。

(4)选中 NE555D 选项,单击 Place NE555D 按钮或双击组件名,光标变成十字形,游标上悬浮着一个 555 芯片的轮廓,按下 Tab 键,将弹出 Component Properties(组件属性)对话框进行组件的属性编辑。在 Designator 框中键入 U1 作为组件符号。可以看到组件的 PCB 封装为右下方的 Footprint 一栏设置 Dip-8/D11。

(5)在当前窗口移动光标到原理图中放置组件的合适位置,单击鼠标把 NE555D 放置在原理图上。按 Page Down 和 Page Up 键缩小和放大组件便于观看组件放置的位置是否合适,按空格键使组件旋转,每按一下旋转 90°来调整组件放置的合适位置方向。

(6)放置完组件后,右击鼠标或者按 ESC 键退出组件放置状态,游标恢复为标准箭头。

放置完所有的组件,单击右键退出组件放置模式,此时图纸上已经有了全部的组件,如图 6.1.6 所示。

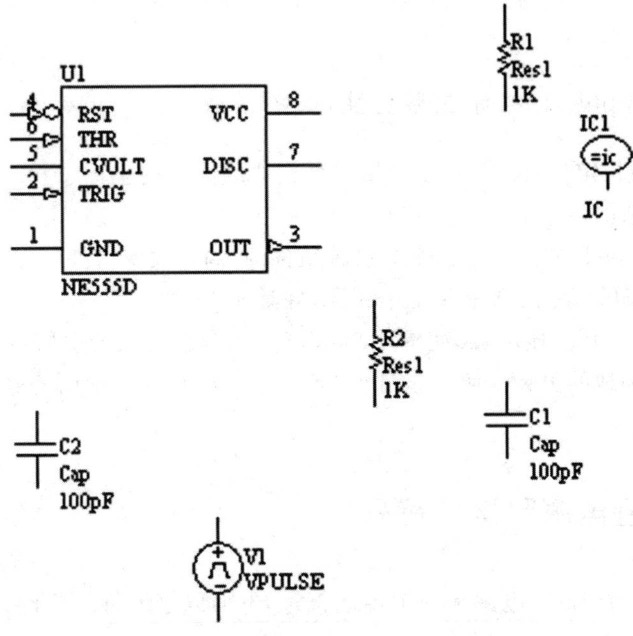

图 6.1.6　组件选取完成后的图纸

6.1.6　设置组件属性

双击相应的组件打开 Component Properties 对话框，Component Properties 对话框的设置：

6.1.6.1　Properties（组件属性）选项区域设置

（1）Designator（组件标识）的设置：在 Designator 文本框中键入组件标识，如 U1、R1 等。Designator 文本框右边的 Visible 复选项是设置组件标识在原理图上是否可见，如果选定 Visible 复选项，则组件标识 U1 出现在原理图上，如果不选中，则组件序号被隐藏。

（2）Comment（命令栏）的设置：单击命令栏下拉按钮，弹出对话框，其中 Class 指组件类别，可以看出 NE555D 属于仿真器件；Manufacturer 是指制作厂商；Publisher 是指组件出厂时间；Publisher 是指销售厂商；Subclass 是指子类，例如 NE555D 是仿真器件中的定时器这种子类组件。Comment 命令栏右边的 Visible 复选项是设置 Comment 的命令在图纸上是否可见，如果选中 Visible 选项，则 Comment 的内容会出现在原理图图纸上。在组件属性对话框的右边可以看到与 Comment 命令栏的对应关系。Add、Remove、Edit、Add as Rule 按钮是实现对 Comment 参数的编译，在一般情况下，没有必要对组件属性进行编译。

（3）Library Ref（组件样本）设置：根据放置组件的名称系统自动提供，不允许更改。例如 NE555D 在组件库的样本名为 NE555D。

（4）Library（组件库）设置：例如 NE555D 在 TI Analog Timer Circuit. IntLib 库中。

(5)Description(组件描述)、Uniqueid(Id 符号)、Subdesign 设置:一般采用默认设置,不做任何修改。

6.1.6.2 Graphical(组件图形属性)选项区域设置

(1)Location(组件定位)设置:主要设置组件在原理图中的坐标位置,一般不需要设置,通过移动鼠标找到合适的位置即可。

(2)Orientation(组件方向)设置:主要设置组件的翻转,改变组件的方向。

(3)Mirrored(镜像)设置:选中 Mirrored,组件翻转 180°。

(4)Show Hidden Pin(显示隐藏引脚):NE555D 不存在隐藏的引脚,但是 TTL 器件一般隐藏了组件的电源和地的引脚。例如非门 74LS04 等门电路的原理图符号就省略了电源和接地引脚。

6.1.7 放置电源和接地符号

555 电路图有一个 12 V 电源和一个接地符号,下面以接地符号为例,说明放置电源和接地符号的基本操作步骤。

(1)执行菜单命令 View/Toolbars/Schematicstandard,将弹出如图 6.1.7 所示的 Power Object(电源符号图标)对话框。

(2)有几种接地符号,根据需要选择,这里选择如图 6.1.8 所示的接地符号。

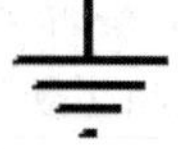

图 6.1.7 电源符号图标

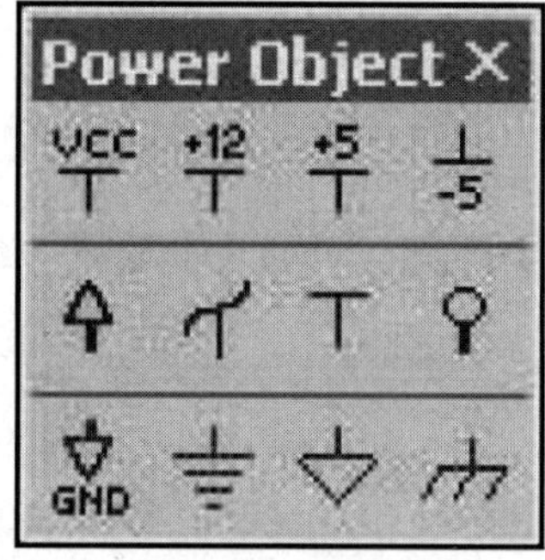

图 6.1.8 接地符号

(3)选中接地符号,出现十字游标,同时游标上悬浮着接地符号的轮廓,此时按 Tab 键,出现 Power Port(接地符号属性)对话框,如图 6.1.9 所示,这里需要注意网络名称是否正确。单击 OK 按钮完成网络名称设置。

(4)移动游标到图纸上合适的位置单击鼠标,接地符号就显示在图纸上。12 V 电源放置与接地放置基本相同。

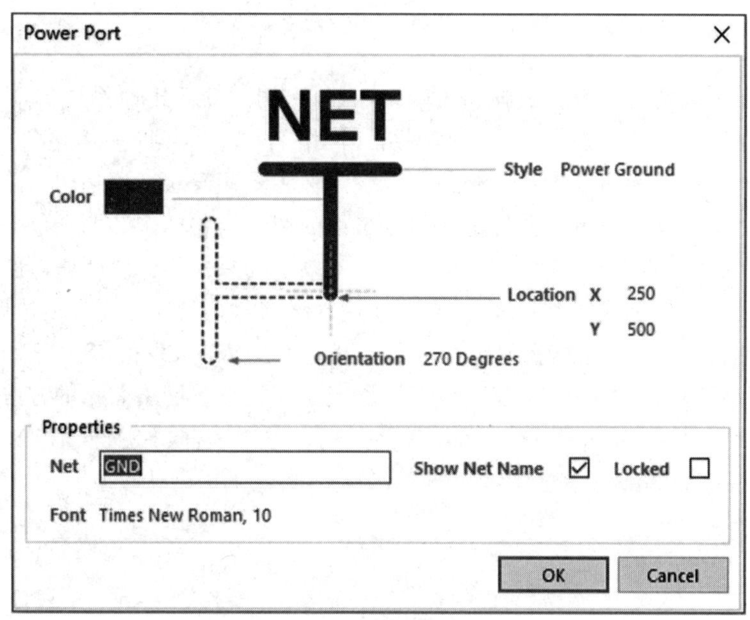

图 6.1.9　接地符号属性对话框

6.1.8　绘制原理图

6.1.8.1　绘制导线

组件放置在工作面板上并调整好各个组件的位置后，接下来的工作是对原理图进行布线。对原理图布线的步骤如下：

(1)为了使原理图图纸有很好的视图效果，可以使用以下三种方法，执行菜单命令 View/Fit All Objects；第二种在原理图图纸上右击鼠标，在弹出的菜单中选择 Fit All Objects 选项；第三种是使用热键(V,F)。

(2)执行主菜单命令 Place/Wire，进入绘制导线状态，并绘制原理图上的所有导线。以连接 R1 与 NE555D 第七脚之间的联机为例，把十字形游标放在 R1 的引脚上，把游标移动到合适的位置时，一个红色的星形连接标志出现在游标处，这表明游标在组件的一个电气连接点上。

(3)单击鼠标固定第一个导线点，移动鼠标会看到一根导线从固定点处沿鼠标的方向移动。如果需要转折，在转折处单击鼠标确定导线的位置，每转折一次都需要单击鼠标一次。

(4)移动鼠标到 NE555D 第七脚，中间有一个转折点，单击鼠标，当移动到 NE555D 第七脚时，游标又变成红色的星形连接标志，单击鼠标完成了 R1 与 NE555D 第七脚之间的连接。

(5)游标仍然是十字形，表明仍是处于画线模式，可以继续画完所有的连接线。

(6)连接完所有的联机后，右击鼠标退出画线模式，游标恢复为箭头形状。

6.1.8.2 Net and Net Label(网络与网络名称)

彼此连接在一起的一组组件引脚称为网络(net)。例如 555 电路图中的 NE555D 的第七脚、第六脚、R1、C1 是连在一起的称为一个网络。网络名称实际上是一个电气连接点,具有相同网络名称的电气连接表明是连在一起的。网络名称主要用于层次原理图电路和多重式电路中的各个模块之间的连接。也就是说定义网络名称的用途是将两个和两个以上没有相互连接的网络,命名相同的网络名称,使它们在电气含义上属于同一网络。在印刷电路板布线时非常重要。在连接线路比较远或线路走线复杂时,使用网络名称代替实际走线使电路图简化。

在 555 电路图中,使用导线实现了线路的连接,但是 NE555D 的第六脚和第七脚的联机比较远,使用网络名称的方法可以代替这段导线,下面介绍放置网络名称的方法:

放置网络名称并打开 Net Label(网络名称属性)对话框,如图 6.1.10 所示。这里在 Properties 选项区域的 Net 文本框中键入 NE555D_6,其他采用默认设置。

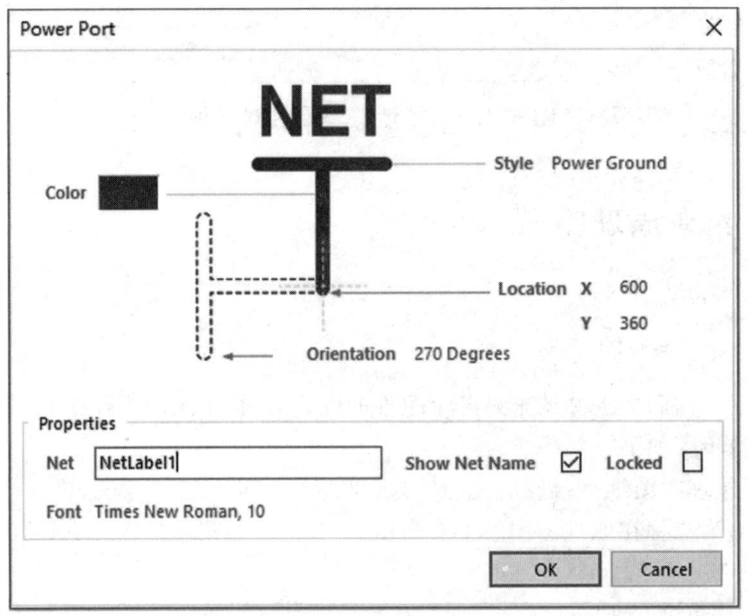

图 6.1.10 设置项目选项

移动游标到 NE555D 的第六脚,单击鼠标完成第一个网络名称设置。移动游标到 R1 和 C1 与 NE555D 的第 7 脚连接点处,按 Tab 键定义网络名称为 NE555D_6。完成了利用网络名称代替一段导线,使视图更加美观。现在一副完整的 555 电路原理图已经完成了,执行菜单命令 File/Save 保存文件。

项目选项包括错误检查规则、连接矩阵、比较设置、ECO 启动、输出路径和网络选项以及用户指定的任何项目规则。当项目被编译时,详尽的设计和电气规则将应用于设计验证。例如一个 PCB 文件,项目比较器允许用户找出源文件和目标文件之间的差别,并在相互之间进行更新。所有与项目相关的操作,如错误检查、比较档和 ECO 启动均在 Options for Project

对话框中设置。

所有的项目输出，如网络名称、仿真器、文件打印、集合和输出报表均在 Outputs for Projects 对话框中设置。执行菜单命令 Project/Project Options，打开 Options for Project（规则检查设置）对话框，如图 6.1.11 所示。接下来，对规则检查设置对话框中各个选项卡进行相应的介绍：

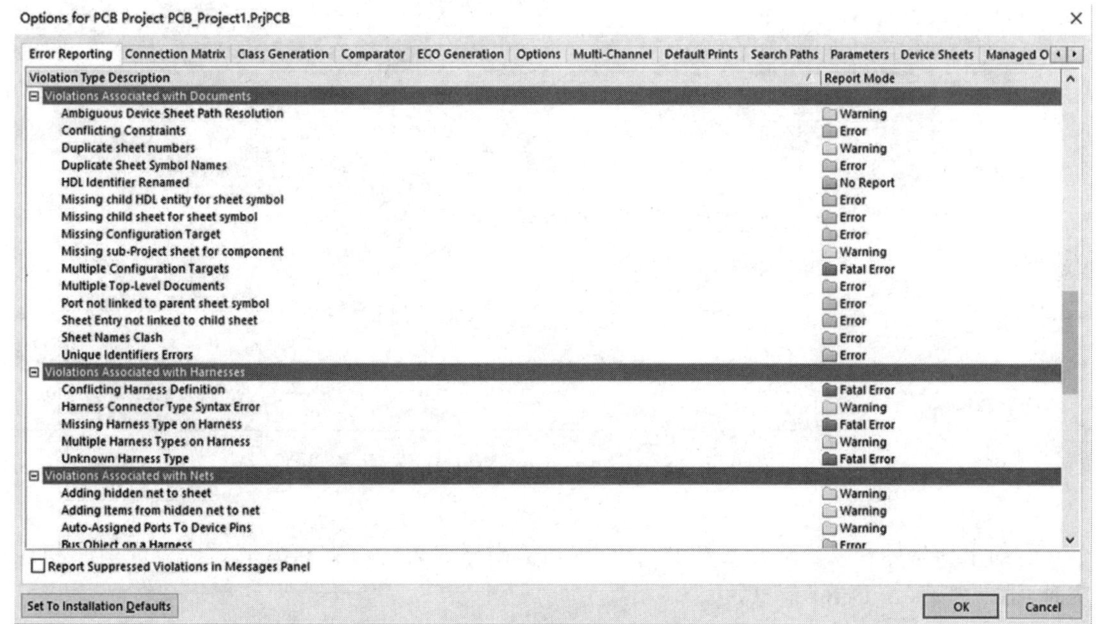

图 6.1.11　规则检查设置对话框

（1）Error Reporting（错误报告）选项卡。

Error Reporting 用于报告原理图设计的错误，主要涉及下面几个方面：Violations Associated with Buses（总线错误检查报告）、Violations Associated with Components（组件错误检查报告）、Violations Associated with Documents（档错误检查报告）、Violations Associated with Nets（网络错误检查报告）、Violations Associated with Others（其他错误检查报告）、Violations Associated with Pargmeters（参数错误检查报告）。对每一种错误都设置相应的报告类型，例如选中 Busindicesoutofrange，单击其后的 Fatal Error 按钮，会弹出错误报告类型的下拉列表。一般采用默认设置不需要对错误报告类型进行修改。

（2）Connection Matrix（连接矩阵）选项卡。

在规则检查设置对话框中单击 Connection Matrix 卷标，将弹出 Connection Matrix 选项卡，如图 6.1.12 所示。

连接矩阵卷标显示的是错误类型的严格性。这将在设计中运行"错误报告"检查电气连接如引脚间的连接、组件和图纸的输入。连接矩阵给出了原理图中不同类型的连接点以及是否被允许的图表描述。

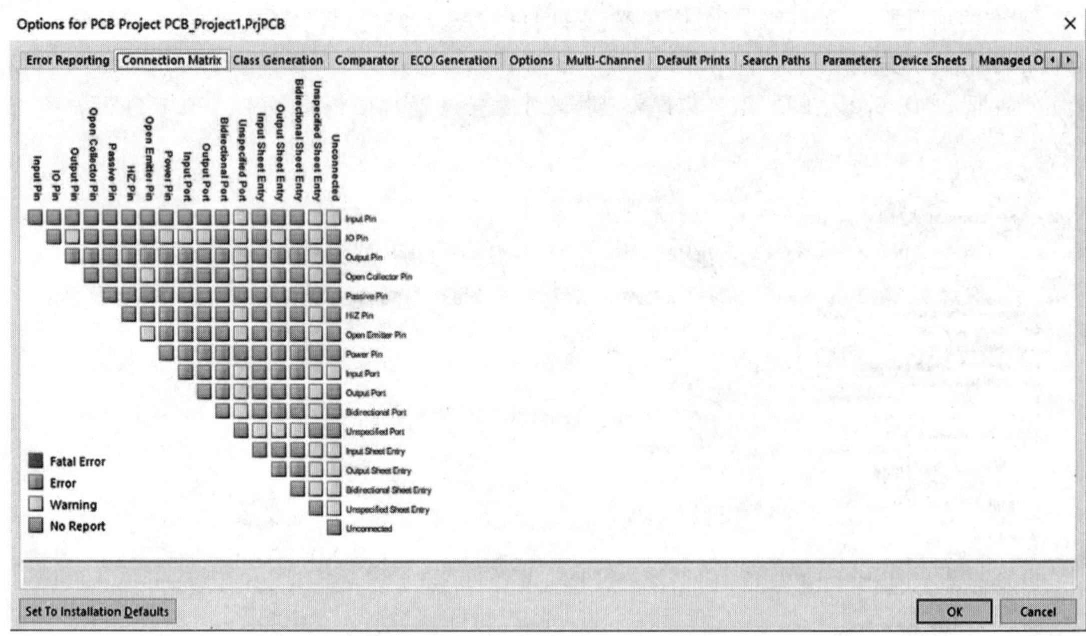

图 6.1.12　Connection Matrix 选项卡

①如果横坐标和纵坐标交叉点为红色，则当横坐标代表的引脚和纵坐标代表的引脚相连接时，将出现 Fatal Error 信息。

②如果横坐标和纵坐标交叉点为橙色，则当横坐标代表的引脚和纵坐标代表的引脚相连接时，将出现 Error 信息。

③如果横坐标和纵坐标交叉点为黄色，则当横坐标代表的引脚和纵坐标代表的引脚相连接时，将出现 Warning 信息。

④如果横坐标和纵坐标交叉点为绿色，则当横坐标代表的引脚和纵坐标代表的引脚相连接时，将不出现错误或警告信息。

如果想修改连接矩阵的错误检查报告类型，比如想改变 Passive Pins(电阻、电容和连接器)和 Unconnected 的错误检查，可以采取下述步骤：

①在纵坐标找到 Passive Pins，在横坐标找到 Unconnected，系统默认为绿色，表示当项目被编译时，在原理图上发现未连接的 Passive Pins 不会显示错误信息。

②单击相交处的方块，直到变成黄色，这样当编译项目时和发现未连接的 Passive Pins 时就给出警告信息。

③单击 Set To Defaults 按钮，可以恢复到系统默认设置。

(3)Comparator(比较器)选项卡。

在规则检查设置对话框中单击 Comparator 卷标，将弹出 Comparator 选项卡如图 6.1.13 所示。

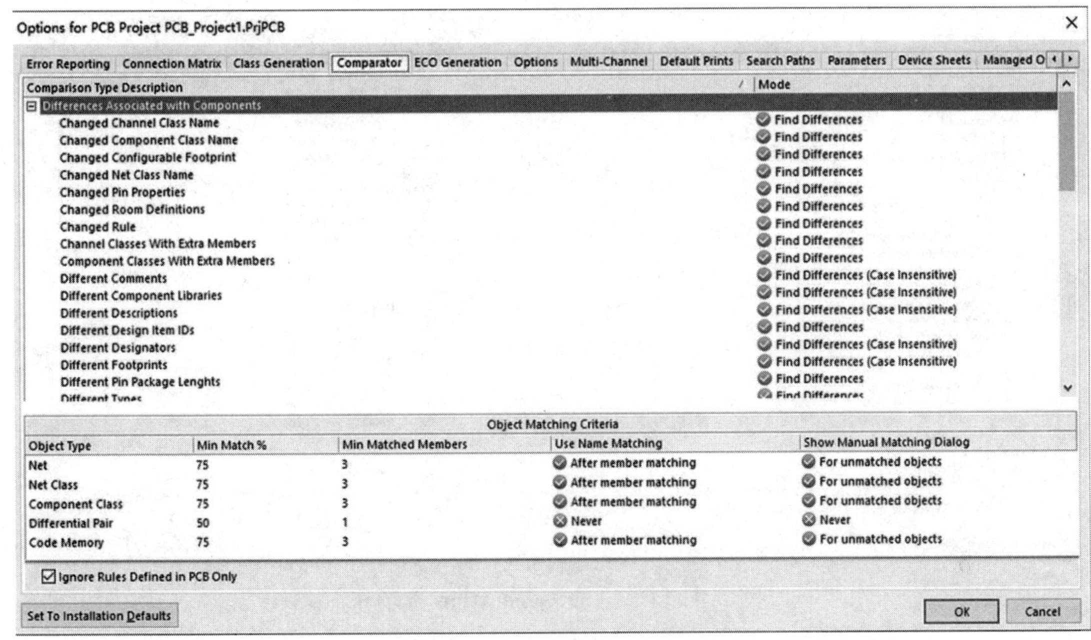

图 6.1.13　Comparator 选项卡

Comparator 选项卡用于设置当一个项目被编译时给出档之间的不同和忽略彼此的不同。在一般电路设计中不需要将一些表示原理图设计等级的特性之间的不同显示出来，所以在 Difference Associated with Components 单元找到 Changed Room Definitions、Extra Room Definitions 和 Extra Components Classes，在这些选项右边的 Mode 下拉列表选择 Ignore Differences。

(4)ECO Generation(电气更改命令)选项卡。

在规则检查设置对话框中单击 ECO Generation 卷标，将弹出 ECO Generation 选项卡，如图 6.1.14 所示。通过在比较器中找到原理图的不同，当执行电气更改命令后，ECO Generation 显示更改类型详细说明。主要用于原理图的更新时显示更新的内容与以前档的不同。

ECO(Engineering Change Order)Generation 主要设置与组件、网络和参数相关的改变，对于每种变换都可以通过 Mode 列表框的下拉列表中选择 Generate Change Orders(检查电气更改命令)还是 Ignore Differences(忽略不同)。

单击 Set to Defaults 按钮，可以恢复到系统默认设置。在规则检查设置对话框中单击 Options 卷标，将弹出 Options 选项卡，如图 6.1.15 所示。

①Output Path(输出路径)区域：可以设置各种报表的输出路径。默认的路径是系统在当前项目文件所在文件夹内创建。对于文件路径的选择主要考虑用户是希望设置单独的文件夹保存所有的设计项目，还是为每个项目中设置一个档夹。

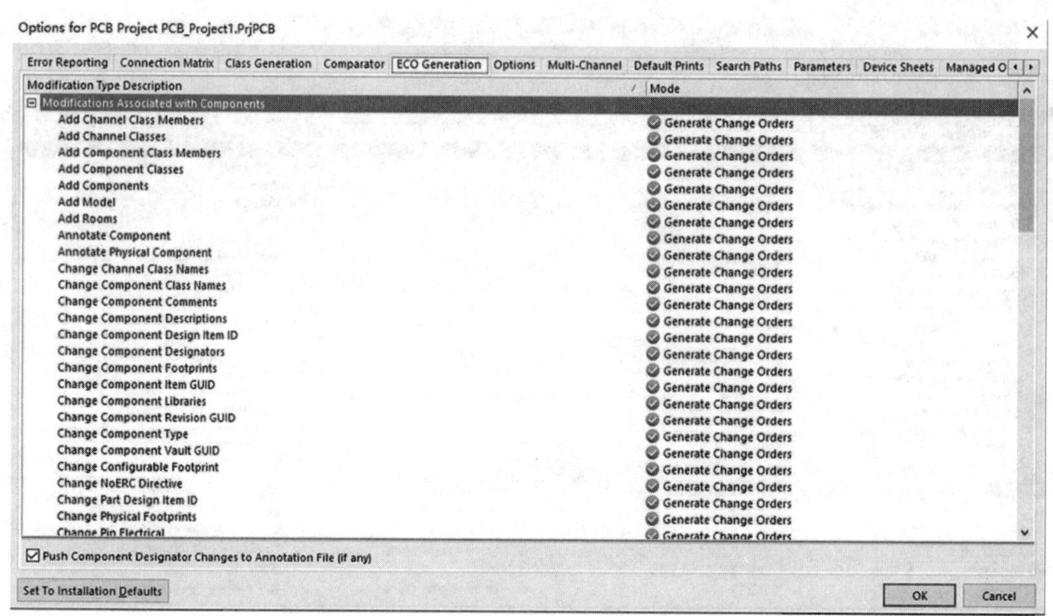
图 6.1.14　ECO Generation 选项卡

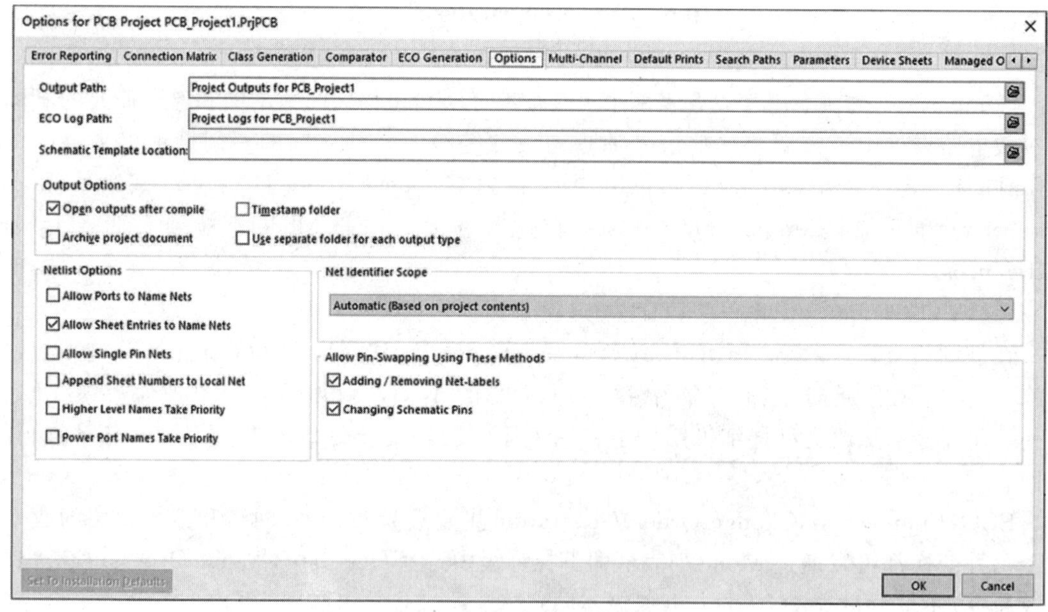
图 6.1.15　Options 选项卡

②Output Options 区域:有四个复选项设置输出档。Open outputs after compile(编译后输出文件)、Time stamp folder(时间信息文件夹)、Archive project document(存档项目档)、Use separate folder for each output type(对每个输出类型使用独立的档夹)。

③Netlist Options 区域:有两个复选项分别为 Allow ports to Name Nets 和 Allow Sheet Entries to Name Nets。Allow ports to Name Nets 表示允许用系统所产生的网络名来代替与

输入输出端口相关联的网络名。如果所设计的项目只是简单的原理图文文件，不包含层次关系，可以选择此项。Allow Sheet Entries to Name Nets 表示允许用系统所产生的网络名来代替与子图入口相关联的网络名。该项为系统默认设置选项。

编译项目就是在设计文件中检查原理图的电气规则错误。执行菜单命令 Project/Compile PCB Project，系统开始编译 My project1. PrjPCB。当项目被编译时，在项目选项中设置的错误检查都会被启动，同时弹出 Message 窗口显示错误信息。如果原理图绘制正确，将不会弹出 Message 窗口。

6.2　组件库的管理

6.2.1　打开组件库管理器

集成库就是将原理图组件与 PCB 封装和信号完整性分析联系在一起，关于某个组件的所有信息都集成在一个模块库中，所有的组件信息被保存在一起。Altium Designer 与 Protel99 最明显的区别就是集成库。Protel 将组件分类放置在不同的库中。放置组件的第一步就是找到组件所在的库并将该库添加到当前项目中。在完成了原理图工作环境的设置以后，出现如图 6.2.1 所示的空白原理图图纸接口。由于设置工作环境的不同，主菜单和主工具栏也可能会有所不同。打开 Libraries(组件库管理器)主要有两种方法：

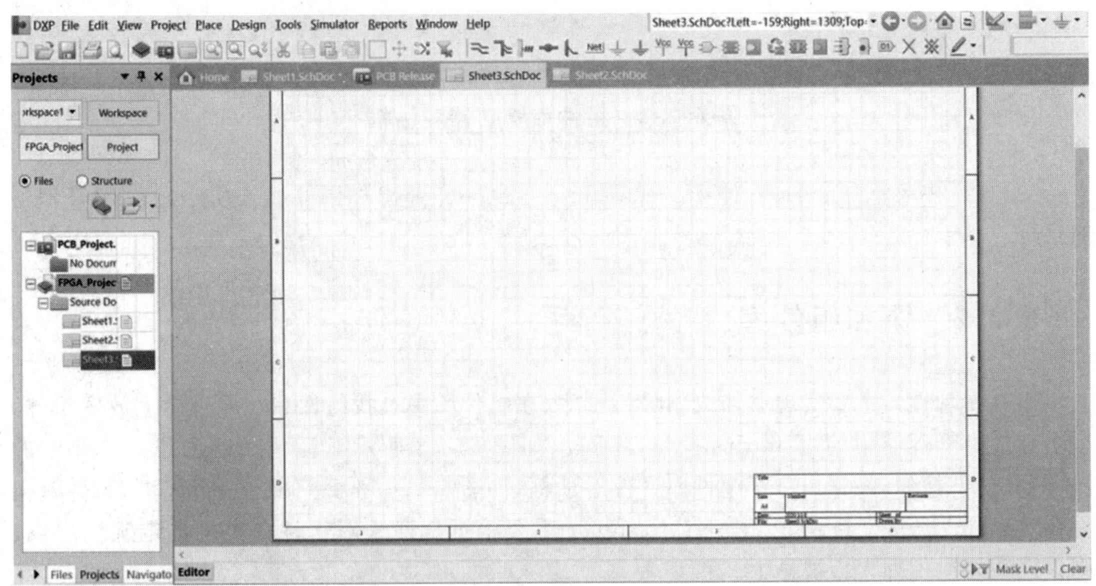

图 6.2.1　空白原理图图纸接口

(1)在图 6.2.1 的下方有一排工具按钮,单击 Libraries 按钮,将弹出如图 6.2.2 所示组件库管理器对话框。

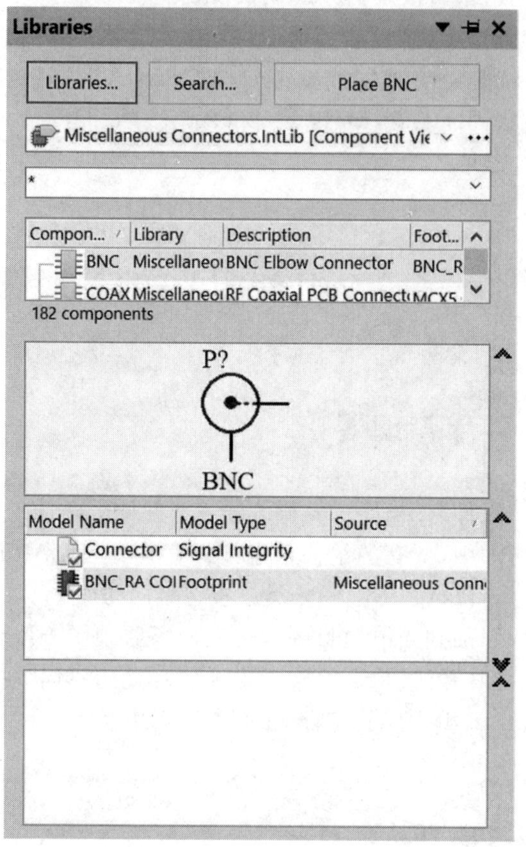

图 6.2.2　组件库管理器对话框

(2)执行主菜单命令 Design/Browse Library,也同样弹出如图 6.2.2 所示组件库管理器对话框。

6.2.2　添加组件库

组件库管理器主要实现添加或删除组件库、在组件库中查找组件和在原理图上放置组件。单击组件库管理器中的 Libraries 按钮,将弹出如图 6.2.3 所示对话框。单击图 6.2.3 中的 Add Library 按钮,将弹出打开组件库文件对话框,如图 6.2.4 所示。在一般情况下,组件库文件在 Altium\library 目录下,Altium Designer 主要根据厂商来对组件分类。选定某个厂商,则该厂商的组件列表会被显示。

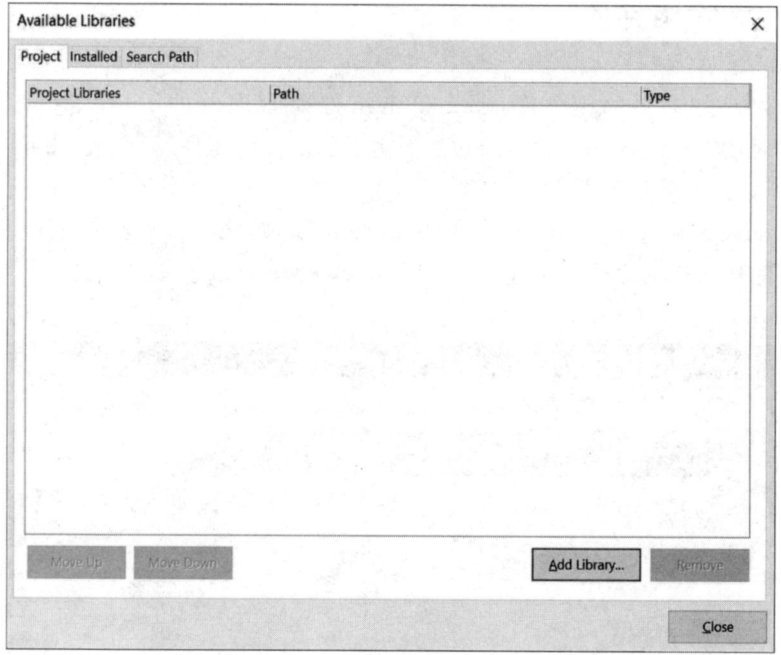

图 6.2.3　添加组件库对话框

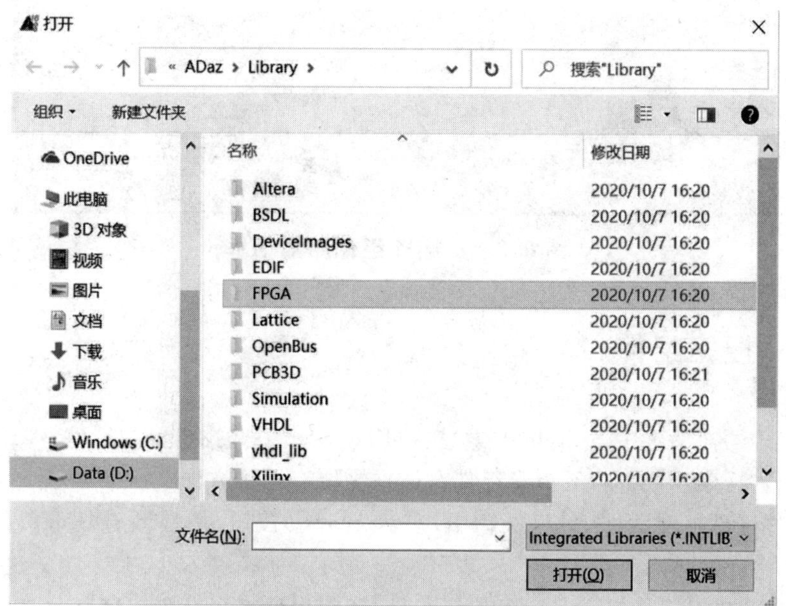

图 6.2.4　组件库文件对话框

6.2.3 删除组件库

如果想删除已加载过的组件库，那么单击组件库管理器的 Libraries 按钮，将弹出如图 6.2.5 所示对话框。与图 6.2.3 不同的是显示了已加载的组件库例表。图 6.2.3 没有加载任何组件库，所以没有组件库例表，同时图 6.2.3 中的 Remove 按钮灰化。在组件库例表中选中 Miscellaneous Connectors. IntLib，单击 Remove 按钮，则该组件例表从当前项目中被删除，双击也可以删除所选中的库档。Move Up 和 Move Down 可以改变组件例表的顺序。

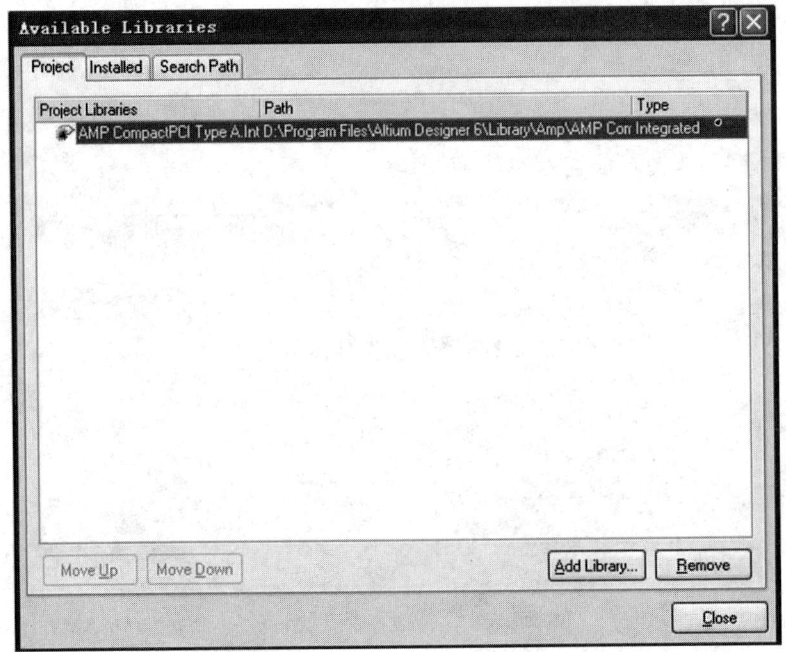

图 6.2.5 删除组件库对话框

6.2.4 搜索组件

组件库管理器对话框中 Search(搜索)按钮用于在库中查找想要的组件，Altium Designer 提供很强的组件搜索功能。打开搜索组件对话框主要有两种方法：

(1)在组件管理器对话框(图 6.2.2)中，单击 Search 按钮，将弹出如图 6.2.6 所示 Search Libraries(搜索组件)对话框。

(2)执行菜单命令 Tool/Find Component，同样弹出搜索组件对话框。

Search 选项卡主要包括下面三个部分：Scope(搜索范围)选项区域、Path(搜索路径)选项区域、Search Criteria(搜索标准)选项区域。

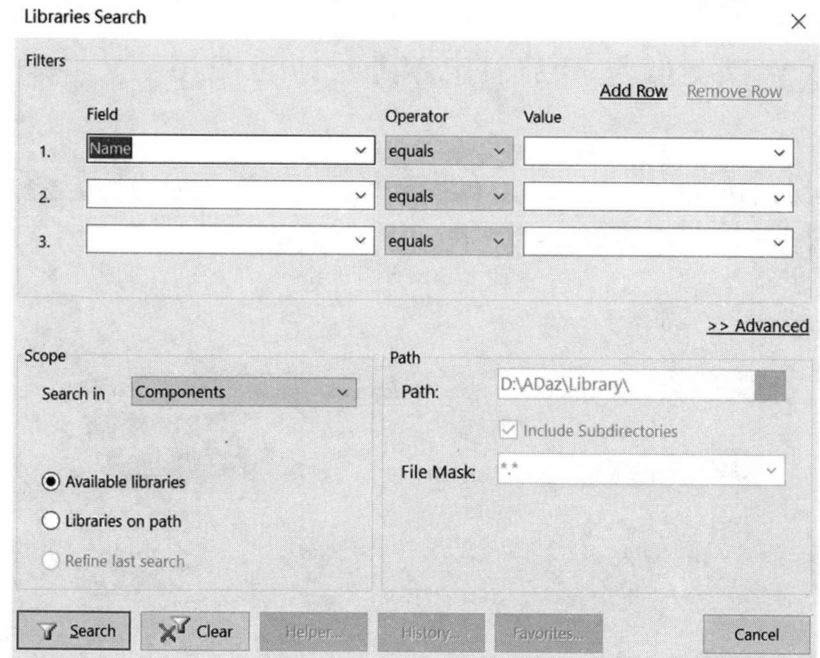

图 6.2.6　搜索组件对话框

(1)Scope 区主要有两个选项：Available libraries 和 Libraries on path。选定 Available libraries 单选项，则搜索路径按钮灰化。系统仅搜索 Altium/library 目录下的内容。选定 Libraries on path 单选项，则可以确定搜索路径。系统默认的选择是 Libraries on path。

(2)Path 区域主要由 Path 和 File Mask 选项组成。单击 Path 路径右边的打开文件按钮，将弹出浏览文件夹对话框，可以选中相应的搜索路径。一般情况下选中 Path 下方的 Include Subdirectories(包括子目录)。File Mask 是文件过滤器的功能，默认采用通配符。如果对搜索的库档比较了解，可以键入相应的符号减少搜索范围。

(3)Search Criteria 区设置搜索组件的标准。如 Name、Description、Model Type、Model Name。一般情况下设置组件名称进行搜索即可。

设置完成后，单击 Search 按钮，系统进入搜索状态。搜索结果显示在 Results 选项卡中。Results 选项卡对话框包括四部分：

(1)Component Name 区：在设定路径中搜索与组件名和对应的组件库。

(2)Model Name 区：显示选中 MCM6264CP 的相关模块信息。

(3)原理图和 PCB 图显示区：显示选中的组件 MCM6264CP 原理图符号和 PCB 封装。

(4)单击 Install Library 按钮，将选中的组件库加载到当前项目中。

在搜索完组件 MCM6264CP，并在当前项目中加载了 Motorola Memory Static RAM. IntLib 组件库后，单击 Close 按钮关闭搜索组件对话框。

6.3 电路图绘制工具的使用

绘制电路原理图主要通过电路图绘制工具来完成，因此，熟练使用电路图绘制工具是必须的。启动电路图绘制工具的方法主要有两种。

(1)使用电路图工具栏。执行单命令 View/Toolbars/Wiring，如图 6.3.1 所示，打开 Wiring(电路图)工具栏，如图 6.3.2 所示。

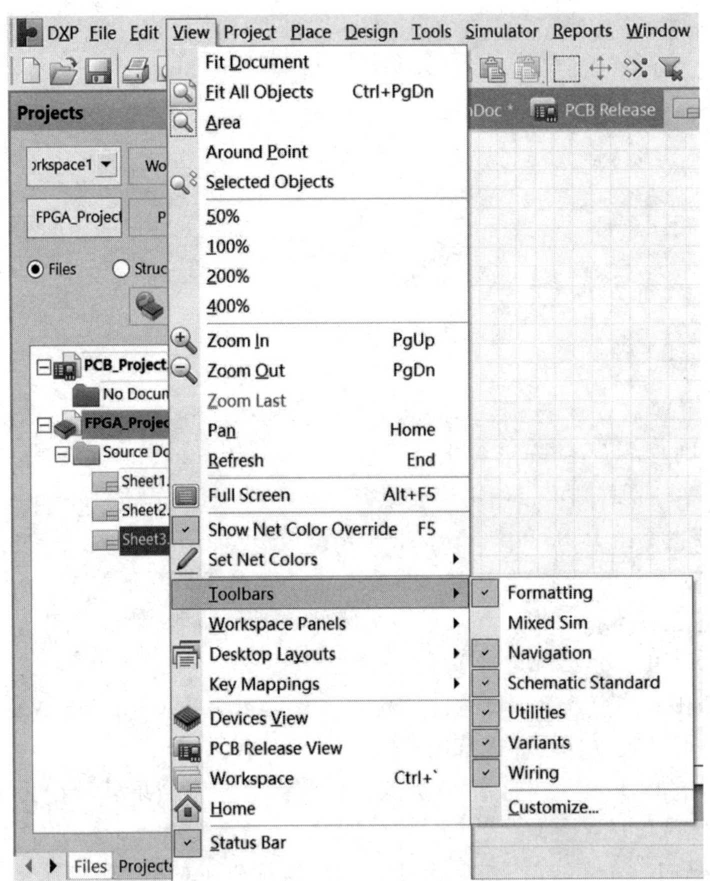

图 6.3.1 打开电路图工具栏的菜单命令

图 6.3.2 电路图工具栏

(2)使用菜单命令。

执行菜单 Place 下的各个菜单命令。这些菜单命令与电路图工具栏的各个按钮相互对应,功能完全相同。Place 菜单下的画电路图菜单命令如图 6.3.3 所示。

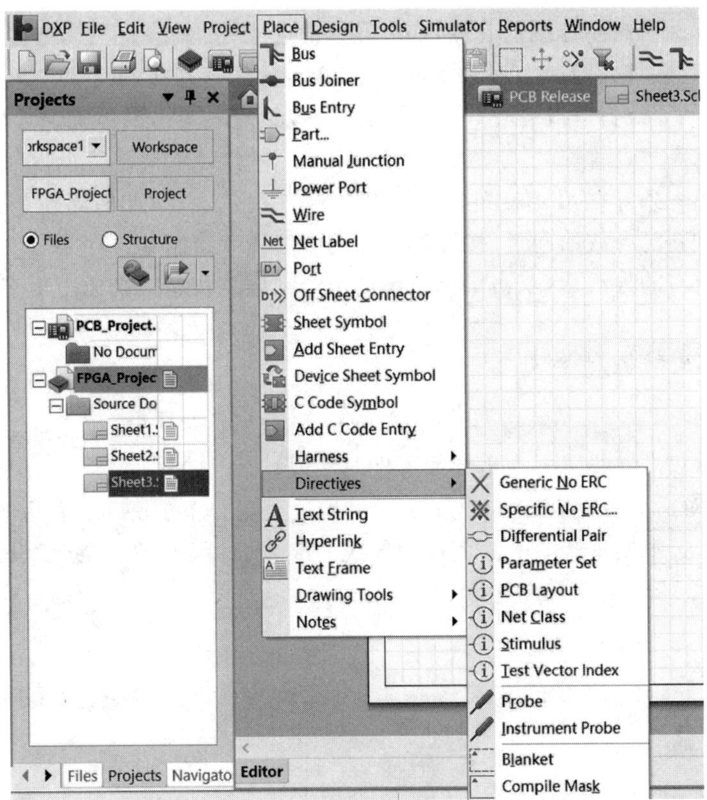

图 6.3.3　Place 菜单的画电路图命令

6.3.1　绘制导线

导线是电气组件图最基本的电气组件之一。原理图中的导线具有电气连接意义。下面介绍绘制导线的具体步骤和导线的属性设置。

6.3.1.1　启动绘制导线命令

(1)在电路图工具栏中单击按钮进入绘制导线状态。

(2)执行菜单命令 Place/Wire,进入绘制导线状态。

(3)在图纸上右击鼠标,选择 Wire 选项。

(4)使用快捷 P+W。

6.3.1.2 绘制导线的步骤

进入绘制导线状态后，光标变成十字形，系统处于绘制导线状态。绘制导线的具体步骤如下：

(1)将游标移动所绘制导线的起点，如果导线的起点是组件的引脚，当游标靠近组件引脚时，自动移动到组件引脚，同时出现一个红色的X表示电气连接的意义。单击鼠标确定导线起点。移动鼠标到导线折点或终点，在导线折点处或终点处单击鼠标确定导线的位置，每转折一次都要单击鼠标一次。

(2)绘制出第一条导线后，右击鼠标退出绘制第一根导线。此时系统仍处于绘制导线状态，将鼠标移动到新的导线的起点，按照第一步的方法继续绘制其他导线。

(3)绘制完所有的导线后，双击鼠标右键退出绘制导线状态。光标由十字形变成箭头。

6.3.1.3 导线属性设置

在绘制导线状态下，按 Tab 键，将弹出 Wire(导线)属性对话框，如图 6.3.4 所示。或者在绘制导线完成后，双击导线同样弹出导线属性对话框。

在导线属性对话框中，主要对导线的颜色和宽度设置。单击 Color 右边的颜色框，将弹出颜色属性对话框，选中便于视图的颜色作为导线的颜色即可。导线的宽度设置是通过右边的下拉按钮设置导线的粗细。

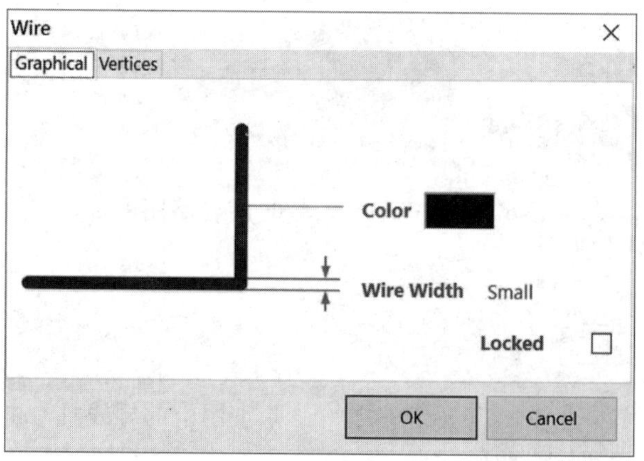

图 6.3.4 导线属性对话框

6.3.2 绘制总线分支

总线分支是单一导线进出总线的端点。导线与总线连接时必须使用总线分支，为了让电路图看上去有专业水平，电气连接功能要由网路标号来完成。

6.3.2.1　启动总线分支命令的方法

启动总线分支命令，有如下两种方法：单击绘图工具栏中的总线分支图标 或行主菜单命令 Place/BusEntry。

6.3.2.2　绘制总线分支的步骤

(1)执行绘制总线分支命令后，光标变成十字形，并有分支线“/”悬浮在游标上。如果需要改变分支线的方向，仅需要按空格键就可以了。

(2)移动游标到所要放置总线分支的位置，游标上出现两个红色的十字叉，单击鼠标即可完成第一个总线分支的放置。依次可以放置所有的总线分支。

(3)绘制完所有的总线分支后，右击鼠标或按 Esc 键退出绘制总线分支状态。光标由十字形变成箭头。

6.3.2.3　总线分支属性的设置

在绘制总线分支状态下，按 Tab 键，将弹出 Bus Entry(总线分支)属性对话框，或者在绘制总线分支状态后，双击总线分支同样弹出总线分支对话框，如图 6.3.5 所示。在总线分支属性对话框中，可以设置颜色和线宽，Location(位置)一般不需要设置，采用默认设置即可。

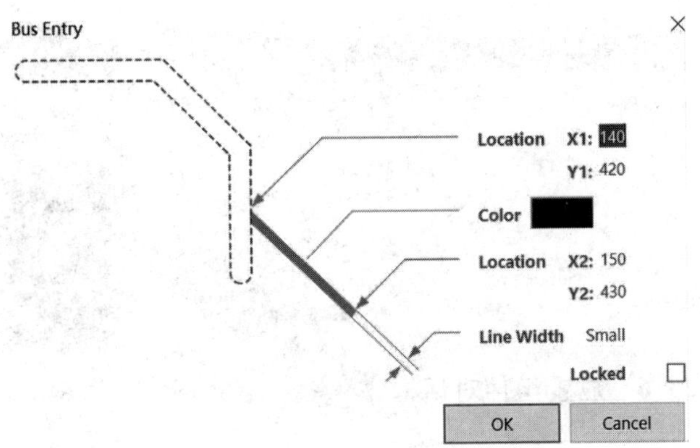

图 6.3.5　总线分支属性对话框

6.3.3　放置组件

如果对 Protel 的组件库非常熟悉的情况下可以利用下面介绍的利用菜单命令放置组件的方法。

6.3.3.1　启动放置组件命令

(1)执行菜单命令 Place/Part。

(2)单击画电路图工具栏中的 图标，弹出 Place Part(放置组件)对话框如图 6.3.6 所示。

6.3.3.2 加载组件所属的组件库

首先知道组件在 Protel 库中的名称，并且知道组件对应的组件库。在 Lib Ref 一栏中键入组件在 Protel 库中的名称，在 Designator 文本框中键入想设置的组件在电路原理图的序号。在 Footprint 文本框中键入组件的封装，如 AXIAL-0.3。如果想设置更多的档，可以单击 LibRef 栏的右边按钮，将弹出如图 6.3.7 所示的浏览组件库对话框。

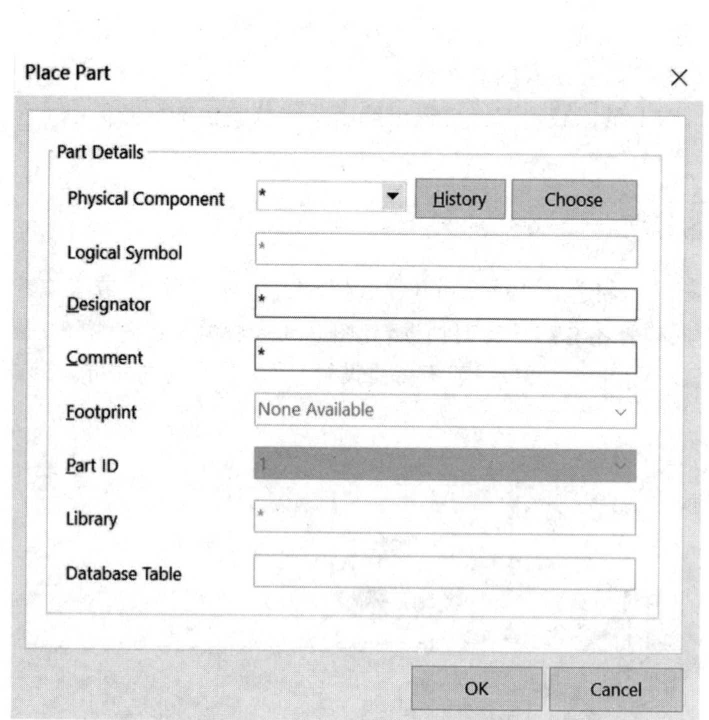

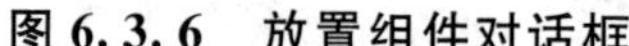
图 6.3.6 放置组件对话框

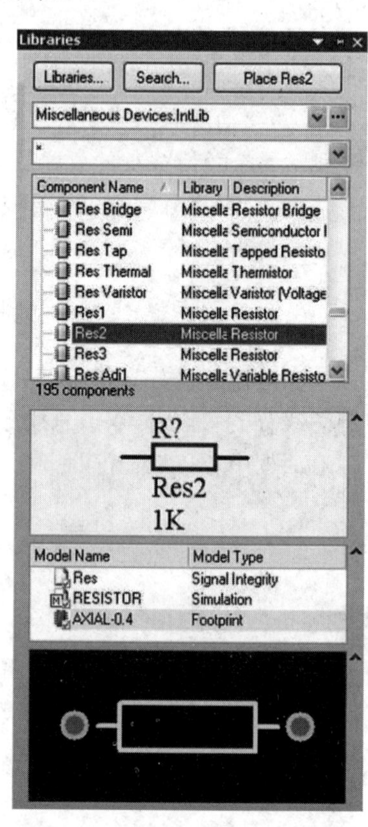

图 6.3.7 浏览组件库对话框

单击 Find 按钮将弹出 Search Results 对话框，按照前面叙述的方法去搜索组件。单击按钮，在弹出的添加删除库对话框中单击 Libraries 一栏下拉按钮，可以看到当前项目中所使用的组件库。在 Lib Ref 栏键入了组件库样本名和 Designator 文本框中键入组件序号以后，单击 OK 按钮，光标变成十字形，同时电阻悬浮在游标上。按 Tab 键编辑组件属性，移动游标到合适的位置单击鼠标，将组件定位。

6.3.4 制作电路的 I/O 口

在设计电路原理图时，一个网络与另一个网络的电气连接有三种形式：

(1)可以通过实际导线连接。

(2)可以通过相同的网络名称实现两个网络之间的电气连接。

(3)相同网络名称的输入、输出埠(I/O),也认为在电气意义上是连接的,输入输出端口是层次原理图设计中不可缺少的组件。

6.3.4.1　启动制作输入输出埠命令的方法

启动制作输入输出埠命令,有如下两种方法:单击画电路图工具栏 D1 图示或执行主菜单命令 Place/Port。

6.3.4.2　制作输入输出埠

(1)启动制作输入输出端口命令后,光标变成十字形,同时一个输入输出端口图示悬浮在游标上。

(2)移动光标到原理图的合适位置,在游标与导线相交处会出现红色的 X,表明实现了电气连接。单击鼠标即可定位输入输出埠的一端,移动鼠标使输入输出端口大小合适,单击鼠标完成一个输入输出埠的放置。

(3)右击鼠标退出制作输入输出埠状态。

6.3.4.3　输入输出端口属性设置

在制作输入输出埠状态下,按 Tab 键,或者在退出制作输入输出埠状态后,双击制作的输入输出端口符号,将弹出 Port Properties(输入输出端口属性设置)对话框,如图 6.3.8 所示。

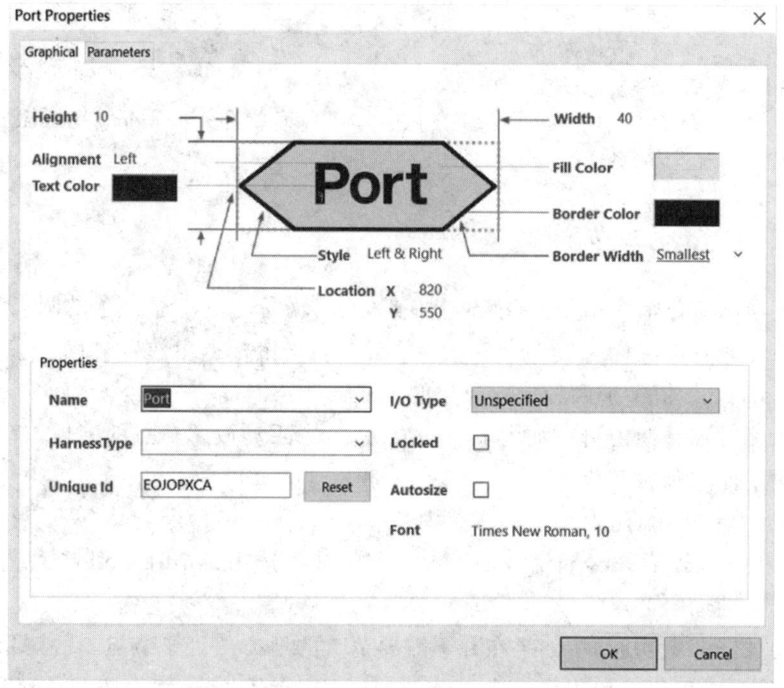

图 6.3.8　输入输出端口属性设置对话框

输入输出端口属性对话框主要包括如下属性设置：

(1)Alignment：用于设置输入输出端口名称在端口符号中的位置，可以设置 Left、Right 和 Center 三种。

(2)Text Color：用于设置端口内文字的颜色。

(3)Style：用于设置埠的外形，读者可以依次选择下拉菜单，可以改变端口的外形，默认的设置是 Left&Right。

(4)Location：用于定位埠的水平和垂直坐标。

(5)Length：用于设置埠的长度。

(6)Fill Color：用于设置埠内的填充色。

(7)Border Color：用于设置埠边框的颜色。

(8)Name 下拉列表：用于定义埠的名称，具有相同名称的 I/O 埠在电气意义上是连接在一起的。

(9)I/O Type 下拉列表：用于设置埠的电气特性。埠的类型设置有：未确定类型(Unspecified)、输出埠类型(Output)、输入埠类型(Input)、双向埠类型(Bidirectional)四种。

6.3.5 放置电路节点

线路节点是用来表示两条导线交叉处是否连接的状态。如果没有节点，表示两条导线在电气上是不相通的，有节点则认为两条导线在电气意义上是连接的。

6.3.5.1 启动放置电路节点命令的方法

启动放置电路节点命令，有如下两种方法：执行主菜单命令 Place. /Junction 或单击画电路图工具栏中的图示。

6.3.5.2 放置电路节点

启动放置电路节点命令后，光标变成十字形，交且游标上有一个红色的圆点。移动光标在原理图的合适位置单击鼠标完成一个节点的放置。右击鼠标退出放置节点状态。

Altium Designer 提供了两种放置节点的方法：

一般在布线时都是使用自动加入节点的方法，免去手动放置节点的麻烦，自动加入节点的命令可以通过下面的步骤完成：

(1)在图纸上右击鼠标，在弹出的菜单中选择 Preferences 命令。

(2)在弹出的 Preferences 对话框的 Options 区域中选中 AutoJunction 复选项，系统会在联机的交叉处自动加入节点。

启用自动放置节点功能时，如果在并不需要节点的地方放置了节点，就需要删除多余的节点，删除节点只需要用鼠标单击该节点，此时节点周围出现虚框，然后按 Delete 键即可。如果选用在联机的交叉处不自动加入节点，即不选中 Option 区域中的 AutoJunction 复选项，这样在联机的交叉处就需要手动放置节点。

6.3.5.3　节点属性对话框

在放置电路节点状态下，单击 Tab 键，弹出 Junction(节点属性)对话框如图 6.3.9 所示，或者在退出放置节点状态后，双击节点打开节点属性对话框。可以改变节点的颜色和大小，单击 Color 选项可以改变节点的颜色，在 Size 下拉菜单中设置节点的大小，Loation 一般采用默认的设置，如果选定 Locked 锁定属性，当在 Auto-Junction 状态下所画导线经过已存在的线路节点时，Altium Designer 会认为不该有此节点，而将该节点删除，所以一般采用默认设置，设置 Locked 选项无效。

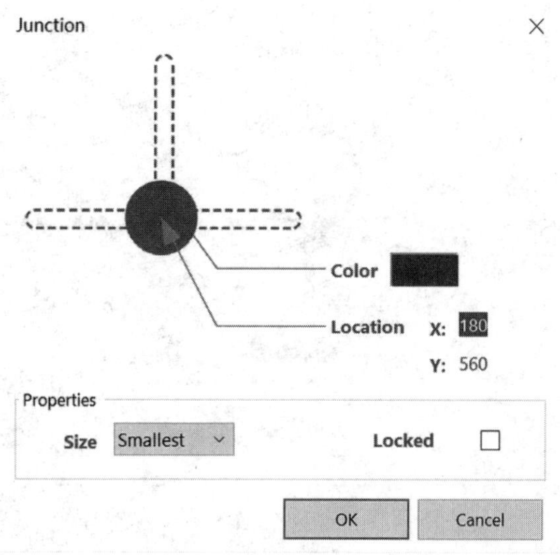

图 6.3.9　节点属性对话框

6.3.6　放置 PCB 布线指示

Altium Designer 允许设计者在原理图设计阶段来规划指定网络的铜膜宽度、过孔直径、布线策略、布线优先权和布线板层属性。如果用户在原理图中对某些特殊要求的网络设置 PCB 布线指示，在创建 PCB 的过程中就会自动在 PCB 中引入这些设计规则。

要使在原理图中标记的网络布线规则信息能够传递到 PCB 文档，在进行 PCB 设计时应使用设计同步器来传递参数。若使用原理图创建的网络表，所有在原理图上的标记信息将丢失。

6.3.6.1　启动放置 PCB 布线命令的方法

启动放置 PCB 布线命令，主要有两种方法：

①单击绘制电路图工具栏 P 图示。

②执行主菜单命令 Place/Directives/PCB Layout。

6.3.6.2 放置 PCB 布线批示的步骤

启动放置 PCB 布线批示命令后，光标变成十字形，PCB Rule 图标悬浮在游标上，将游标移动到放置 PCB 布线指示的位置，单击鼠标，完成 PCB 布线指示的放置。右击鼠标，退出 PCB 布线指示状态。

6.3.6.3 PCB 布线指示属性设置

在放置 PCB 布线指示状态下，按 Tab 键弹出 Parameters 属性设置对话框，如图 6.3.10 所示。或者在已放置的 PCB 布线指示上双击鼠标。

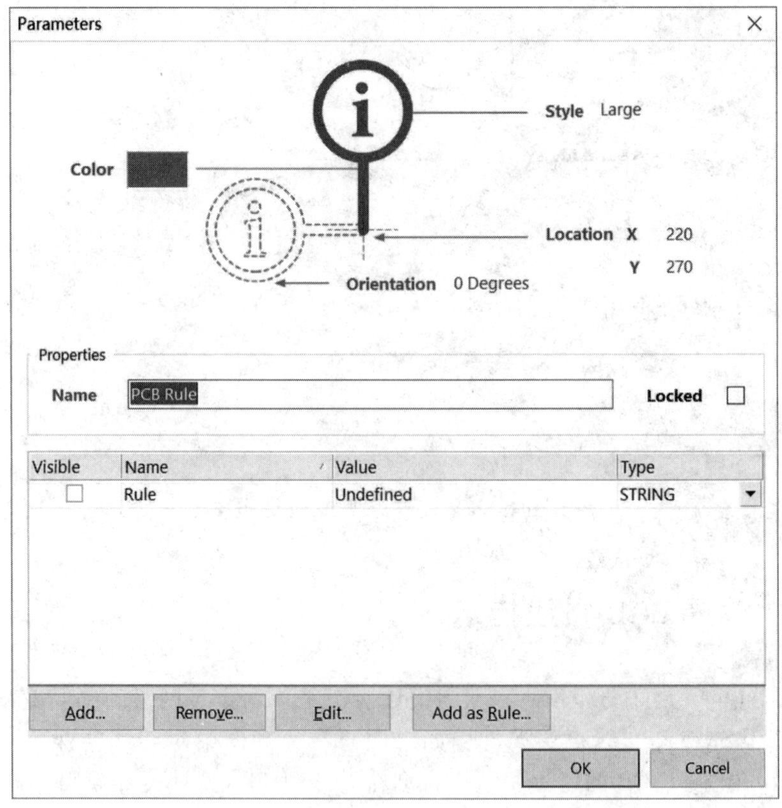

图 6.3.10 Parameters 属性设置对话框

(1)Properties 选项区域。Properties 选项区域用于设置 PCB 布线指示的名称、放置位置和角度。其中 Name 栏用来设置 PCB 布线指示名称；X-Location 和 Y-Location 用来设置 PCB 布线指示的坐标，一般采用移动鼠标实现；Orientation 输入栏用来设置 PCB 布线指示的放置角度，可以按空格键实现。

(2)变量列表窗口。列出选中 PCB 布线指示所定义的变量及其属性。同时 Add…、Remove…、Edit…和 Add as Rule…按钮可以对当前定义的变量进行编辑。

6.4　原理图编辑

组件放置到工作平面(原理图图纸)后,利用画电路图工具完成原理图的绘制。但是绘制原理图中会涉及组件位置的调整和组件的添加、删除等。

6.4.1　组件的移动

组件放置到原理图上,有时需要对组件的位置进行调整,组件的移动包括将组件移动到合适的位置和将组件旋转成合适的方向。移动组件的方法主要有两种:鼠标移动法和菜单命令移动法。最简单和常用的方法就是鼠标移动法,其中单个组件的移动和多个组件的移动略有不同。

(1)鼠标命令移动法。选取要移动的单个组件,先按下 Ctrl 键不放,然后单击选取的组件,拖动鼠标就可以实现选取的组件和选取组件相连的导线(导线没有被选取)跟随游标一起移动,将组件移动到合适位置,单击鼠标确认即完成组件的拖动。多个组件的移动同理。

(2)菜单命令移动法。菜单命令移动法是执行主菜单命令 Edit/Move,弹出 Drag(拖动命令)、Move(移动命令)、Move Selection(选定组件移动)、Drag Selection(选定组件拖动)、Move to Front(移动上层组件)、Bring to Front(移动组件到重迭组件的上层)、Send to Back(移动组件到重迭组件的下层)、Bring to Front of(移动组件到组件的上层)、Send to Back of(移动组件到组件的下层)命令。

6.4.2　组件的剪贴

(1)使用菜单命令实现组件的剪贴。执行主菜单命令 Edit,其主要常用命令如下:

①Cut 命令:将选取的组件移入剪贴板,电路图上被选取的组件被删除。

②Copy 命令:将选取的组件作为副本,放在剪贴板中。

③Paste 命令:将剪贴板的内容作为副本,放入原理图中。

④Duplicate 命令:复制所选取的组件。具体操作步骤为首先选取需要复制的组件,然后执行命令 Duplicate,复制的组件显示在被选取的组件的旁边。同时复制的组件处于选取状态而源选取组件则取消选取状态,拖动复制的组件到合适的位置即可。

⑤Rubber Stamp 命令:用于复制一个或多个被选取的组件,与 Copy 命令不同的是可以多次实现粘贴。主要操作步骤为首先选取用户希望复制的组件,然后执行菜单命令,光标变成十字形,单击选取的组件,则选取的单个或多个组件悬浮在游标上,移动游标到合适的位置,单击鼠标或按 Enter 键,确认即可,此时游标仍然为十字形,选取的单个或多个组件仍悬在游标上,可以实现多次复制,这是与 Copy 命令最大的不同之处,Copy 命令仅能粘贴一次。右击鼠标退出 Rubber Stamp 命令状态。

(2)使用工具栏命令图示。在主工具栏中有相应的组件剪贴命令图标,如图 6.4.1 所示。

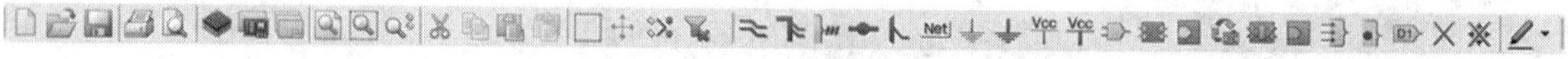

图 6.4.1　主工具栏的剪贴按钮

(3)组件的删除。

①组件删除的快捷方式:组件的删除可以通过按 Delete 键实现。首先选取要删除的组件,按 Delete 键就可以删除选取的组件。

②在 Edit 菜单命令中还有两个删除命令,即 Delete 和 Clear 命令。

③Delete 命令:Delete 命令的功能是删除组件,执行菜单命令后,光标变成十字形,将游标移动到所要删除的组件上,单击鼠标即可删除组件。

④Clear 命令:Clear 命令的功能是删除已选取的组件。执行 Clear 命令之前不需要选取要删除的组件。执行 Clear 命令后,选取的组件立即被删除。

6.4.3　组件的排列和对齐

执行主菜单命令 Edit/Align,弹出如下组件排列和对齐的菜单命令,其各项叙述如下:

①Align Left:将选取的组件向最左边的组件对齐。

②Align Right:将选取的组件向最右边的组件对齐。

③Center Horizontal:将选取的组件向最左边组件和最右边组件的中间位置对齐。

④Distribute Horizontally:将选取的组件在最左边组件和最右边组件之间等距离放置。

⑤Align Top:将选取的组件向最上面的组件对齐。

⑥Align Bottom:将选取的组件向最下面的组件对齐。

⑦Center Vertical:将选取的组件向最上面组件和最下面组件的中间位置对齐。

⑧Distribute Vertically:将选取的组件在最上面组件和最下面组件之间等距离放置。

执行菜单命令 Align,将弹出 AlignObjects(组件对齐)设置对话框,如图 6.4.2 所示。组件对齐设置对话框主要包括三部分。

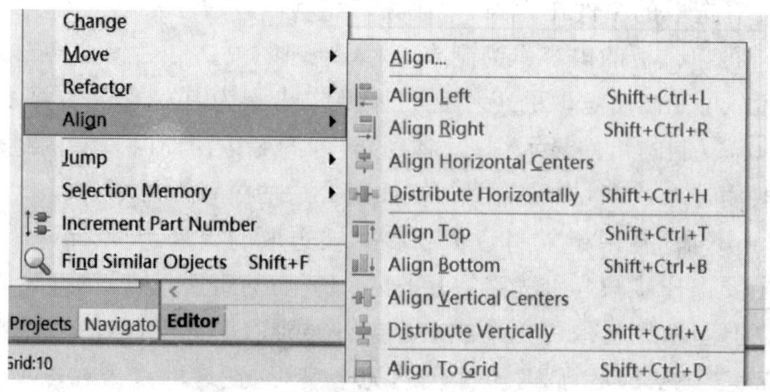

图 6.4.2　组件对齐设置对话框

第 7 章　PCB 电路设计

本章介绍印刷电路板(PCB 板)设计的一些基本概念,如电路板、导线、组件封装、多层板等,并介绍印刷电路板的设计方法和步骤。通过这一章的学习,使读者能够完整地掌握电路板设计的全部过程。

7.1　PCB 电路板的基本概念

7.1.1　PCB 电路板的概念

一般所谓的 PCB 电路板有 Single Layer PCB(单面板)、Double Layer PCB(双面板),四层板、多层板等。

(1)单面板是一种单面敷铜,因此只能利用它敷了铜的一面设计电路导线和组件的焊接。

(2)双面板是包括 Top(顶层)和 Bottom(底层)的双面都敷有铜的电路板,双面都可以布线焊接,中间为一层绝缘层,为常用的一种电路板。

(3)如果在双面板的顶层和底层之间加上别的层,即构成了多层板,比如放置两个电源板层构成的四层板,这就是多层板。

通常的 PCB 板,包括顶层、底层和中间层,层与层之间是绝缘层,用于隔离布线层。它的材料要求耐热性和绝缘性好。早期的电路板多使用电木为材料,而现在多使用玻璃纤维为主。

在 PCB 电路板布上铜膜导线后,还要在顶层和底层上印刷一层 Solder Mask(防焊层),它是一种特殊的化学物质,通常为绿色。该层不粘焊锡,防止在焊接时相邻焊接点的多余焊锡短路。防焊层将铜膜导线覆盖住,防铜膜过快在空气中氧化,但是在焊点处留出位置,并不覆盖焊点。

对于双面板或者多层板,防焊层分为顶面防焊层和底面防焊层两种。电路板制作最后阶段,一般要在防焊层之上印上一些文字元号,比如组件名称、组件符号、组件管脚和版权等,方便以后的电路焊接和查错等。这一层为 Silkscreen Overlay(丝印层)。多层板的防焊层分 Top Overlay(顶面丝印层)和 Bottom Overlay(底面丝印层)。

7.1.2 多层板概念

一般的电路系统设计用双面板和四层板即可满足设计需要，只是在较高级电路设计中，或者有特殊需要，比如对抗高频干扰要求很高情况下才使用六层及六层以上的多层板。多层板制作时是一层一层压合的，所以层数越多，无论设计或制作过程都将更复杂，设计时间与成本都将大大提高。

如果在 PCB 电路板的顶层和底层之间加上别的层，即构成了多层板，比如放置两个电源板层构成多层板。多层板的 Mid-Layer（中间层）和 Internal Plane（内层）是不相同的两个概念，中间层是用于布线的中间板层，该层均布的是导线，而内层主要用于做电源层或者地线层，由大块的铜膜所构成。

7.1.3 过孔

过孔就是用于连接不同板层之间的导线。过孔内侧一般都由焊锡连通，用于组件的管脚插入。过孔分为 3 种：从顶层直接通到底层的过孔称为 Thruhole Vias（穿透式过孔）；只从顶层通到某一层里层，并没有穿透所有层，或者从里层穿透出来的到底层的过孔称为 Blind Vias（盲过孔）；只在内部两个里层之间相互连接，没有穿透底层或顶层的过孔就称为 Buried Vias（隐藏式过孔）。过孔的形状一般为圆形。过孔有两个尺寸，即 Hole Size（钻孔直径）和钻孔加上焊盘后的总的 Diameter（过孔直径）。

7.1.4 铜膜导线

电路板制作时用铜膜制成铜膜导线（Track），用于连接焊点和导线。铜膜导线是物理上实际相连的导线，有别于印刷板布线过程中的预拉线（又称为飞线）概念。预拉线只是表示两点在电气上的相连关系，但没有实际连接。

7.1.5 焊盘

焊盘用于将组件管脚焊接固定在印刷板上完成电气连接。焊盘在印刷板制作时都预先布上锡，并不被防焊层所覆盖。通常焊盘的形状有以下三种，即圆形（Round）、矩形（Rectangle）和正八边形（Octagonal）。

7.1.6 组件的封装

组件的封装就是实际组件焊接到印刷电路板时的焊接位置与焊接形状，包括了实际组件的外型尺寸、所占空间位置、各管脚之间的间距等。组件封装是一个空间的概念，对于不同的组件可以有相同的封装，同样一种封装可以用于不同的组件。因此，在制作电路板时必须知道组件的名称，同时也要知道该组件的封装形式。

（1）组件封装的分类。普通的组件封装有针脚式封装和表面黏着式封装两大类。

针脚式封装的组件必须把相应的针脚插入焊盘过孔中，再进行焊接。因此所选用的焊盘必须为穿透式过孔，设计时焊盘板层的属性要设置成 Multi-Layer。

SMT（表面黏着式封装）。这种组件的管脚焊点不只用于表面板层，也可用于表层或者底层，焊点没有穿孔。设计的焊盘属性必须为单一层面。

（2）常见的几种组件的封装。常用的分立组件的封装有二极管类、晶体管类、可变电阻类等。常用的集成电路的封装有 DIP-XX 等。Altium Designer 将常用的封装集成在 Miscellaneous Devices PCB. PcbLib 集成库中。Miscellaneous Devices PCB. PcbLib 集成库中提供的极性电容封装有 RB7. 15-15 等，提供的无极性电容的封装有 RAD-0. 1 等。

7.2　PCB 电路板的设计流程

（1）设计原理图。这是设计 PCB 电路的第一步，就是利用原理图设计工具先绘制好原理图文件。如果在电路图很简单的情况下，也可以跳过这一步直接进入 PCB 电路设计步骤，进行手工布线或自动布线。

（2）定义组件封装。原理图设计完成后，组件的封装有可能被遗漏或有错误。正确加入网表后，系统会自动地为大多数组件提供封装。但是对于用户自己设计的组件或者是某些特殊组件必须由用户自己定义或修改组件的封装。

（3）PCB 图纸的基本设置。这一步用于 PCB 图纸进行各种设计，主要有设定 PCB 电路板的结构及尺寸、板层数目、通孔的类型、网格的大小等，既可以用系统提供的 PCB 设计模板进行设计，也可以手动设计 PCB 板。

（4）生成网表和载入网表。网表是电路原理图和印刷电路板设计的接口，只有将网表引入 PCB 系统后，才能进行电路板的自动布线。

在设计好的 PCB 板上生成网表和加载网表，必须保证产生的网表已没有任何错误，其所有组件能够很好地加载到 PCB 板中。加载网表后系统将产生一个内部的网表，形成飞线。

组件布局是由电路原理图根据网表转换成的 PCB 图，一般组件布局都不很规则，甚至有的相互重叠，因此必须将组件进行重新布局。

组件布局的合理性将影响到布线的质量。在进行单面板设计时，如果组件布局不合理将无法完成布线操作。在进行对于双面板等设计时，如果组件布局不合理，布线时将会放置很多过孔，使电路板走线变得复杂。

（5）布线规则设置。飞线设置好后，在实际布线之前，要进行布线规则的设置，这是 PCB 板设计所必需的一步。在这里用户要定义布线的各种规则，比如安全距离、导线宽度等。

（6）自动布线。Altium Designer 提供了强大的自动布线功能，在设置好布线规则之后，可以用系统提供的自动布线功能进行自动布线。只要设置的布线规则正确、组件布局合理，一般都可以成功完成自动布线。

(7)手动布线。在自动布线结束后,有可能因为组件布局或别的原因,自动布线无法完全解决问题或产生布线冲突时,即需要进行手动布线加以设置或调整。如果自动布线完全成功,则可以不必手动布线。在组件很少且布线简单的情况下,也可以直接进行手动布线,当然这需要一定的熟练程度和实践经验。

(8)生成报表文件。印刷电路板布线完成之后,可以生成相应的各类报表文件,比如组件清单、电路板信息报表等。这些报表可以帮助用户更好地了解所设计的印刷板和管理所使用的组件。

(9)档打印输出。生成了各类档后,可以将各类档打印输出保存,包括 PCB 文件和其他报表文件均可打印,以便永久存档。

7.3 建立 SCH 文档

7.3.1 创建原理图

在这里创建一份简单的时钟发生器原理图,并以此为例,在本章后面章节中介绍如何设计相应的 PCB 电路板。设计的主要步骤如下:

(1)从 Altium Designer 的主菜单下执行命令 File/New/PCB Project,建立一份 PCB 设计项目,命名为 ClocK. PRJPCB。

(2)在该设计项目下新建一份 SCH 原理图,相应的菜单执行命令为 File/New/Schematic,将其命名为 CLOCK. SCHDOC。

7.3.2 定义组件封装

在设计项目中,加入集成库 Miscellaneous Devices. IntLib。从中选择组件进行放置,并放置导线,完成它们之间的连接。时钟发生器原理图中使用到的各组件封装如表 7.3.1 所示。

表 7.3.1 各组件封装

Designator	Description	Footprint	Comment
C1	Capacitor	c1005-0402	10n
C2	Capacitor	RAD-0. 3	60p
C3	Capacitor	c1005-0402	1n
C4	Capacitor	c1005-0402	100p
C5	Capacitor	c1005-0402	100p
Q1	NPNBipolarTransistor	BCY-W3	QNPN

续表

Designator	Description	Footprint	Comment
Q2	NPNBipolarTransistor	BCY-W3	QNPN
Q3	NPNBipolarTransistor	BCY-W3	QNPN
Q4	NPNBipolarTransistor	BCY-W3	QNPN
Q5	PNPBipolarTransistor	BCY-W3	QPNP
R1	Resistor	AXIAL-0. 4	1k
R2	Resistor	AXIAL-0. 4	47k
R3	Resistor	AXIAL-0. 4	56k
R4	Resistor	AXIAL-0. 4	33k
R5	Resistor	AXIAL-0. 4	1. 2k
R6	Resistor	AXIAL-0. 4	17k
R7	Resistor	AXIAL-0. 4	22k
X1	CrystalOscillator	BCY-W2/D3. 1	11. 318 18 MHz

所有组件放置和联机完成后保存文档，进入下一步设计。

7.4　PCB 设计文档建立

Altium Designer 是以一个设计项目文档来管理 PCB 的设计，在这个设计项目中，包含了单个的设计文档和它们之间的有关设置，便于文件的管理和文件的同步。一般情况下 PCB 文件总是和原理图设计文件放在同一个设计项目文档中。如果此时没有 PCB 设计项目文档，则可以在档工作面板中选择 Blank Project(PCB)选项，新建一个设计项目文档。在已经有设计项目文档的情况下，则可以进入下一步，开始设计 PCB 文档。

在进行印刷板电路设计时，必须建立一个 PCB 文档。通常建立 PCB 文档的方法有两种，一种是手动创建空白 PCB 图纸，再指定 PCB 文件的属性，规划大小；另一种是采用 PCB 范本创建 PCB 文件。

7.4.1　手动创建 PCB 文档

这种方法是先建立一个空白的 PCB 图纸。方法是在档工作面板中单击 PCB File 选项，创建一份空白的 PCB 图纸，如图 7.4.1 所示。系统自动把该 PCB 图纸加入当前的设计项目文档中，文件名为 PCB1. PcbDoc，图纸中带有栅格，如图 7.4.2 所示。

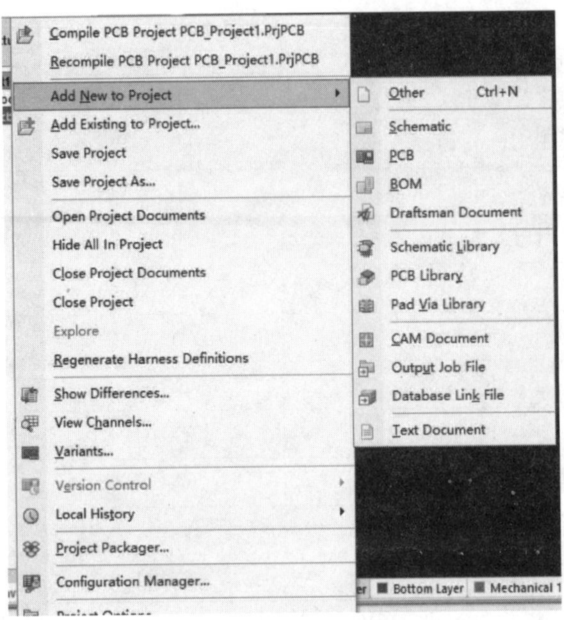

图 7.4.1　建立 PCB 空白图纸

图 7.4.2　空白 PCB 图纸

如果原来没有建立设计项目，PCB 文档建立后则是自由文件，系统也会自动为其建立一个设计项目来管理该文档。新建空白图纸后，可以手动设置图纸的尺寸大小、栅格大小、图纸颜色等。

7.4.2　使用 PCB 模板创建 PCB 文件

Altium Designer 提供了 PCB 设计模板向导，图形化的操作使得 PCB 的创建变得非常简单。它提供了很多任务业标准板的尺寸规格，也可以用户自定义设置。这种方法适合于各种工业制板，其操作步骤如下。

(1)单击文件工作面板中 New from template 选项下的 PCB Board Wizard 选项。

(2)单击 Next 按钮，出现接口，要求对 PCB 板进行度量单位设置。

(3)单击 Next 按钮，出现接口，要求对设计 PCB 板的尺寸类型进行指定。Altium Designer 提供了很多种工业制板的规格，用户可以根据自己的需要，选择 Custom，进入自定义 PCB 板的尺寸类型模式，在这里选择 Custom 项。

(4)单击 Next 按钮，进入下一接口，设置电路板形状和布线信号层数。

Outline Shape 选项区域中，有三种选项可以选择设计的外观形状，Rectangular 为矩形，Circular 为圆形；Custom 为自定义形状，类似椭圆形。常用设置如下：

①本例中选择 Rectangular 矩形板。Board Size 为板的长度和宽度，输入 3000 mil 和 2000 mil，即 3 inch×2 inch(1 inch=2.54 cm)。

②Dimension Layer 选项用来选择所需要的机械加工层，最多可选择 16 层机械加工层。设计双面板只需要使用默认选项，选择 Mechanical Layer。

③Keep out Distance from Board Edge 选项用于确定电路板设计时，从机械板的边缘到可布线之间的距离，默认值为 50 mil。

④Corner Cutoff 复选项，选择是否要在印制板的 4 个角进行裁剪。本例中不需要。如果需要，则单击 Next 按钮后会出现接口要求对裁剪大小进行尺寸设计。

⑤Inner Cutoff 复选项用于确定是否进行印刷版内部的裁剪。本例中不需要。如果需要，选中该选项后，出现接口，在左下角输入距离值进行内部裁剪。

(5)单击 Next 按钮进入下一个接口，对 PCB 板的 Signal Layer(信号层)和 Power Planes(电源层)数目进行设置。本例设计双面板，故信号层数为 2，电源层数为 0，不设置电源层。

(6)单击 Next 按钮进入下一下接口，设置所使用的过孔类型，这里有两类可供选择，一类是 Thruhole Vias(穿透式过孔)，另一类是 Blind and Buried Vias(盲过孔和隐藏过孔)，本例中使用穿透式过孔。

(7)单击 Next 按钮，进入下一个接口，设置组件的类型和表面黏着组件的布局。在 The board hasmostly 选项区域中，有两个选项可供选择，一种是 Surface-mount components，即表面黏着式组件；另一种是 Through-holecomponents，即针脚式封装组件。

如果选择了使用表面黏着式组件选项，将会出现 Do you put components on both sides of the board 提示信息，询问是否在 PCB 的两面都放置表面黏着式组件。

(8)单击 Next 按钮，进入下一个接口，在这里可以设置导线和过孔的属性。

导线和过孔属性设置对话框中的选项设置及功能如下：

①Minimum Track Size：设置导线的最小宽度，单位为 mil。

②Minimum via Width：设置焊盘的最小直径值。

③Minimum via Hole Size:设置焊盘最小孔径。

④Minimum Clearance:设置相邻导线之间的最小安全距离。

这些参数可以根据实际需要进行设定,用鼠标单击相应的位置即可进行参数修改。这里均采用默认值。

(9)单击 Next 按钮,出现 PCB 设置完成接口,单击 Finish 按钮,将启动 PCB 编辑器,

新建的 PCB 文档将被默认命名为 PCB1. PCbDeC,编辑区中会出现设定好的空白 PCB 纸。在文件工作面板中右击鼠标,在弹出的菜单中选择 Save As… 选项,将其保存为 CLOCK. PcbDoc,并将其加入 CLOCK. PRJPCB 项目中。

7.5 PCB 图纸基本设置和组件放置

本节介绍 PCB 图纸的布线板层和非电层的设置、图纸显示颜色的设置和网格等设置,以及组件库的添加、组件的放置和组件封装的修改。

7.5.1 定义布线板层和非电层

印刷电路板的构成有单面板、双面板和多面板之分。电路板的物理构造有两种类型即布线板层和非电层。

①布线板层,即电气层。Altium Designer 可以提供 32 个信号层(包括顶层和底层,最多可设计 30 个中间层)和 16 个内层。

②非电层,分成两类,一类是机械层,另一类为特殊材料层。

Altium Designer 可提供 16 个机械层,用于信号层之间的绝缘等。特殊材料层包括顶层和底层的防焊层、丝印层、禁止布线层等。Altium Designer 提供了一个板层管理器对各种板层进行设置和管理,启动板层管理器的方法有两种:一是执行主菜单命令 Design/Layer Stack Manager…;二是在右侧 PCB 图纸编辑区内,右击鼠标,从弹出的右键菜单中执行 Option/Layer Stack Manager… 命令。均可启动板层管理器。启动后的接口如图 7.5.1 所示。

板层管理器默认双面板设计,即给出了两层布线层即顶层和底层。板层管理器的设置及功能如下:

①Add Layer 按钮,用于向当前设计的 PCB 板中增加一层中间层。

②Add Plane 按钮,用于向当前设计的 PCB 板中增加一层内层。新增加的层面将添加在当前层面的下面。

③Move Up 和 Move Down 按钮将当前指定的层进行上移和下移操作。

④Delete 按钮可以删除所选定的当前层。

⑤Properties 按钮将显示当前选中层的属性。

⑥Configure Drill Pairs 按钮用于设计多层板中,添加钻孔的层面对,主要用于盲过孔的设计中。单击 OK 按钮将关闭板层管理器对话框。

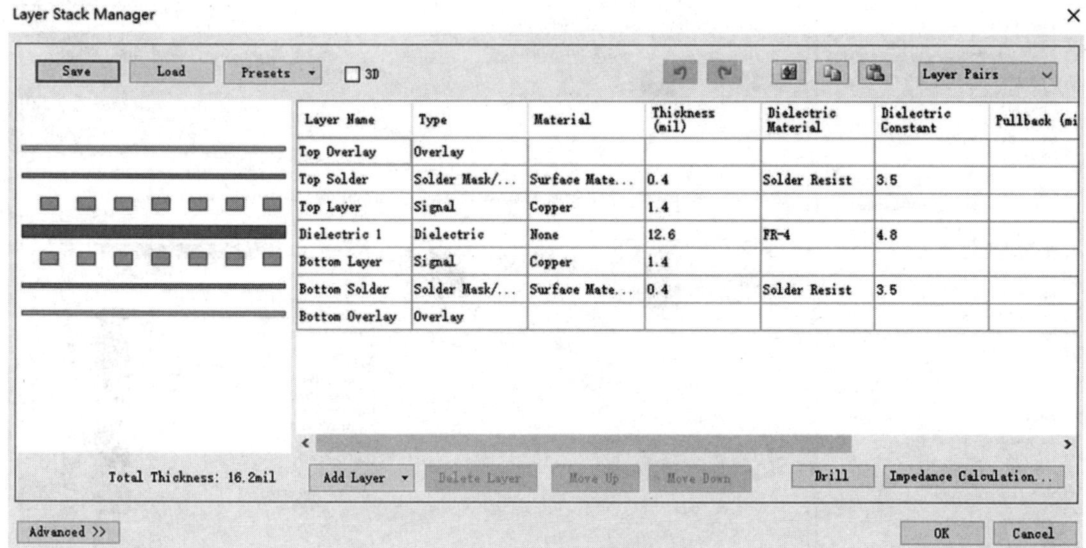

图 7.5.1　板层管理器

7.5.2　图纸颜色设置

颜色显示设置对话框用于图纸的颜色设置，打开颜色显示设置对话框的方式如下：

(1)执行主菜单命令 Design/Board Layers…，即可打开颜色显示设置对话框。

(2)在右边 PCB 图纸编辑区内，右击鼠标，从弹出的右键菜单中选择 Option/Board Layers&Colors…，即可打开颜色显示设置对话框，如图 7.5.2 所示。

颜色显示设置对话框中共有 7 个选项区域，分别对 Signal Layers(信号层)、Internal Planes(内层)、Mechanical Layers(机械层)、Mask Layers(阻焊层)、Silk-Screen Layers(丝印层)、Other Layers(其他层)和 System Colors(系统颜色)用于颜色设置。每项设置中都有 Show 复选项，决定是否显示。单击对应颜色图示，将弹出 Choose Color(颜色选择)对话框，可在其中进行颜色设定。

7.5.3　使用环境设置和格点设置

PCB 板的使用环境设置和格点设置可以在设置对话框中进行，打开该对话框的方法有如下两种。

(1)在主菜单栏中，执行命令 Design/Board Options…，即可打开格点设置对话框。

(2)在右边 PCB 图纸编辑区内右击鼠标，从弹出的右键菜单中选择 Option/Grids…命令，打开的格点设置对话框，如图 7.5.3 所示。

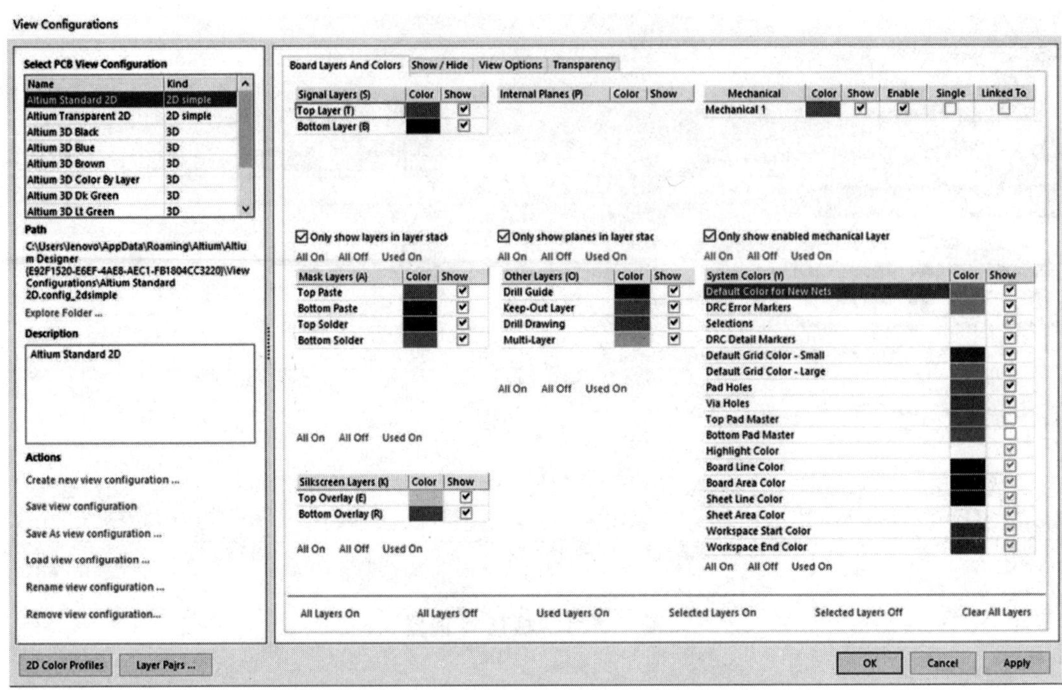

图 7.5.2　颜色显示设置对话框

图 7.5.3　格点设置对话框

7.5.4　组件库的加载和组件放置

Altium Designer 提供了组件库管理器进行组件的封装管理，方便用户加载组件库，同时用于查找组件和放置组件。

7.5.4.1　组件封装库的加载

组件库管理器的窗口如图 7.5.4 所示。组件库管理器提供了 Components（组件）和 Footprints(封装）两种查看方式，单击其中某一单选按钮，即可进相应的查看方式。其中 Miscellaneous Devices. IntLib 一栏下拉菜单显示了当前已经加载的组件集成库。

在组件搜索区域可以输入组件的关键信息，对所选中的组件集成库进行查找。如果输入“＊”号则表示显示当前组件库下所有的组件，并可将所有当前库提供的组件都在组件测览框中显示出来，包括组件的 Footprint Name(封装信息)。如图 7.5.4 中所示，当在组件浏览框中选中一个组件时，该组件的封装形式就会显示在组件显示区域中。

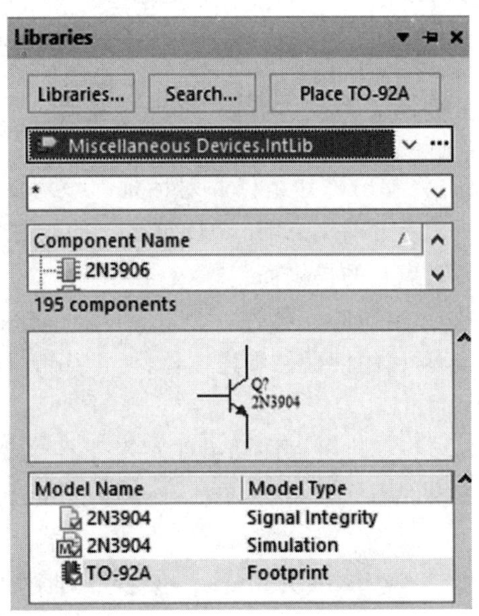

图 7.5.4　组件库管理器窗口

单击 Libraries… 按钮，打开 Add Remove Libraries(添加删除组件库）对话框，如图 7.5.5 所示。在该对话框中可以对组件库进行添加和删除操作。

该对话框中列出了当前已经加载的组件库。Type 一项的属性为 Integrated，表示是 Altium Designer 的整合集成库，后缀名为 . IntLib。

选中一个组件库，可以单击 Move Down 或 Move Up 按钮将它们排序。单击 Remove 按钮，可以将该集成库移出当前的项目。

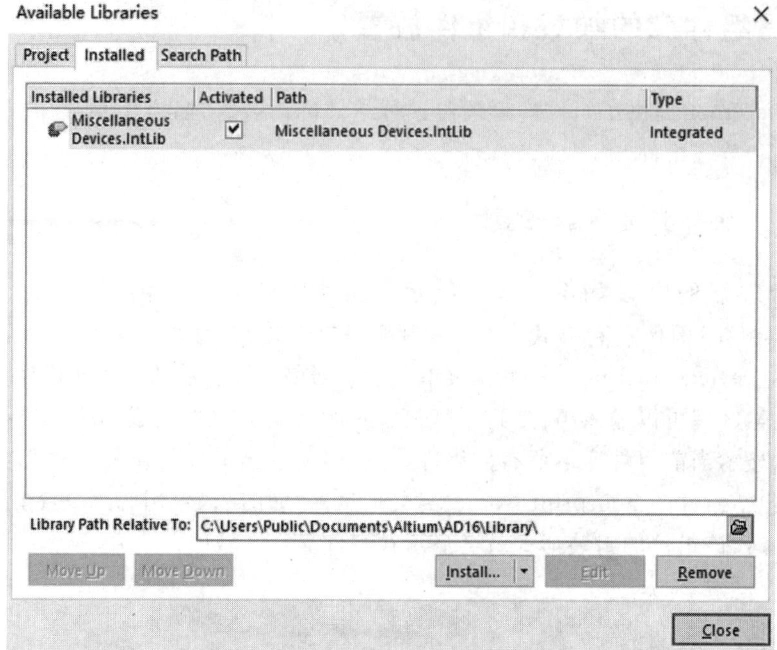

图 7.5.5　删除组件库对话框

单击 Add Library… 按钮，将弹出添加组件库对话框。该对话框列出了 Altium Designer 安装目录下的 Library 中的所有组件库。Altium Designer 的组件库以公司名分类，因此对一个特定组件的封装时，即可要知道它的提供商。

对于常用的组件库，如电阻、电容等元器件，Altium Designer 提供了常用杂件库：Miscellaneous Devices. IntLib。对于常用的接插件和连接器件，Altium Designer 提供了常用接插件库：Miscellaneous Connectors. IntLib。

如果不知道某一组件的提供商时，可以回到组件库管理器，使用组件库的查找功能进行搜索，取得组件的封装形式。在组件库管理器上，单击 Search 按钮，将弹出 Search Libranries(组件搜索)对话框。

在 Scope 选项区域中，选定 Available Libraries 单选项，即对已经添加到设计项目的库进行组件的搜索。选定 Librarieson Path 单选项，可以指定对一个特定的目录下的所有组件库进行搜索。

Path 选项区域中的 Include Subdirectories 复选项，选中该选项则对所选目录下的子目录进行搜索。例如，在不知道 DIP-16 形式封装的组件位于哪个库中的情况下，可以在 Search Criteria 选项区域的 Name 文本框中输入要搜索的信息名。在这里输入 DIP-16，然后单击 Search 按钮，系统将在指定的库里搜索。组件搜索的结果即出现在 Results 选项卡里。

在组件搜索结果对话框中，显示出搜索的组件名、组件所在库的名称，并且显示该组件的封装图标。单击 Select 按钮，可以选中该组件，直接在 PCB 设计图纸上进行组件放置。

7.5.4.2　组件的放置

组件放置有如下两种方法。

(1)在组件库管理器中选中某个组件,单击 Place 按钮,即可在 PCB 设计图纸上放置组件。

(2)在组件搜索结果对话框中选中某个组件,单击 Select 按钮,即可在 PCB 设计图上进行组件的放置。进行组件放置时,系统将弹出如图 7.5.6 所示的 Place Component(组件放置)对话框,显示放置的组件信息。

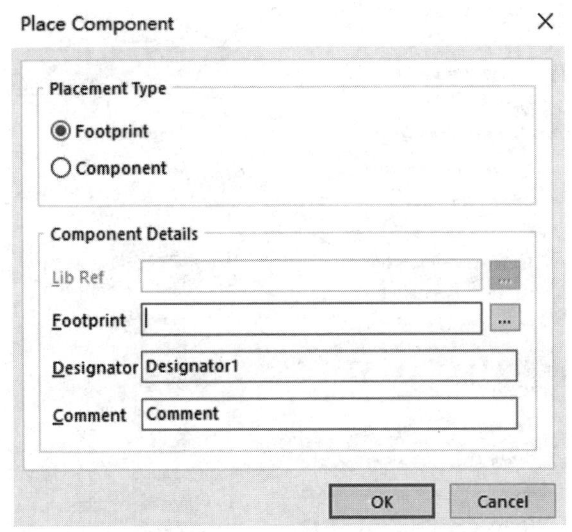

图 7.5.6　组件放置设置对话框

Place Component 设置对话框中,可为 PCB 组件选择 Placement Type(放置类型)选项区域的 Footprint 单选项。

Component Details 选项区域的常用设置及功能如下。

①Footprint 文本框:为组件的封装形式。

②Designator 文本框:为组件名。

③Component 文本框:为对该组件的注释,可以输入组件的数值大小等信息。

单击 OK 按钮后,鼠标将变成十字游标形状。在 PCB 图纸中移动鼠标到合适位置、单击左键,完成组件的放置。

7.6　网表的生成

Netlist(网表)分为 External Netlist(外部网络表)和 Internal Netlist(内部网络表)两种。从 SCH 原理图生成的供 PCB 使用的网络表就叫作外部网络表,在 PCB 内部根据所加载的外部网络表所生成表称为内部网表，用于 PCB 组件之间飞线的连接。

为单个 SCH 原理图文件创建网络表的步骤如下。

(1)双击文件工作面板中对应的 SCH 原理文件，打开要创建网表的原理图文文件。

(2)执行主菜单命令 Design/Netlist/Protel，如图 7.6.1 所示。

所产生的网络表与原项目文件同名，后缀名为 .net，这里生成的网络表名称即为 CLOCK. NET。图示位于文件工作面板中该项目的 Generated Protel Netlist 选项下，文件保存在 Generated Protel Netlist 档夹下。双击 CLOCK. NET 图标，将显示网表的详细内容。

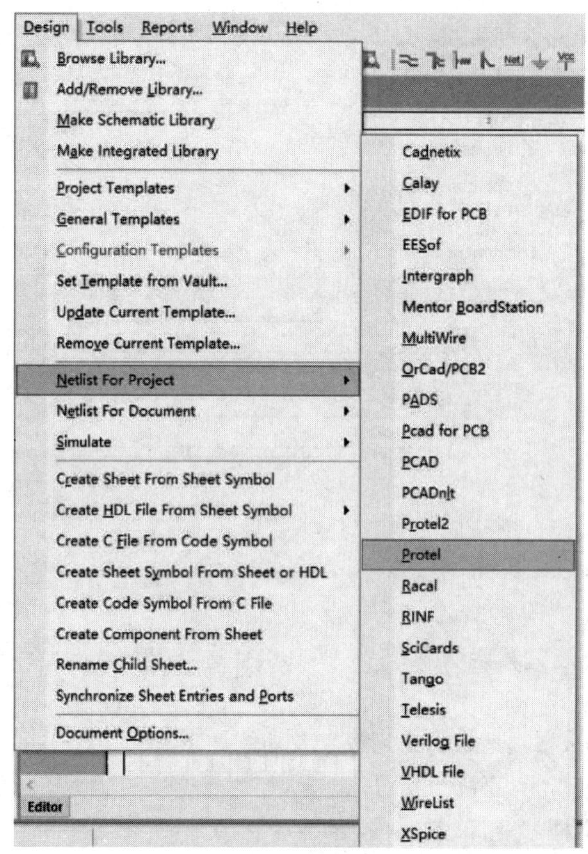

图 7.6.1　从 SCH 图生成网表操作

7.7　组件布局

合理的布局是 PCB 板布线的关键。如果单面板设计组件布局不合理，将无法完成布线操作；如果双面板组件布局不合理，布线时将会放置很多过孔，使电路板导线变得非常复杂。合理的布局要考虑到很多因素，比如电路的抗干扰等，在很大程度上取决于用户的设计经验。

Altium Designer 提供了两种组件布局的方法，一种是自动布局；另一种是手动布局。

7.7.1　组件自动布局

组件的自动布局(Auto Place)适合于组件比较多的时候。Altium Designer 提供了强大的自动布局功能，定义合理的布局规则，采用自动布局将大大提高设计电路板的效率。自动布局的操作方法是在 PCB 编辑环境下，执行主菜单命令 Tools/Auto Placement/Auto Placer…，如图 7.7.1 所示，在弹出的 Auto Place(自动布局)对话框中，有两种布局规则可以供选择。

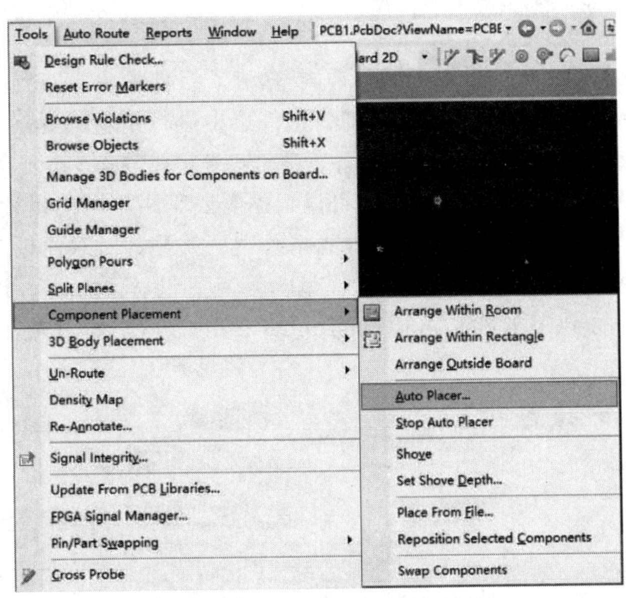

图 7.7.1　组件自动布局

选中 Cluster Placer(集群方法布局)选项，系统将根据组件之间的连接性，将组件划分成一个个的集群(Cluster)，并以布局面积最小为标准进行布局。这种布局适合于组件数量不太多的情况。选中 Quick Component Placement 复选项，系统将以高速进行布局。

选中 Statistical Placer(统计方法布局)选项，系统将以组件之间连接长度最短为标准进行布局。这种布局适合于组件数目比较多的情况(比如组件数目大于 100)。选择该选项后，对话框中的说明及设置将随之变化。统计方法布局对话框中的设置及功能如下。

①Group Components 复选项：用于将当前布局中连接密切的组件组成一组，即布局时将这些组件作为整体来考虑。

②Rotate Components 复选项：用于布局时对组件进行旋转调整。

③Automatic PCB Update 复选项：用于在布局中自动更新 PCB 板。

④Power Nets 文本框：用于定义电源网络名称。

⑤Ground Nets 文本框：用于定义接地网络名称。

⑥Grid Size 文本框：用于设置格点大小。

如果选择 Statistical Placer 单选项的同时，选中 Automatic PCB Update 复选项，将在布局结束后对 PCB 板进行自动组件布局更新。

所有选项设置完成后，单击 OK 按钮，关闭设置对话框，进入自动布局。布局所花的时间根据组件的数量多少和系统配置高低而定。布局完成后，系统出现布局结束对话框，单击 OK 按钮结束自动布局过程，此时所需组件将布置在 PCB 板内部。在布局过程中，如果想中途终止自动布局的过程，可以执行主菜单命令 Tools/Auto Placement/Stop Auto Placer，即可终止自动布局。

7.7.2　组件手动布局

在系统自动布局后，手动对组件布局进行调整，进入组件的手工布置。手动调整组件的方法和 SCH 原理图设计中使用的方法类似，即将组件选中进行重新放置。

Altium Designer 提供了多种不同的设计规则，包括导线放置、导线布线方法、组件放置、布线规则、组件移动和信号完整性等。电路可以根据需要采用不同的设计规则，如果设计双面板，其很多规则可以采用系统默认值，这是因为系统默认就是针对双面板布线而设置的。进入设计规则设置对信框的方法是在 PCB 电路板编辑环境下，执行主菜单命令 Design/Rules…，弹出如图 7.7.2 所示的 PCB Rules and Constraints Editor（PCB 设计规则和约束）对话框。

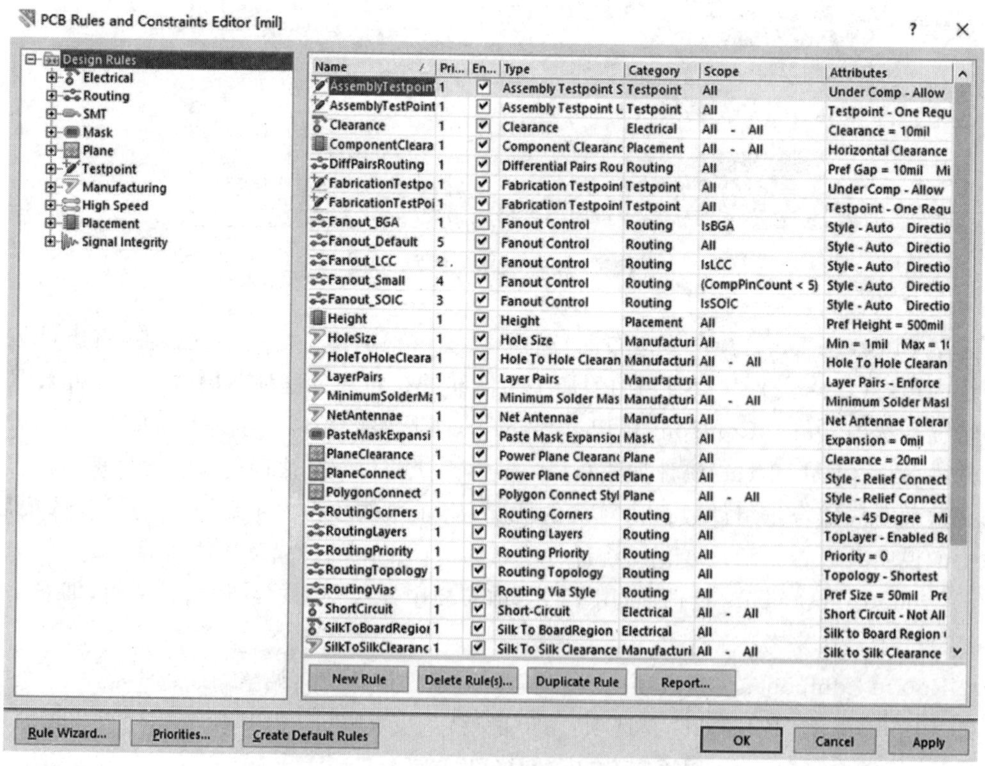

图 7.7.2　PCB 设计规则和约束对话框

该对话框左侧显示的是设计规则的类型,包括 Electrical(电气类型)、Routing(布线类型)、SMT(表面黏着组件类型)等。右侧则显示对应设计规则的设置属性。该对话框左下角有按钮 Priorities,单击该按钮,可以对同时存在的多个设计规则进行优先权设置。对这些设计规则的基本操作有几种:新建规则、删除规则、导出和导入规则等。

7.8　布　线

在对布线规则进行了完整正确的设置后,还必须对所设计的印刷电路板进行网络管理操作后,才可以进行自动布线和手动布线操作。

7.8.1　自动布线

在对印刷电路板进行了自动布局并且设置好布线规则后,即可给组件布线。布线可以采取自动布线和手动布线调整两种方式。Altium Designer 提供了强大的自动布线功能,它适合于组件数目较多的情况。

7.8.1.1　自动布线设置

利用系统提供自动布线操作之前,先要对自动布线进行规则设置。在 PCB 操作接口下,执行主菜单命令 AutoRoute/Setup…,如图 7.8.1 示。进入自动布线状态后,将弹出如图 7.8.2 所示的 Situs Routing Strategies(布线设置)对话框。

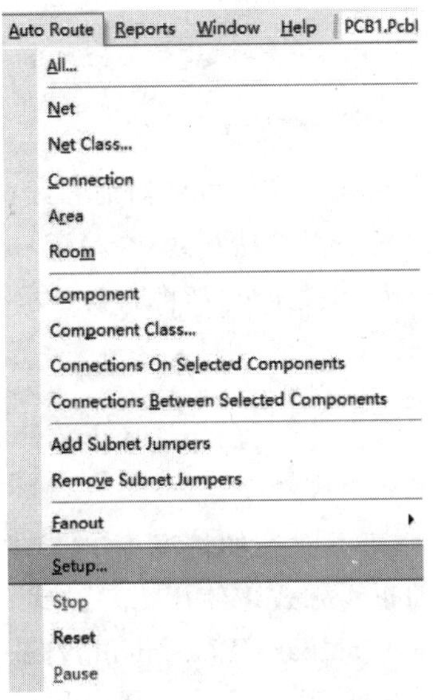

图 7.8.1　选择自动布线菜单命令

该对话框显示 Available Routing Strategies(有效布线策略),一般情况下均采用系统默认值。Routing Rules 按钮,和前面设置的布线规则操作一样,可以在此处对其修改等操作。

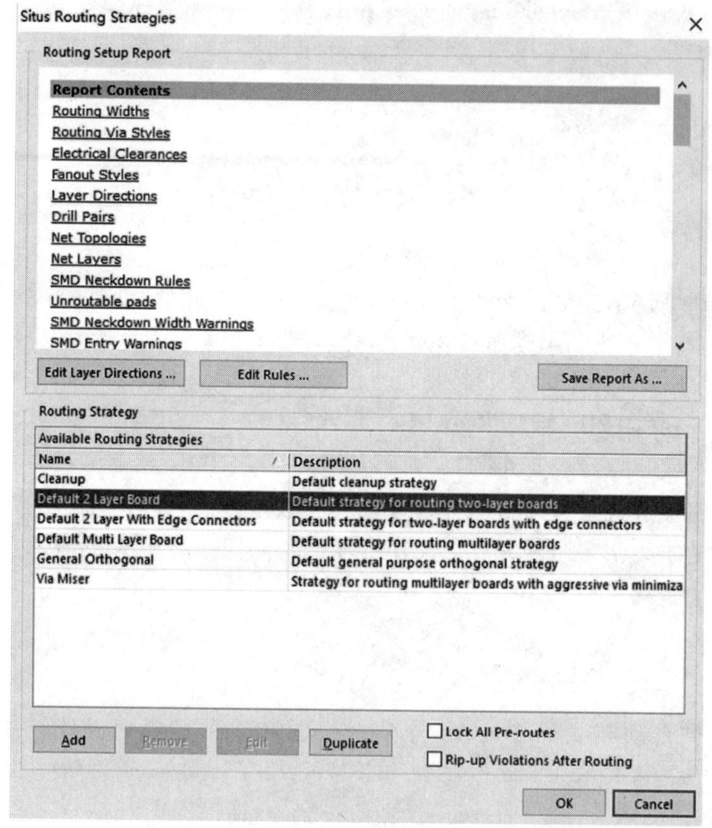

图 7.8.2　自动布线设置对话框

7.8.1.2　自动布线

自动布线过程中,出现 Message 对话框,显示当前布线的信息。在这里对已经手动布局好的 CLOCK. PCBDOC 印刷电路板采用自动布线,在 Altium Designer 主菜单中执行菜单命令 Auto Route/All。自动布线完成后,按 End 键将刷新显示布线结果。执行菜单命令 View/Borad in 3D,则可看到 3D 效果图。

7.8.2　手动布线

在 PCB 板上组件数量不多,联机不复杂的情况下,或者在使用自动布线后需要对组件进行布线的更改时,都可以采用手动布线方式。使用手动布线直接打开 Place 菜单,如图 7.8.3 所示。也以执行主菜单命令 View/Toolbars/Placement,打开 Placemen(组件放置)工具栏,如图 7.8.4 所示。手动布线包括放置 Arc(圆弧导线)、Track(放置导线)、String(放置文字)、Pad(放置焊盘)等。

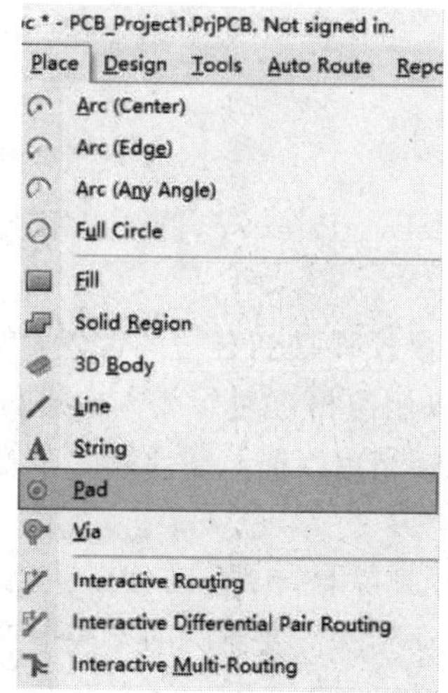

图 7.8.3　组件放置菜单图

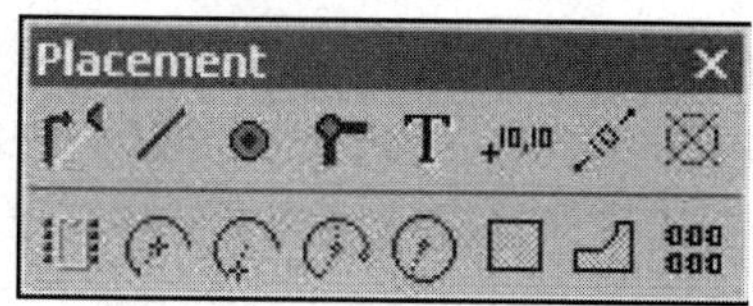

图 7.8.4　组件放置工具栏

7.8.2.1　放置圆弧导线

使用 Center 菜单项放置圆弧导线，使用 Edge 菜单项放置圆弧导线，使用 Any Angle 菜单项放置圆弧导线，使用 Full Circle 菜单项放置圆弧导线。

设置圆弧导线属性有如下两种方法。

(1)在用鼠标放置圆弧导线时按 Tab 键，弹出 Arc(圆弧)属性对话框，如图 7.8.5 所示。

图 7.8.5　圆弧属性对话框

(2)对已经在 PCB 板上放置好的导线，直接双击该导线，也将弹出圆弧属性对话框。

7.8.2.2 放置导线

放置导线的方法：可以执行主菜单命令 Place/Interactive Routing，也可以用组件放置工具栏中的按钮。

进入放置导线状态后，鼠标变成“十”字游标形状，将鼠标移动到合适的位置，单击鼠标确定导线的起始点，即可放置导线，在导线绘制过程中，可以用空格键对导线方向进行调整。将鼠标移动到终点位置，单击鼠标确定终点位置，再右击鼠标结束当前该条导线的布置。可继续进行下一条导线布线。

要删除一条导线，先选中该导线，按 Delete 键即可删除该导线，也可以执行菜单命令 Edit/Delete，使鼠标将变成“十”字游标形状后，将游标移动到所需要删除的导线上单击鼠标即可删除。

在用鼠标放置圆弧导线的时候先单击鼠标，确定导线起始点后，按 Tab 键，将弹出 Interactive Routing(交互布线)设置对话框，从中进行圆弧导线属性的设置。对已经在 PCB 板上放置好的导线，直接双击该导线，也可以弹出 track(导线属性)设置对话框。

第8章 Altium Designer 设计实例

8.1 实例1 地面控制系统设计

一、设计要求

1. 掌握 STM32F407 和 STM32F103 最小系统设计的基本原理。

2. 掌握并能熟练运用 Altium Designer 仿真软件。

3. 采用 Altium Designer 软件,做出仿真结果及画出 PCB 板。

二、设计原理

地面控制系统工作原理:地面控制系统主要由放大电路和解码电路组成,井下信号通过单芯电缆由耦合变压器传输至地面控制系统,井下信号由于长距离传输,为了保证信号的可靠性,对信号进行了曼彻斯特编码,而由于其幅值较小,因此进入地面控制系统后首先进行了一次放大,而井下信号被多噪声干扰,因此对一次放大的信号进行滤波处理,由于无源滤波必然造成信号的衰减,因此需要对滤波后的信号进行二次放大。将二次放大后的信号送入比较器与基准电压进行比较,生成脉冲信号,而脉冲信号可作为时钟信号送入 JK 触发器,从而完成信号解码,得到原始信号。

三、设计过程

1. 建立电路板文件:File\New\project\pcbproject。

2. 元件库的添加。

3. 保存文件。

4. 观察电路板管理器 Browse PCB 和绘图工作区的下方板层标签,单击板层标签,可以切换到不同板层,注意电路板管理器下方当前板层(current layer)的变化,及对应颜色的变化。

5. 电路板管理器 BrowsePCB。

(1)Browse/Libraries,添加删除元件库(add/remove),放置(component/place)编辑元件(component/edit)。

(2)Browse/Nets,用于选择网络,在网络显示区选择一个网络,对其编辑(edit)或放大缩小(zoom),节点显示区(nods)显示所选网络连接的节点(即原理图中的元件引脚,电路板中的焊盘),可以对节点定位(nods/jump)和编辑(nods/edit)。

(3)Browse/Component,用于选择元件,在元件显示区选择一个元件,对其编辑(edit)和定位(jump),焊盘显示区(pads)显示所选元件的焊盘(即原理图中的元件引脚),可以对节点定位(pads/jump)和编辑(pads/edit)。

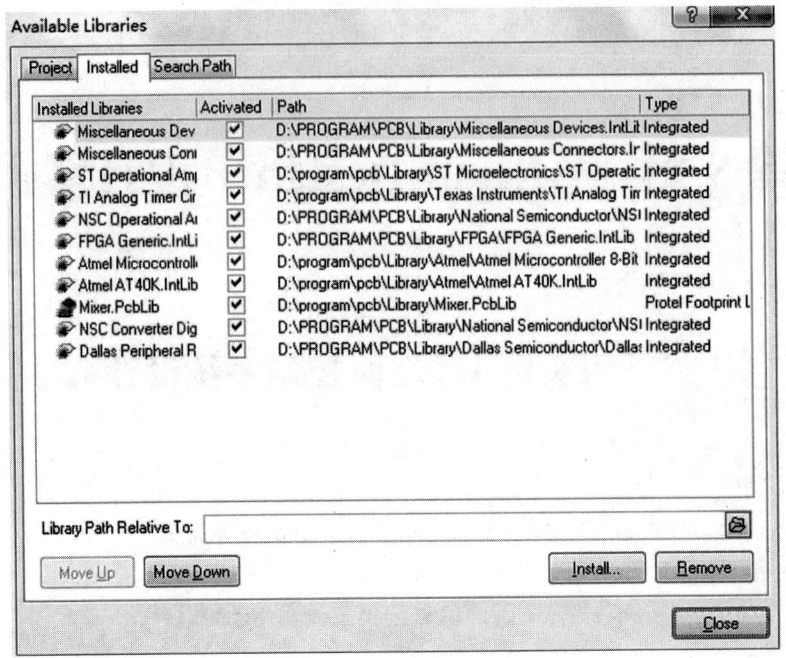

图 8.1.1　原理图元件封装库的添加

(4)Browse/Net Classes,对网络分类管理;Browse/Components Classes,对元件分类管理;Browse/Violations,检查 PCB 上违背规则的错误。

(5)电路板层增减 Design/layerstack manager。

(6)选择电路板层,根据实际电路的需要和各板层的作用,选择电路板层,design/options/layers。

(7)设置栅格大小和测量单位,design/options/options,栅格意义与原理图中相同。

(8)手工设置电路板边缘尺寸:130mm * 60mm 的矩形 PCB 板。用 Place/Track,在 Keepoutlayer 定义电气外形尺寸,在 mechanicallayer 定义机械外形尺寸(用 Edit/Origin 或 Placement Tools 工具上的设原点工具,在左下脚设相对坐标原点),用标尺标出尺寸。

(9)利用 Altium Designer 制图软件进行制图。打开 Altium Designer 制图软件,创建一个项目:PCB 项目,然后在这个 PCB 项目里创建一个原理图和一个 PCB 文件。在原理图上,从软件的元件库里调出所需元件,按电路图接好线,可得如图 8.1.2～图 8.1.6 所示的相关器件原理图。

(10)PCB 布线。将 Altium Designer 制图软件中的 PCB 原理图封装,布线。点击软件菜单栏中"设计"按钮,然后点击其下的"update PCB Document. PCB 2PcbDoc"按钮,就将 PCB 原理图封装,布线到创建的 PCB 文件上。

(11)PCB 三维显示。在 PCB 布线图的视图中,点击菜单栏中的"查看"按钮,然后点击其下的"显示三维 PCB 板"按钮,就得到 PCB 板三维图。

(12)PCB 板底层布线图。在 PCB 布线图的视图中,点击菜单栏中的"文件"按钮,然后点击其下的"打印预览"按钮,在出现的 PCB 板底层布线图。

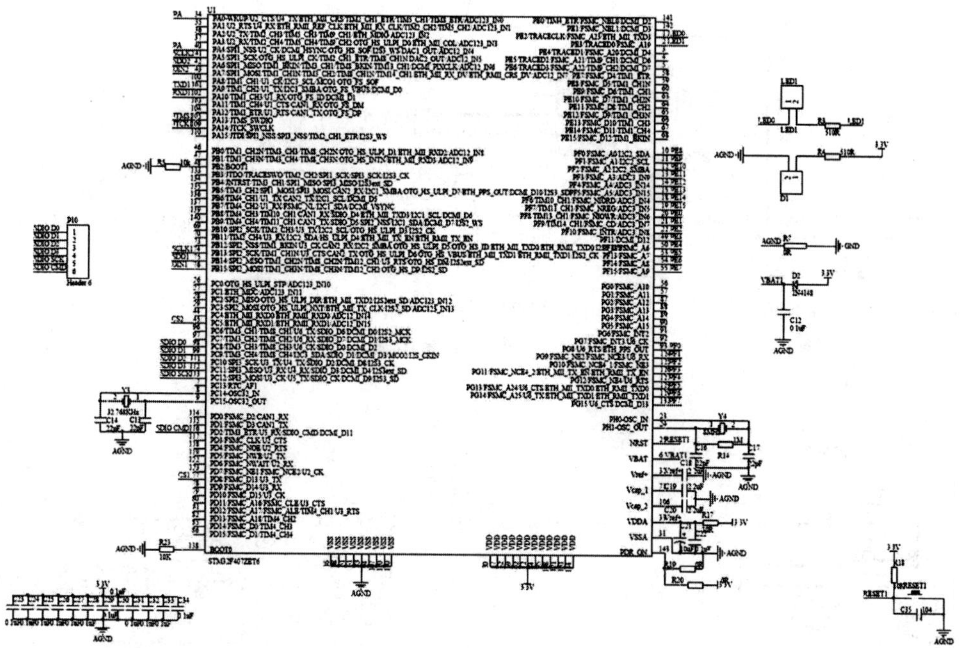

图 8.1.2 407 主电路

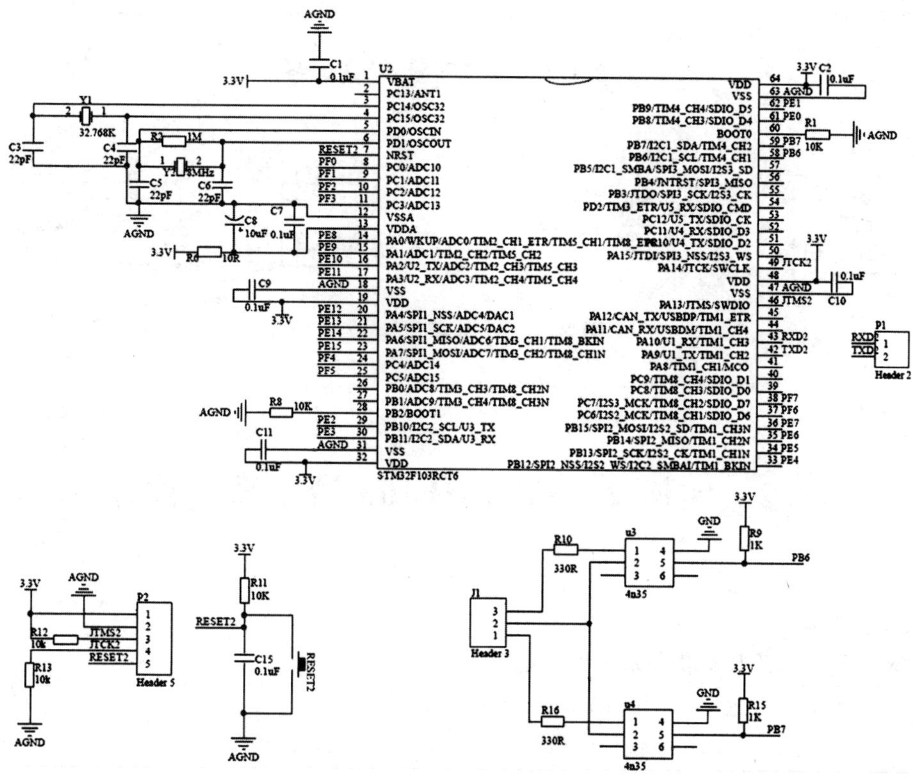

图 8.1.3 测深电路

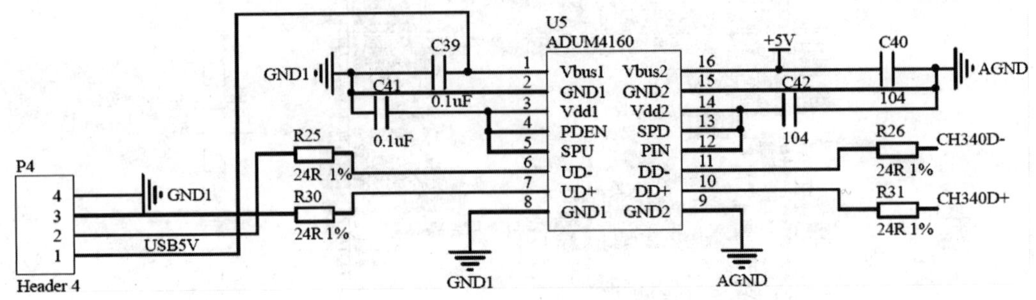

图 8.1.4　隔离电路

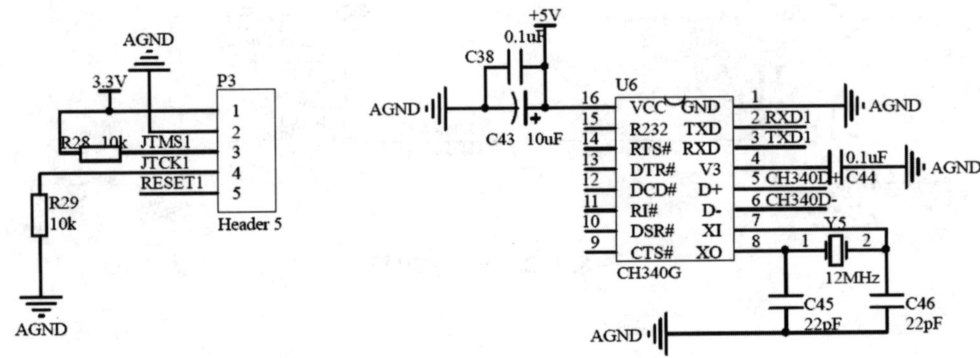

图 8.1.5　串口下载、通信电路

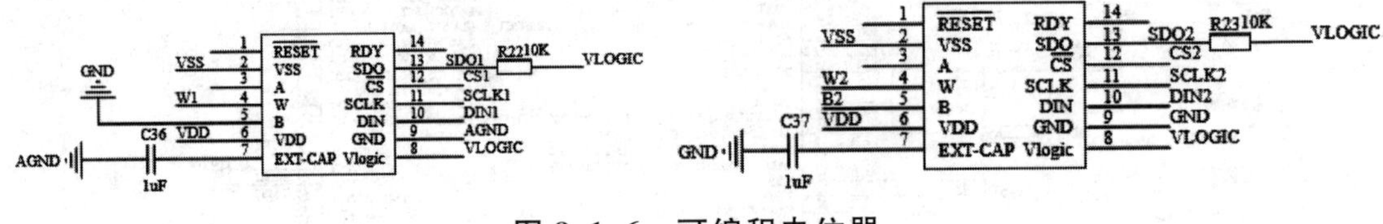

图 8.1.6　可编程电位器

8.2　实例 2　STM32F103 最小系统设计

一、设计要求

1. 掌握 STM32F103 最小系统设计的基本原理。
2. 掌握并能熟练运用 Altium Designer 仿真软件。
3. 采用 Altium Designer 软件，做出仿真结果及画出 PCB 板。

二、设计过程

1. 根据实物板设计方案。
2. 制作原理图组件。
3. 绘制原理图。
4. 选择或绘制元器件的封装。
5. 导入 PCB 图进行绘制及布线。
6. 进入 DRC 检查。

三、原理图绘制

1. 在菜单栏选择 File→New→Project→PCB Project。
2. 重新命名项目文件。

(1)单击 File→New→Schematic,或者在 Files 面板的 New 单元选择:Schematic Sheet。

(2)通过选择 File→Save As 来将新原理图文件重命名(扩展名为 STM32 最小系统.SchDoc),与工程保存在同一文件目录下。

(3)根据自己实际所需元件绘制原理图,并将所需器件的封装都添加到 libraries 里面。绘制原理图过程中所小器件基本上都可以从软件自带的库中找,有一些芯片是自己从网上下载得到。对于一些没有的可以通过新建部件库自己绘制(图 8.2.1～图 8.2.4)。

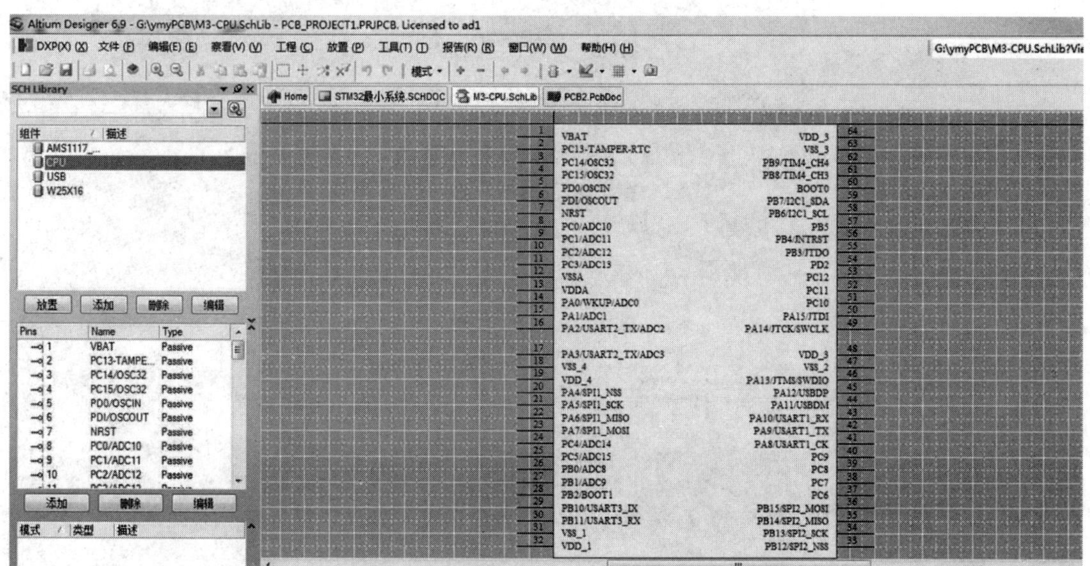

图 8.2.1　主芯片 STM32F103RCT6

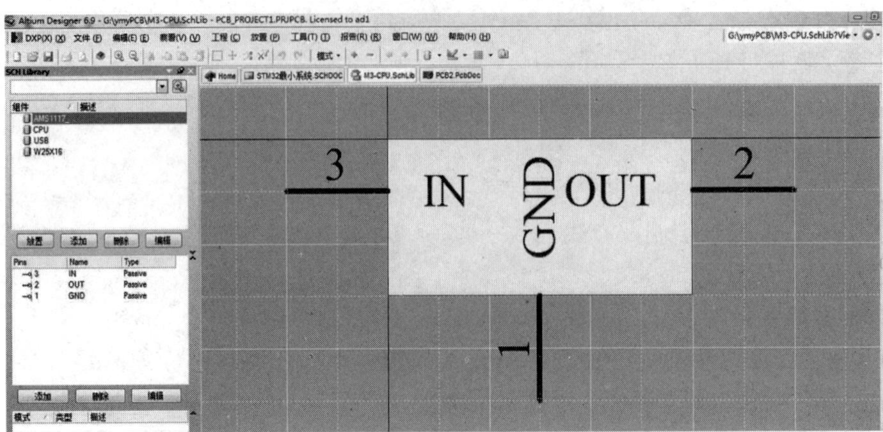

图 8.2.2　USB 供电模块中的芯片 AMS1117

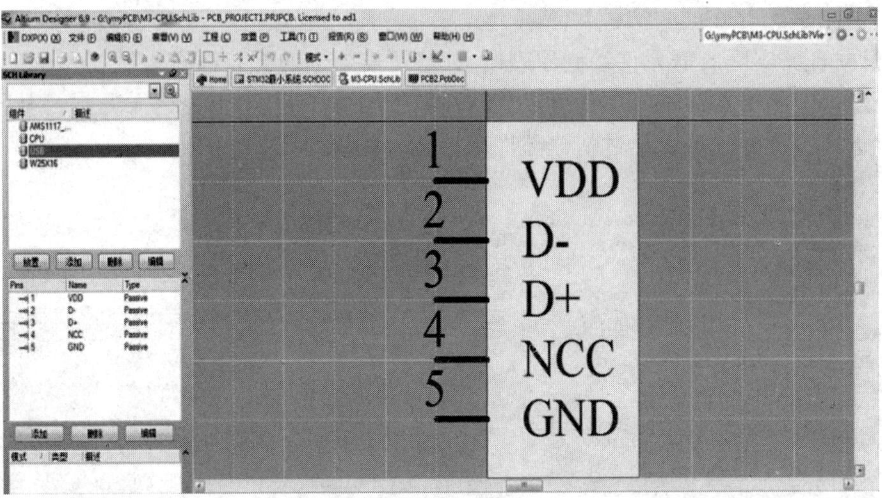

图 8.2.3　USB

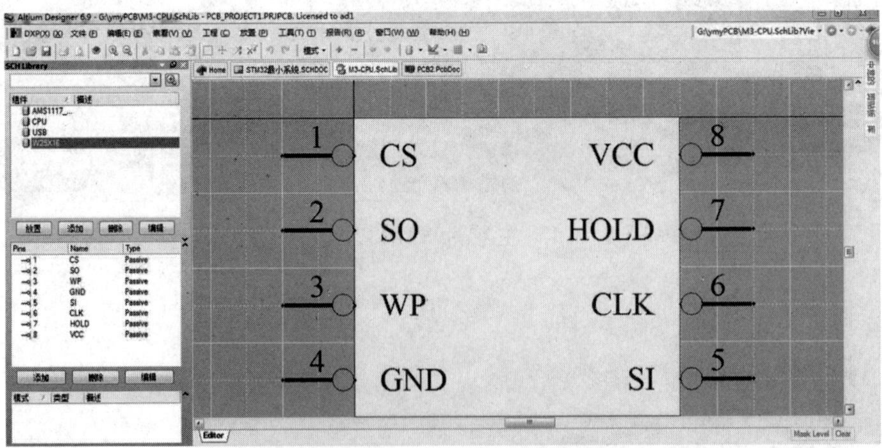

图 8.2.4　FLASH 模块的芯片 W25X16

四、绘制主要模块

(1)CPU 模块——STM32F103RCT6(基于 STM32 芯片 64 脚),如图 8.2.5 所示。

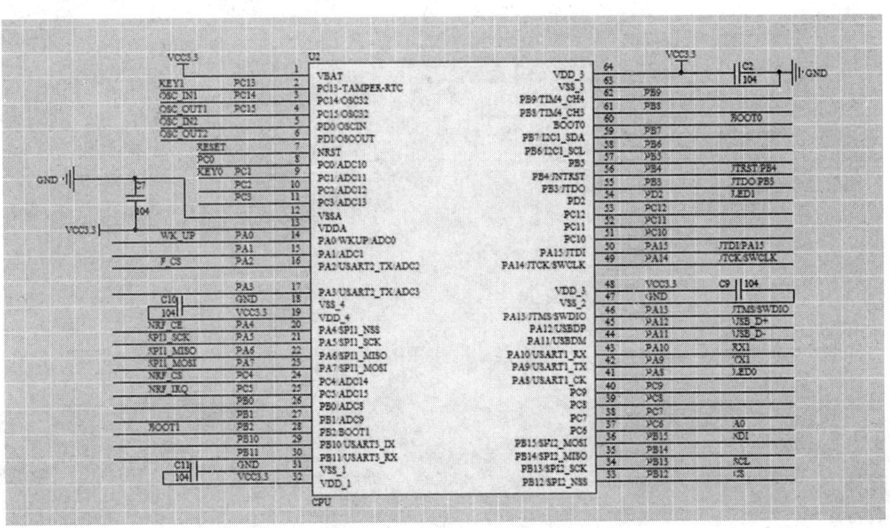

图 8.2.5　CPU 模块

(2)JTAG 调试接口模块,如图 8.2.6 所示。

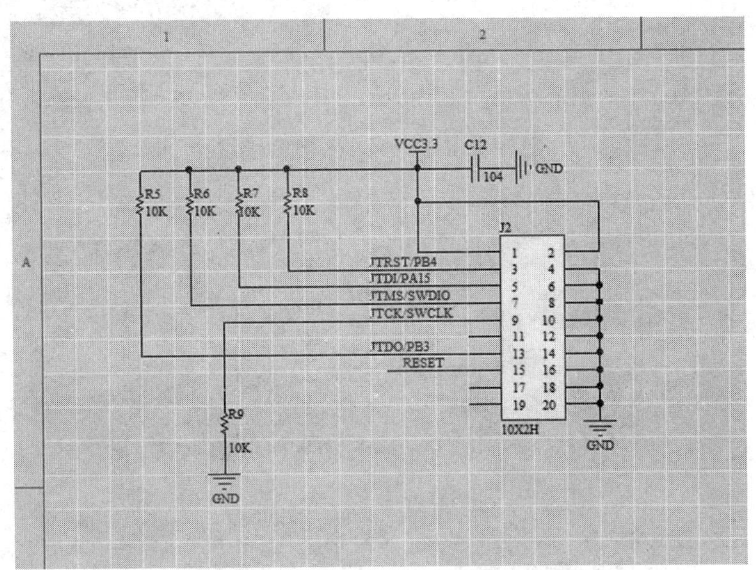

图 8.2.6　JTAG 调试接口模块

(3)RESET-复位模块,如图 8.2.7 所示。

(4)通用 IO 接口模块,如图 8.2.8 所示。

(5)系统时钟晶振模块,如图 8.2.9 所示。

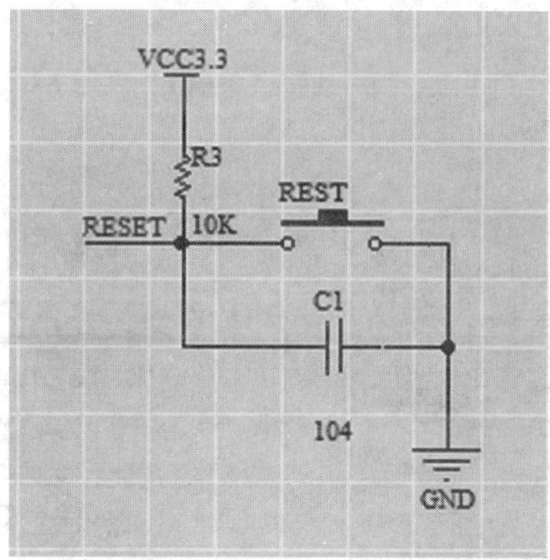

图 8.2.7　复位模块

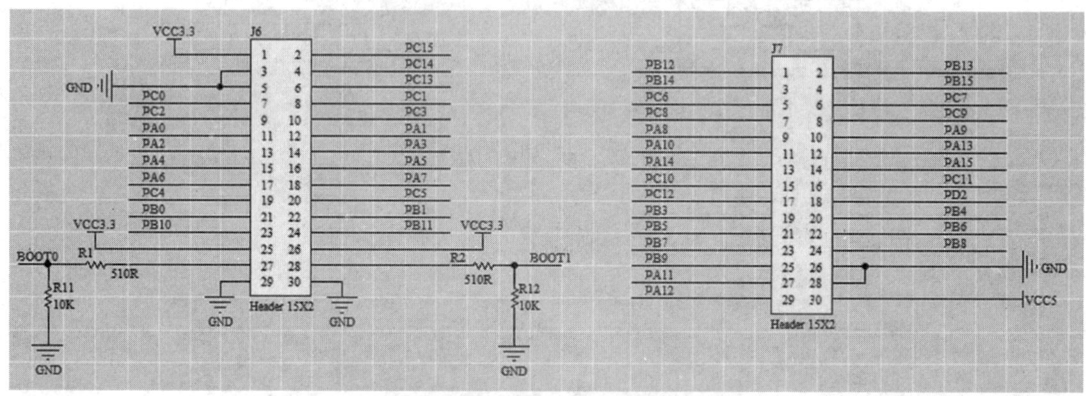

图 8.2.8　通用 IO 接口模块

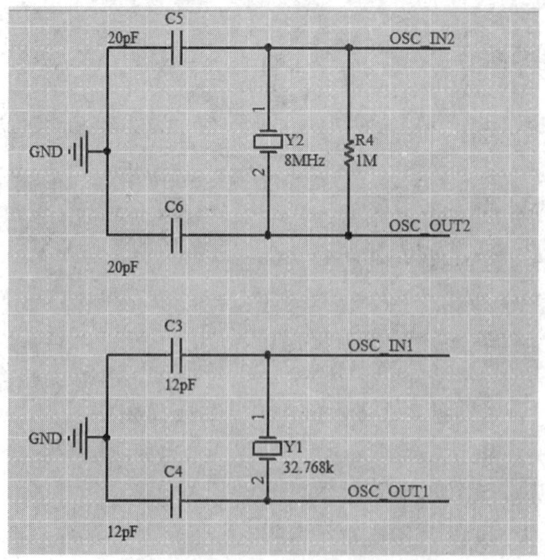

图 8.2.9　时钟晶振模块

(6)KEY(按键)模块,如图 8.2.10 所示。

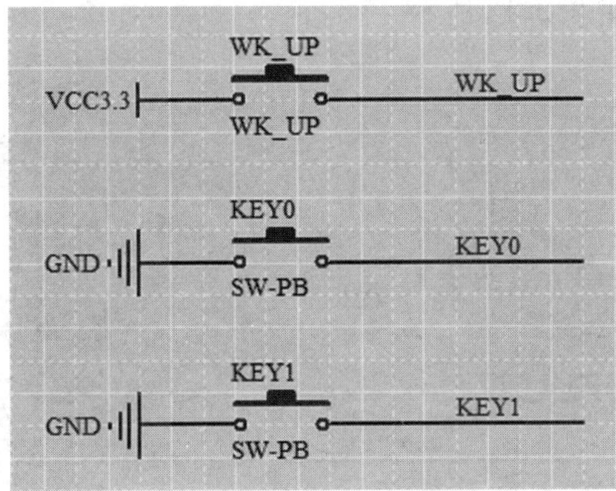

图 8.2.10　KEY(按键)模块

(7)LED 模块,如图 8.2.11 所示。

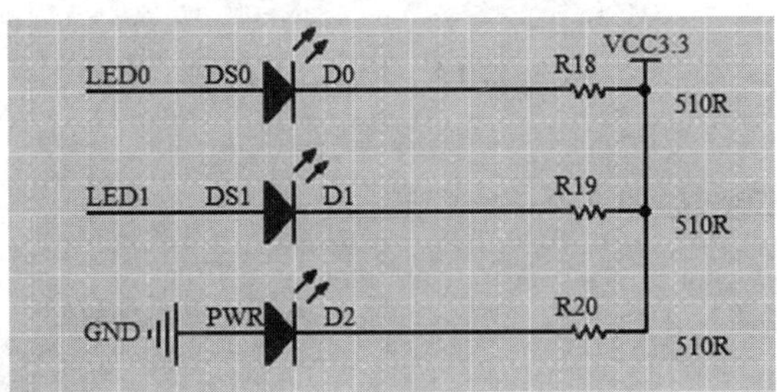

图 8.2.11　LED 模块

(8)USB 模块,如图 8.2.12 所示。

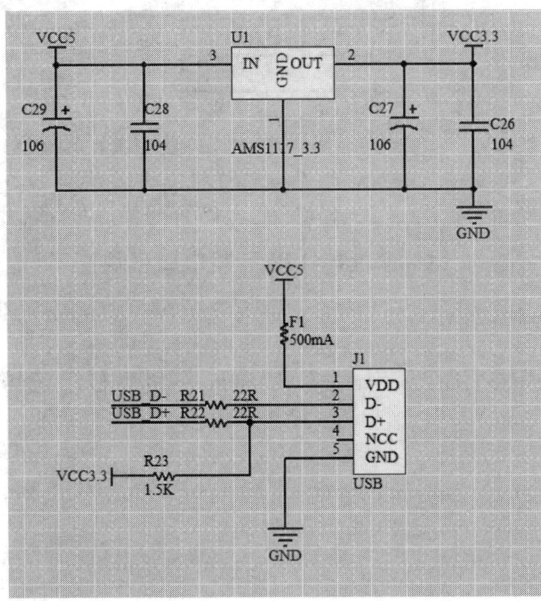

图 8.2.12　USB 模块

(9)FLASH 模块,如图 8.2.13 所示。

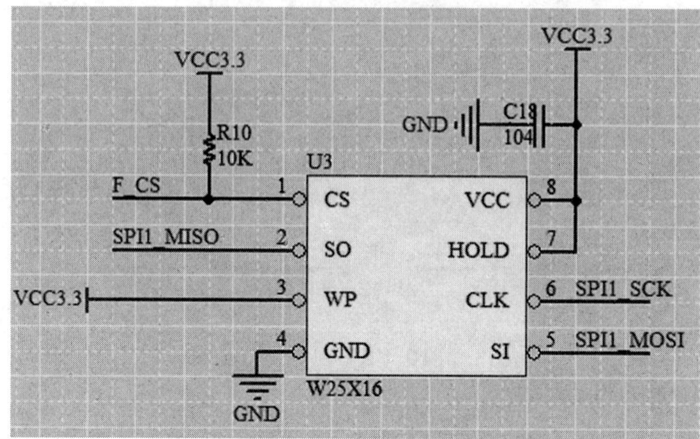

图 8.2.13　FLASH 模块

(10)ISP 下载串口模块,如图 8.2.14 所示。

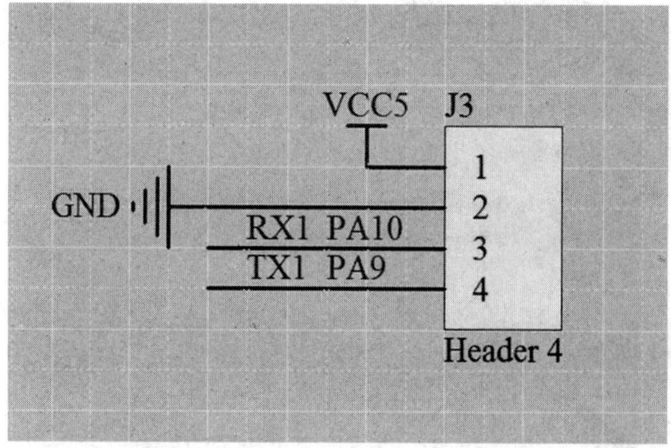

图 8.2.14　ISP 下载串口模块

5. 编译工程

选择工程——Compile PCB Project——Message 一栏中显示无错误和警告,证明原理图绘制正确(图 8.2.15)。

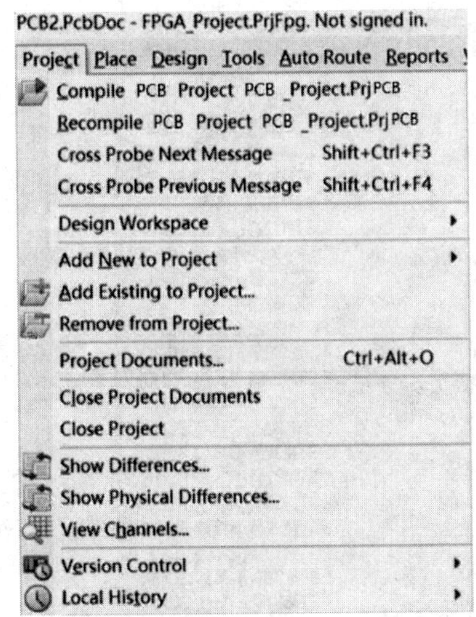

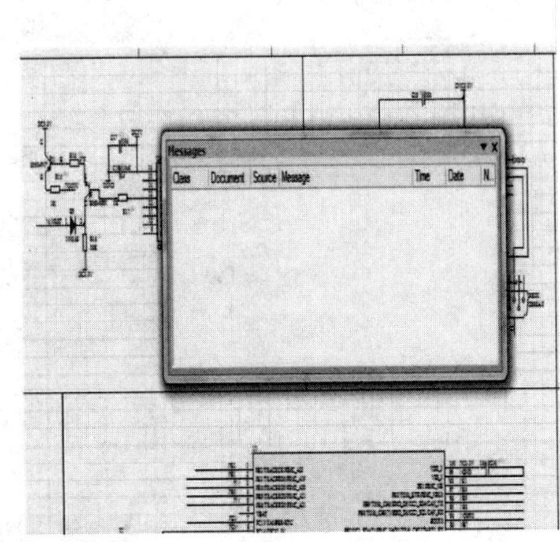

图 8.2.15　编译

四、选择封装

考虑各种实际因素以及个人喜好选择元件封装。所需的所有封装库前面已经添加到 Libraries。所有的器件及封装名称在封装管理器中，如图 8.2.16 与图 8.2.17 所示。

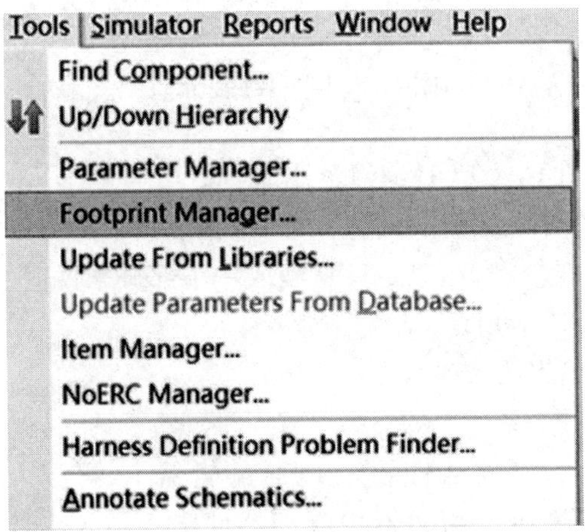

图 8.2.16　封装管理

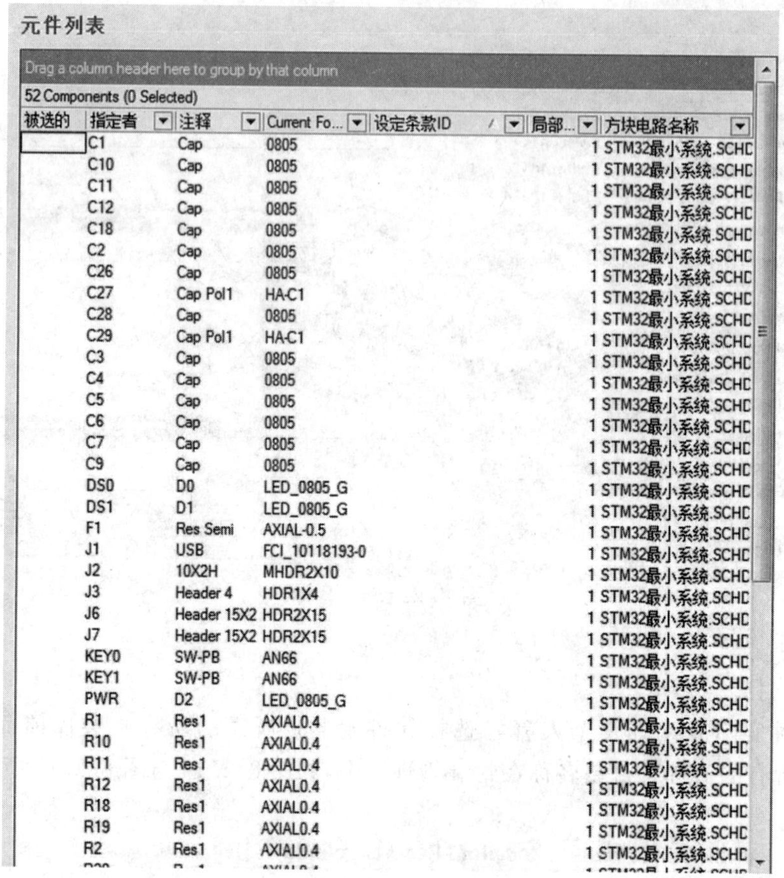

元件列表

Drag a column header here to group by that column

52 Components (0 Selected)

被选的	指定者	注释	Current Fo...	设定条款ID	局部...	方块电路名称
	C1	Cap	0805		1	STM32最小系统.SCHD
	C10	Cap	0805		1	STM32最小系统.SCHD
	C11	Cap	0805		1	STM32最小系统.SCHD
	C12	Cap	0805		1	STM32最小系统.SCHD
	C18	Cap	0805		1	STM32最小系统.SCHD
	C2	Cap	0805		1	STM32最小系统.SCHD
	C26	Cap	0805		1	STM32最小系统.SCHD
	C27	Cap Pol1	HA-C1		1	STM32最小系统.SCHD
	C28	Cap	0805		1	STM32最小系统.SCHD
	C29	Cap Pol1	HA-C1		1	STM32最小系统.SCHD
	C3	Cap	0805		1	STM32最小系统.SCHD
	C4	Cap	0805		1	STM32最小系统.SCHD
	C5	Cap	0805		1	STM32最小系统.SCHD
	C6	Cap	0805		1	STM32最小系统.SCHD
	C7	Cap	0805		1	STM32最小系统.SCHD
	C9	Cap	0805		1	STM32最小系统.SCHD
	DS0	D0	LED_0805_G		1	STM32最小系统.SCHD
	DS1	D1	LED_0805_G		1	STM32最小系统.SCHD
	F1	Res Semi	AXIAL-0.5		1	STM32最小系统.SCHD
	J1	USB	FCI_10118193-0		1	STM32最小系统.SCHD
	J2	10X2H	MHDR2X10		1	STM32最小系统.SCHD
	J3	Header 4	HDR1X4		1	STM32最小系统.SCHD
	J6	Header 15X2	HDR2X15		1	STM32最小系统.SCHD
	J7	Header 15X2	HDR2X15		1	STM32最小系统.SCHD
	KEY0	SW-PB	AN66		1	STM32最小系统.SCHD
	KEY1	SW-PB	AN66		1	STM32最小系统.SCHD
	PWR	D2	LED_0805_G		1	STM32最小系统.SCHD
	R1	Res1	AXIAL0.4		1	STM32最小系统.SCHD
	R10	Res1	AXIAL0.4		1	STM32最小系统.SCHD
	R11	Res1	AXIAL0.4		1	STM32最小系统.SCHD
	R12	Res1	AXIAL0.4		1	STM32最小系统.SCHD
	R18	Res1	AXIAL0.4		1	STM32最小系统.SCHD
	R19	Res1	AXIAL0.4		1	STM32最小系统.SCHD
	R2	Res1	AXIAL0.4		1	STM32最小系统.SCHD

图 8.2.17　封装元件

最终的封装可以在器件导入 PCB 编辑器中看到。

选择完封装，在将器件导入之前，可以生成网络报表，网络报表中可以看到一些器件的具体信息。由于网络报表内容较多，在这儿只是截取一小部分来说明。其余的都差不多，之后可以在工程中看到。如图 8.2.18 所示。

五、将器件导入 PCB 编辑器

(1)选择新建 PCB。

(2)在原理图界面选择设计将器件导入 PCB 编辑器中，再导入过程使更改生效，若没有错误，之后关闭，这时可以在 PCB 编辑器中看到器件已经导入。将器件刚导入，如图 8.2.19 所示。

space1.DsnV　工作台
_Project.PrjPCB　工程
件视图　构在编辑器
PCB_Project.PrjP(
Source Documents
温度传输.SchD
温度传输.PcbD
Settings
Libraries
PCB Library Doc
LY-STM32 (C
Schematic Librar
CON6.SchLib
PNP.SchLib
Generated
Documents
Design Rule C
EDIF Files
PCB_Project.f
VHDL Files

```
(edif PCB_Project_PrjPCB
  (edifVersion 2 0 0)
  (edifLevel 0)
  (keywordMap
    (keywordLevel 0)
  )
  (status
    (written
      (timeStamp 2016 6 19 20 52 58)
      (program "Altium Designer - EDIF For PCB"
        (version "1.0.0")
      )
      (author "EDIF For PCB")
    )
  )

  (library COMPONENT_LIB
    (edifLevel 0)
    (technology
      (numberDefinition
        (scale  1  1  (unit  distance))
      )
    )
    (cell (rename &2N3904 "2N3904")
      (cellType GENERIC)
      (view netListView
        (viewType NETLIST)
        (interface
          (port (rename &1 "1") (direction INOUT))
          (port (rename &2 "2") (direction INOUT))
          (port (rename &3 "3") (direction INOUT))
        )
      )
    )
```

图 8.2.18　封装报表

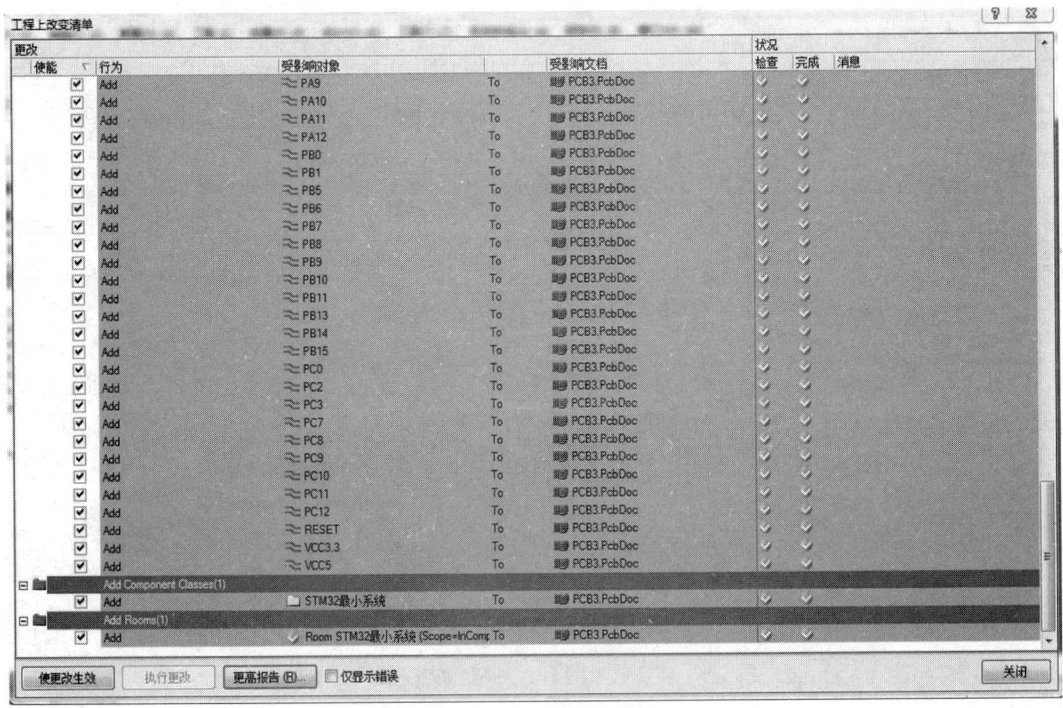

图 8.2.19　器件导入

(3)排版。导入之后依据个人喜好及实际情况选择布局(图 8.2.20)。

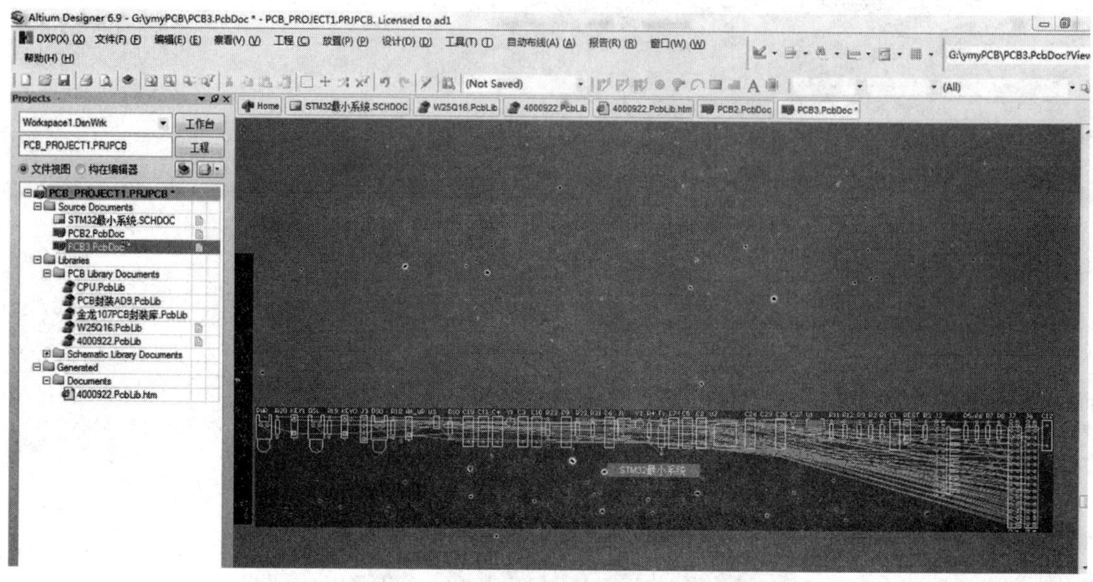

图 8.2.20　排版

(4)设计规则及布线。在布线之前要设计规则选择实际实用的线宽,安全距离,还有焊盘等的内外半径设置(图 8.2.21)。

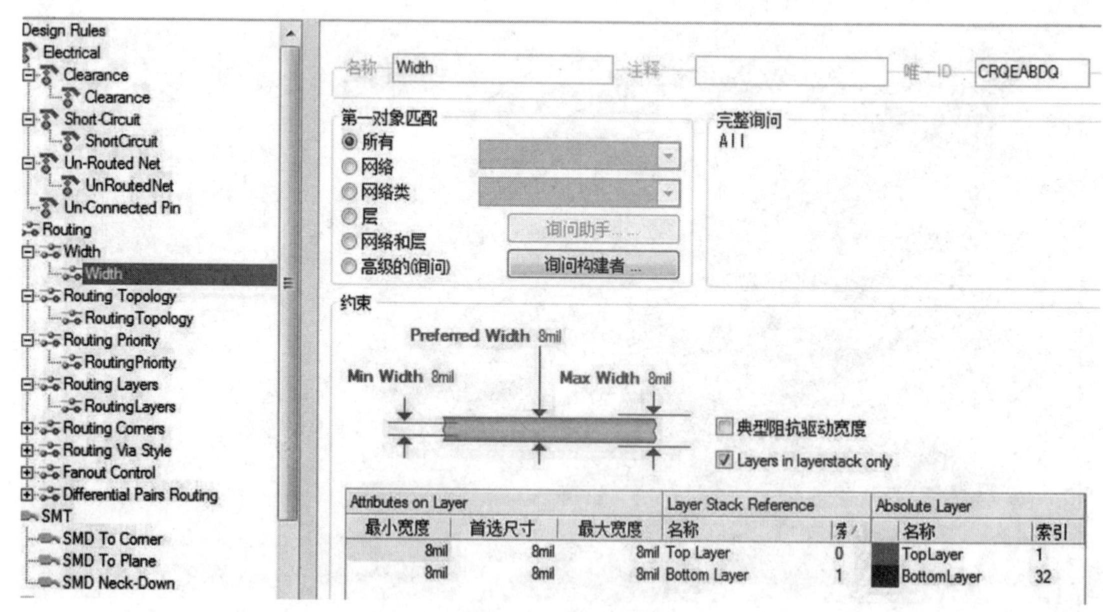

图 8.2.21　选择线宽

设置好之后就在排好版的基础上选择自动布线(图 8.2.22)。

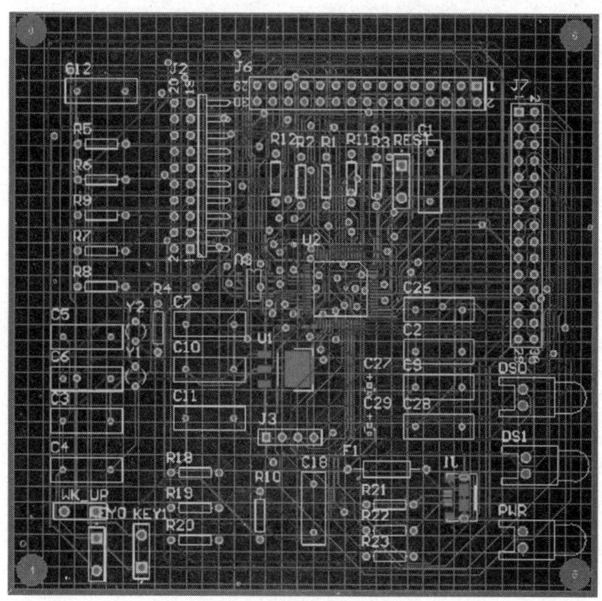

图 8.2.22　自动布线

自动布线完了之后再手动调整一些不合适的线还有没连到一起的线。

(5)敷铜。敷铜时要注意除去死铜,还有选择有散热功效的敷铜方式。首先给顶层敷铜,敷铜之后如图 8.2.23 所示。然后给底层敷铜,如图 8.2.24 所示。

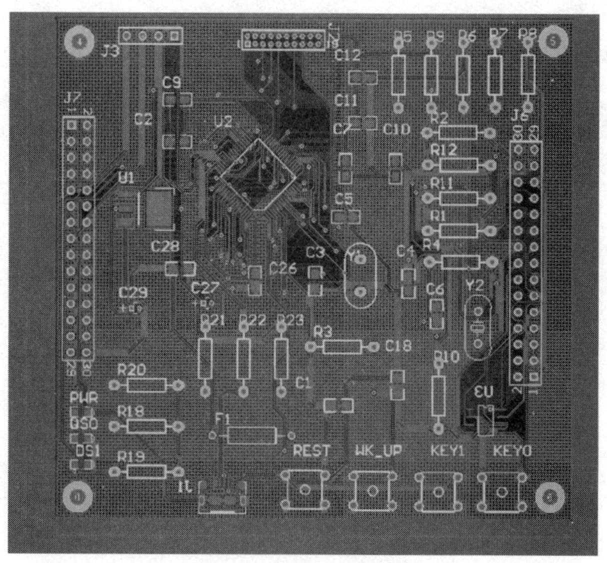

图 8.2.23　顶层敷铜

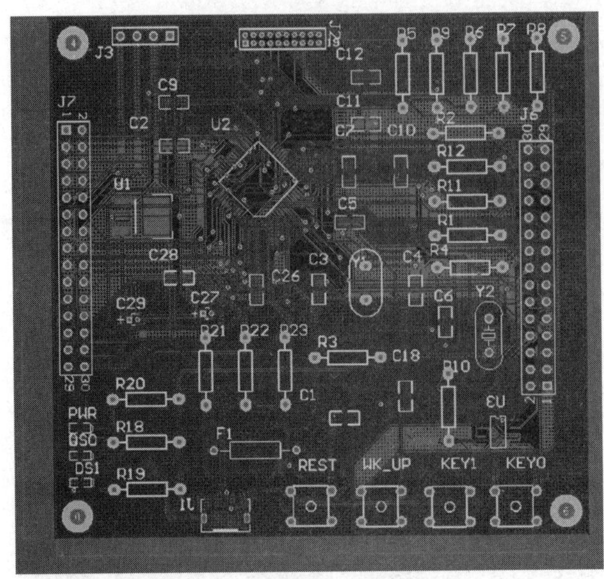

图 8.2.24　底层敷铜

(6)电气规则检查。显示 0 错误 0 警告,说明 PCB 图基本制成了(图 8.2.25)。

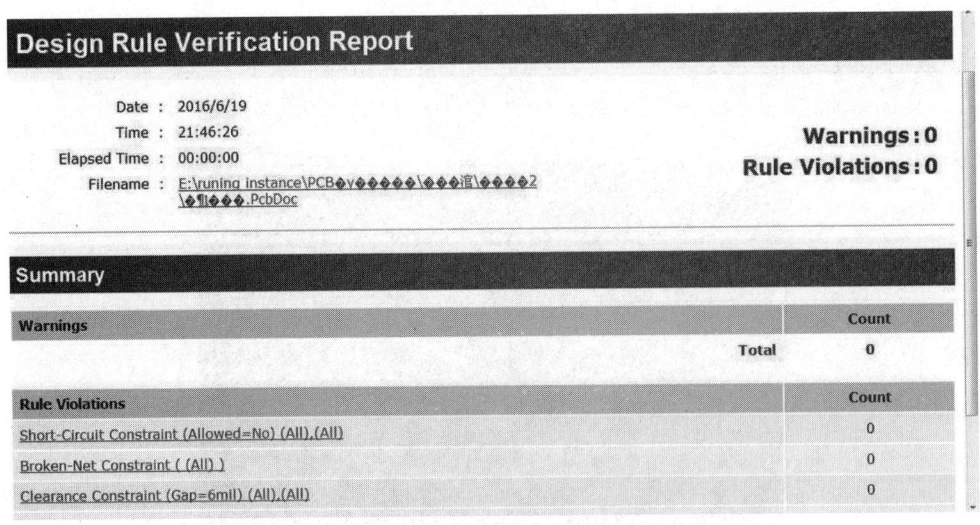

Design Rule Verification Report

Date : 2016/6/19
Time : 21:46:26
Elapsed Time : 00:00:00
Filename : E:\runing instance\PCB�y�����\���谊\����2\�¶���.PcbDoc

Warnings : 0
Rule Violations : 0

Summary

Warnings	Count
Total	0

Rule Violations	Count
Short-Circuit Constraint (Allowed=No) (All),(All)	0
Broken-Net Constraint ((All))	0
Clearance Constraint (Gap=6mil) (All),(All)	0

图 8.2.25　电气规则检查

第三篇

基于 VHDL 的数字系统设计

VHDL 全名 Very-High-Speed Integrated Circuit Hardware Description Language,用于描述数字系统的结构、行为、功能和接口。利用 VHDL 数字电路系统的设计可以从顶层到底层逐层描述设计思想,用一系列分层次的模块来表示极其复杂的数字系统,在此基础上利用电子设计自动化工具,逐层进行仿真验证,再把其中需要变为实际电路的模块组合,经过自动综合工具转换到门级电路网表,最后利用可编程门阵列自动布局布线工具,把网表转换为要实现的具体电路布线结构。采用 VHDL 开发数字系统,可以极大提高设计的可靠性并缩减开发周期,已经成为现代电子设计系统的主流。

第9章　VHDL语言基础

VHDL是一种强数据类型语言，要求设计实体中的每一个常数、信号、变量、函数以及设定的各种参量都必须具有确定的数据类型，并且相同数据类型的量才能互相传递和作用，因此本章对vhdl的数据类型及定义对象进行介绍。

9.1　VHDL语言的客体

VHDL语言中凡是可以赋值的对象称为客体。VHDL语言的客体包括常量（CONSTANT）、变量（VARIABLE）以及信号（SIGNAL）。

9.1.1　常量(CONSTANT)

常量是指在设计实体中不会发生变化的值，从硬件电路系统来看，常量相当于电路中的恒定电平，如GND或VCC接口，常数说明就是对某一常数名赋予一个固定的值。

常数说明语句格式为**CONSTANT** 常数名：数据类型：=表达式；

例如：
```
CONSTANT Vcc:REAL:=5.0;
CONSTANT Fbus:BIT_VECTOR:="1011";
CONSTANT Delay:TIME:=10 ns;
```

需要注意的是：

(1)常量设置使得设计实体中的常数易阅读和修改。如将位矢的宽度定义为一个常量，只要修改这个常量就能改变宽度，从而改变硬件结构。

(2)常量是一个恒定不变的值，一旦作了数据类型的赋值定义后，在程序中不能再改变。

(3)常量所赋的值应与其所定义的数据类型一致，否则出错。

(4)常量定义在程序包中，具有最大全局化特征，可以用在调用此程序包的所有设计实体中。

(5)常量定义在设计实体中，有效范围为这个实体定义的所有结构体。

(6)常量定义在设计实体某一结构体中的常量，只能用于此结构体。

(7)常量定义在结构体某一单元的常量，如一个进程中，则这个常量只能用在这一进程中。

9.1.2 变量(VARIABLE)

变量主要用于对暂时数据进行存储,它不能将信息带出对它作出定义的当前单元。

变量的定义语句为 **VARIABLE** 变量名:数据类型:约束条件:=初始值;

例如:VARIABLE n:INTEGER RANGE 0 TO 15:=2;

VARIABLE a:INTEGER;

VARIABLE count1,count2,count3:integer range 0 to 255:=0;

变量可以被连续地进行赋值,变量的赋值采用的符号是":=",语句为目标变量名:=表达式;

例如:
```
VARIABLE   a:BIT_VECTOR(0 TO 7);
VARIABLE   b:BIT;
VARIABLE   x:real;
a:=  "1010101";   --------------位矢量赋值
b:=  '0';         --------------位赋值
x:=  100.0;       --------------实数赋值
```

变量使用要点:

(1)赋值语句":="右边的表达式必须与目标变量具有相同的数据类型,这个表达式可以是一个运算表达式也可以是一个数值。变量赋值语句左边的目标变量可以是单值变量,也可以是变量的集合。

(2)变量是一个局部量,只能在进程和子程序中使用,不能将信息带出对它作出定义的当前设计单元。

(3)变量赋值立即发生,无延时行为。

9.1.3 信号(SIGNAL)

信号是描述硬件系统的基本数据对象,它是设计实体中并行语句模块间动态交换数据的手段,在物理上信号对应着硬件设计中的一条连接线。

信号定义语句的格式为 **SIGNAL** 信号名:数据类型:约束条件:=表达式;

例如:
```
SIGNAL   S1:STD_LOGIG:=0;
SIGNAL   S2,S3:BIT;
SIGNAL   S4:STD_LOGIC_VECTOR(15 DOWNTO 0);
```

信号赋值语句表达式为目标信号名 <=表达式;

例如:
```
x <=y;
a <='1';
s1 <=s2 AFTER 10 ns;
```

注意:变量和信号都必须先定义,后赋值。在进程中,可以允许同一信号有多个赋值源,即在同一进程中存在多个同名的信号被赋值,其结果只是最后的赋值语句被启动。

例 9-1：

```
  ……
SIGNAL a,b,c,y,z:integer;
  ……
PROCESS(a,b,c)
  BEGIN
      y <=a * b;    -------------不对 y 进行赋值
      z <=c-x;
      y <=b;        -------------y 的最后赋值
END PROCESS;
  ……
```

9.1.4　信号与变量赋值语句功能的比较

信号与变量赋值语句功能的比较见表 9.1.1。

表 9.1.1　信号与变量赋值语句功能的比较

	基本用法	适用范围	行为特性
变量	在进程中作为局部数据存储单元使用	只能在所定义的进程中使用	赋值是没有延迟的，在进程中是立即赋值
信号	在电路中作为信号连线使用	在整个结构体内的任何地方都能适用	赋值具有一定的延迟，在进程中，只在进程的最后才对信号赋值

9.2　VHDL 语言的数据类型

前面介绍了 VHDL 的客体，对于每一个对象来说，都要指定特定的唯一数据类型，对某对象进行操作的类型必须与该对象的类型相匹配，不同类型之间的数据不能直接代入，即使数据类型相同，而位长不同也不能进行代入。VHDL 的强类型特性，使 VHDL 在进行硬件描述时具有很高的灵活性。

VHDL 提供多种用来指定对象的数据类型，分为可以随时获得的预定义数据类型和用户自定义数据类型两类。预定义数据类型是 VHDL 中最常用、最基本的数据类型，这些数据类型都已在 VHDL 的标准程序包 Standard 和 std_logic_1164 及其他的标准程序包中作了定义，可在设计中随时调用。

9.2.1　VHDL 中预定义的数据类型

预定义数据类型是 VHDL 中最常用、最基本的数据类型，这些数据类型都已在 VHDL 的标准程序包 Standard 和 std_logic_1164 及其他的标准程序包中作了定义，可在设计中随时调用。

(1)整数(INTEGER)。整数与数学中整数的定义相似，包含了正整数、负整数和零，可以进行加“+”、减“-”算术运算。在 VHDL 语言中，整数的表示范围为 -2 147 483 647～2 147 483 647，即从 $-(2^{31}-1)$ 到 $(2^{31}-1)$。当对象的数据类型定义为整数时，范围应有约束。

例：VARIABLE A：INTEGER RANGE-128 TO 128；

整数常量的书写方式如：2、10E4、16＃D2＃、2＃11011010＃。

(2)实数(REAL)。或称浮点数，类似于数学上的实数，在进行算法研究或实验时，作为对硬件方案的抽象手段，常常采用实数四则运算。实数的定义值范围为 -1.0E+38～+1.0E+38。实数有正负数，书写时一定要有小数点。例如：-1.0，+2.5，-1.0E38，8＃43.6＃E+4。

(3)位(BIT)。位通常用单引号括起来，用来表示数字系统中的信号值。位值用字符‘0’或者‘1’表示信号的状态。与整数中的 1 和 0 不同，‘1’和‘0’仅仅表示一个位的两种取值。位数据可以用来描述数字系统中总线的值。例如：BIT(‘1’)。

(4)位矢量(BIT_VECTOR)。位矢量通常表示总线状态，一组数位用双引号括起来，例如：“11001101”，位矢量在赋值时要保证位数相等。

例 9-2：
```
SIGNAL  A:BIT_VECTOR(7 DOWNTO 0);
SIGNAL  B:BIT_VECTOR(3 DOWNTO 0);
SIGNAL  C:BIT;
B<=A(7 DOWNTO 4);
A(7 DOWNTO 4)<=A(3 DOWNTO 0);
A(3 DOWNTO 0)<=B;
A(7)<=C;
```

(5)布尔量(BOOLEAN)。布尔量常用来表达信号的状态，或者总线上的控制权，仲裁情况，忙、闲状态等。布尔量具有两种状态：“TRUE”或者“FALSE”。EDA 工具对设计进行仿真时，对客体的布尔量进行核查，缺省设置为“FALSE”。虽然布尔量也是二值枚举量，但它没有数值的含义，也不能进行算术运算，只能进行逻辑运算。

(6)字符(CHARACTER)。字符的定义通常用单引号括起来，字符量中的字符可以是字母、数字、空格以及 MYM，@，%等特殊字符，包集合 standard 中给出了预定义的 128 个 ASCⅡ码字符，不能打印的用标识符给出。需要注意的是 VHDL 对字符量大小写敏感，例如，‘A’不同于‘a’。可以使用 CHARACTER 函数明确数字的字符数据时，如字符‘2’写为：CHARACTER(‘2’)。

(7)字符串(STRING)。字符串数据类型是字符数据类型的一个非约束型数组，或称为字符串数组。字符串必须用双引号标明。字符串常用于程序的提示和说明。字符串举例如下：

```
VARIABLE string_1:STRING(0 TO 3);
    ⋮
string_1:="a b c d";
```

(8)时间(TIME)。时间是 VHDL 中唯一的预定义物理类型。完整的时间量数据应包含数值和单位两部分，而且数值和单位之间至少应留一个空格的位置。在系统仿真时，时间数据特别有用，用它可以表示信号延时，从而使模型系统能更逼近实际系统的运行环境。

例如55 sec,2 min等。

在包集合STANDARD中给出了时间的预定义，其单位为fs,ps,ns,μs,ms,sec,min和hr。例如:20 μs,100 ns,3 sec。

(9)错误等级(SEVERITY LEVEL)。错误等级用来表征系统的状态，错误等级的类型数据共有4种:note(注意),warning(警告),error(出错),failure(失败)。在系统仿真过程中可以用这4种状态来提示系统当前的工作情况。

(10)大于等于零的整数(自然数)(NATURAL)和正整数(POSITIVE)，这两种数据是整数的子类，NATURAL类数据为取0和0以上的正整数；而POSITIVE则只能为正整数。

9.2.2 IEEE预定义标准

上述10种数据类型是VHDL语言中标准的数据类型，在编程时可以直接引用。如果用户需使用这10种以外的数据类型，则必须进行自定义。大多数的CAD厂商已在包集合中对标准数据类型进行了扩展。

9.2.2.1 IEEE预定义标准逻辑位与矢量

(1)标准逻辑位(std_logic)数据类型。STD_LOGIC的定义如下：

TYPE STD_LOGIC IS('U','X','0','1','Z','W','L','H','—');

各值的含义是：

'U'——未初始化的，'X'——强未知的，'0'——强0，'1'——强1，'Z'——高阻态，'W'——弱未知的，'L'——弱0，'H'——弱1，'—'——忽略。

(2)标准逻辑矢量(std_logic_vector)数据类型，是std_logic的数组形式。因为是IEEE的预定义数据类型，使用时必须先打开IEEE库。

即:
```
library ieee;
use ieee.std_logic_1164.all;
```

9.2.2.2 其他预定义标准数据类型

Synopsys公司在IEEE库中加入的程序包STD_LOGIC_ARITH中定义了3种数据类型，下面是其中常用的2种。

(1)无符号数据类型(UNSIGNED TYPE)

UNSIGNED数据类型代表一个无符号的数值，以二进制数表示，二进制数的左边为最高位。

(2)有符号数据类型(SIGNED TYPE)

SIGNED数据类型代表一个有符号的数值，综合器将其解释为补码，最高位为符号位。例如：

```
VARIABLE var1:UNSIGNED(0 TO 10);
VARIABLE var2:SIGNED(0 TO 10);
```

var1 和 var2 分别定义为 UNSIGNED 和 SIGNED 数据类型，其数值意义是不一样的。

使用上述数据类型时，应作如下声明：

library ieee;

use ieee. std_logic_arith. all;

9.2.3 用户自定义的数据类型

用户自定义的数据类型有：枚举（ENUMERATED）类型、整数（INTEGER）类型、实数（REAL）、浮点数（FLOATING）类型、数组（ARRAY）类型、存取（ACCESS）类型、文件（FILE）类型、记录（RECORDE）类型以及时间（TIME）类型（物理类型）。用户自定义数据类型是用类型定义语句实现的，格式如下：

TYPE 数据类型名 IS 数据类型定义；

或：TYPE 数据类型名 IS 数据类型定义 OF 基本数据类型；

其中：数据类型名由设计者自定；数据类型定义部分用来描述所定义元素的表达方式和表达内容；基本数据类型是指数据类型定义中所定义的基本数据类型，一般都是取已有的预定义数据类型。例如：type week is(sun,mon,tue,wed,thu,fri,sat)。

（1）枚举数据类型。

VHDL 中的枚举数据类型是一种特殊的数据类型，是用文字符号来表示一组实际的二进制数。例如：type m_state is(state1,state2,state3,state4,state5)；

signal p_state,n_state:m_state;

枚举数据类型也可以使用数值来定义，如：type my_logic is('1','z','u','0')。

（2）整数型、实数型。用户自定义的整数型实际上是预定义整数的一个子类，例如

type my_integer is integer range-100 to 100;

type school_grade is integer range 1 to 6;

同样实数型也可以类似表示，例如：

type current is real range-3e5 to 2e6;

（3）数组类型。

数组类型将一组具有相同数据类型的元素集合在一起，作为一个数据对象来处理。数组可以是一维（每个元素只有一个下标）或多维（每个元素有多个下标）数组。数组的元素可以是任何一种数据类型，用以定义数组元素的下标范围子句决定了数组中元素的个数以及元素的排序方向，即下标数是由低到高，或是由高到低。

限定性数组定义语句格式如下：**type** 数组名 IS ARRAY（数组范围）OF 数据类型；

其中，数组名是限定性数组类型的名称，可以是任何标识符，其类型与数组元素相同；数组范围明确指出数组元素的定义数量和排序方式，以整数来表示其数组的下标。例如：type STB is array(7 DOWNTO 0)of STD_LOGIC。

说明：数组类型的名称是 STB，它有 8 个元素，它的下标排序 7,6,5,4,3,2,1,0，各元素的排序是 STB(7),STB(6),…,STB(1),STB(0)。

对数组的赋值有两种方法：一是对整个数组进行一次赋值；二是按照下标对每一个数组元

素进行赋值。

例 9-3:type data_bus is array(0 to 3)of bit;

```
signal a:data_bus;
整体赋值:a <="0101";
分别赋值:a(0)<='0';
         a(1)<='1';
     a(2)<='0';
     a(3)<='1';
```

非限制性数组的定义语句格式如下:

TYPE　数组名　IS ARRAY　(数组下标名　RANGE< >)OF 数据类型;

其中,数组名是非限制性数组类型的取名;数组下标名是以整数类型设定的一个数组下标名称;符号"< >"是下标范围待定符号,用到该数组类型时,再填入具体的数值范围;数据类型是数组中每一元素的数据类型。例如:

```
TYPE BIT_VECTOR IS ARRAY(NATURA  RANGE<>)OF BIT;
VARABLE VA:BIT_VECTOR(1 TO 6);——将数组取值范围定在 1~6
```

(4)记录类型。将不同类型的数据和数据名组织在一起,而形成新的对象。语句格式如下:

```
TYPE 记录类型名 IS RECORD
    记录元素名 1:数据类型名;
    记录元素名 2:数据类型名;
    ……
    END RECORD;
```

例如:

```
type c_time is record
    year:integer range 0 to 3000;
    month:integer range 1 to 12;
    date:integer range 1 to 31;
    enable:bit;
    data:std_logic_vector(15 downto 0);
  end record;
  signal number:c_time;
```

对于记录类型的对象的赋值和数组类似,可以对其进行整体赋值,也可分别赋值,一个记录的每一个元素要由它的记录元素名来进行访问。从记录类型的对象中提取记录元素时应使用". "。

对记录元素整体赋值:

```
number <=(2020,10,14,'1',data_in);
```

对记录元素分别赋值:

```
number. year <=2020;
number. month <=10;
```

```
number. date <=14;
number. enable <='1';
number. data <=data_in;
```

(5)时间类型。表示时间的数据类型,其书写格式:

```
TYPE  数据类型名  IS  范围;
UNITS  基本单位;
单位;
END  UNITS;
```

例如:

```
TYPE time IS RANGE -2 147 483 647 TO 2 147 483 647
        units
          fs;——飞秒,VHDL 中的最小时间单位
        ps=1000 fs;——皮秒
        ns=1000 ps;——纳秒
        μs=1000 ns;——微秒
        ms=1000 μs;——毫秒
        sec=1000 ms;——秒
        min=60 sec;——分
        hr=60 min;——时
    end units;
```

9.2.4 用户定义的子类型

用户定义的子类型是用户从已定义的基本数据类型中取连续子集合加以定义,子类型满足原数据类型的所有约束条件,子类型定义的一般格式为:

SUBTYPE 子类型名 IS 基本数据类型 range 约束范围;

上述格式中的子类型名由设计者自定;基本数据类型必须是前面已有过 type 定义的类型。例: subtype dig is integer range 0 to 9;

其中,integer 是标准程序包中已定义过的数据类型,子类型只是把 integer 约束到只含 10 个值的数据类型。

9.2.5 数据类型转换

VHDL 为强定义类型语言,不同类型的数据不能进行运算和直接赋值,实现数据类型的转换有函数转换法、类型标记法和常数转换法。

9.2.5.1 用函数进行类型转换

VHDL 语言中,程序包中提供了变换函数,这些程序包有 3 种,每个程序包中的变换函数不一样。如表 9.2.1 所示。

表 9.2.1　类型转换函数表

函数名	功能
std_logic_1164 程序包 to_std_logic_vector to_bit_vector to_std_logic to_bit	由 bit_vector 转换为 std_logic_vector 由 std_logic_vector 转换为 bit_vector 由 bit 转换为 std_logic 由 std_logic 转换为 bit
std_logic_arith 程序包 conv_std_logic_vector conv_integer conv_signed conv_unsigned	由 integer、unsigned、signed 转换为 std_logic_vector 由 unsigned、signed 转换为 integer 由 integer、unsigned 转换为 signed 由 integer、signed 转换为 unsigned
std_logic_unsigned 程序包 conv_integer	由 std_logic_vector 转换为 integer
std_logic_signed 程序包 conv_integer	由 std_logic_vector 转换为 integer

例 9-4：
```
signal in_num:integer range 0 to 7;
signal num:IN std_logic_vector(2 downto 0);
siganl b:std_logic_vector(11 downto 0);
in_num<=CONV_INEGER(num);
b<=TO_STDLOGICVECTOR(X"A8");
b<=TO_STDLOGICVECTOR(O"6166");
b<=TO_STDLOGICVECTOR(B"1010_1111_1010");
```

9.2.5.2　类型标记法

类型标记就是类型的名称。类型标记法适合那些关系密切的标量类型之间的类型转换，即整数和实数的类型转换。例如：

```
VARIABLE I:INTEGER;
VARIABLE R:REAL;
I:=INTEGER(R);
R:=REAL(I);
```

9.3 运算操作符

VHDL 的表达式由操作数和操作符组成，其中操作数是各种运算的对象，而操作符则规定运算的方式。VHDL 中的表达式是由运算符将基本元素连接起来形成。VHDL 语言中共有 4 类操作符，可以分别进行逻辑运算、关系运算、算术运算和并置运算。

9.3.1 逻辑运算符

逻辑运算符共有 7 种，如表 9.3.1 所示。

表 9.3.1 逻辑运算符

操作符	功能	操作数类型
NOT	取反	std_logic、bit、boolean
AND	与	std_logic、bit、boolean
OR	或	std_logic、bit、boolean
NAND	与非	std_logic、bit、boolean
NOR	或非	std_logic、bit、boolean
XOR	异或	std_logic、bit、boolean
XNOR	同或	std_logic、bit、boolean

例 9-5：逻辑操作符运算例子

```
SIGNAL a,b,c: STD_LOGIC_VECTOR (3 DOWNTO 0);
SIGNAL d,e,f,g:STD_LOGIC_VECTOR (1 DOWNTO 0);
SIGNAL h,i,j,k:STD_LOGIC;
SIGNAL l,m,n,o,p:BOOLEAN;
...
a<=b AND c;                     ——正确，a、b、c 的数据类型同属 4 位长的位矢量
d<=e OR f OR g;                 ——两个操作符 OR 相同，不需括号
h<=(i NAND j) NAND k;           ——NAND 不属 and、or、xor 三种算符，必须加括号
l<=(m XOR n)AND(o XOR p);       ——操作符不同，必须加括号
h<=i AND j AND k;               ——两个操作符都是 AND，不必加括号
h<=i AND j OR k;                ——两个操作符不同，未加括号，表达错误
a<=b AND e;                     ——操作数 b 与 e 的位矢长度不一致，表达错误
h<=i OR l;                      ——i 和 l 的数据类型不一致，表达错误
...
```

9.3.2　算术运算符

VHDL 语言中有 5 类算术运算符。

(1)求和操作符:+(加)、-(减)。

(2)求积操作符:*(乘)、/(除)、MOD(求模)、REM(取余)。

(3)符号操作符:+(正)、-(负)。

(4)混合操作符:**(指数)、ABS(取绝对值)。

(5)移位操作符:SLL(逻辑左移)、SRL(逻辑右移)、SLA(算术左移)、SRA(算术右移)、ROL(逻辑循环左移)、ROR(逻辑循环右移)。

在运用算术运算符对如下的数据类型进行运算时,应注意:

(1)unsigned,signed:需打开 std_logic_arith 程序包;

(2)std_logic:需打开 std_logic_unsigned 或 std_logic_signed 程序包。

9.3.3　关系运算符

关系运算符有 6 种(表 9.3.2),运算的最终结果是布尔类型,关系运算符两边的数据类型必须相同,但是位的长度不一定相同,对位矢量数据进行比较时,比较从最左边的位开始,自左至右进行比较的。

表 9.3.2　关系运算符

操作符	功能	操作数类型
=	等于	任何数据类型
/=	不等于	任何数据类型
<	小于	integer、real、bit、std_logic 等及其一维向量
<=	小于或等于	integer、real、bit、std_logic 等及其一维向量
>	大于	integer、real、bit、std_logic 等及其一维向量
>=	大于或等于	integer、real、bit、std_logic 等及其一维向量

例 9-6:比较下面 3 组二进制数的大小

"1011"和"101011";"1"和"011";"101"和"110"

下面是 VHDL 关系运算的结果:

　　"1011">"101011"

　　"1">"011"

　　"101"<"110"

上例中的前两个是明显的判断错误,为了能使其正确地进行关系运算,在包集合"std_logic_unsigned"和"std_logic_signed"中对关系运算符重新做了定义,使用时必须要调用这些程序包。

9.3.4 并置运算符

并置运算符又称连接运算符,其符号为:&,用于进行位的连接。

例如:A<=‘1’&‘0’&‘1’&‘0’; 并置的结果为“1010”

VH&DL; 并置的结果为 VHDL

例 9-7:SIGNAL h,i:STD_LOGIC;

SIGNAL a:STD_LOGIC _VECTOR(3 TO 0)

SIGNAL c,d:STD_LOGIC _VECTOR(1 TO 0);

d <=i & NOT h; 元素与元素并置,形成长度为 2 的数组

a <=c & d; 数组与数组并置,形成长度为 4 的数组

a <=‘1’&‘0’&‘1’&‘0’;并置的结果为“1010”

第 10 章　VHDL 基本结构

一个完整的 VHDL 程序通常包含实体、结构体、配置、包集合和库 5 个部分，构成一个独立的设计单元，能够以元件的形式存在并能为 VHDL 综合器所支持。在 VHDL 程序中实体用于描述所设计的系统的外部接口信号；构造体用于描述系统内部的结构和行为；建立输入和输出之间的关系；配置语句从库中选取元器件，并将其安装到设计单元中，可以被看作是设计的零件清单；包集合存放各个设计模块共享的数据类型、常数和子程序等；库是专门存放预编译程序包的地方，包含已经编译的实体、结构体、包集合和配置。其中实体和结构体这两个基本结构是必需的，构成最简单的 VHDL 程序。

10.1　实　体

实体(ENTITY)是任意系统的抽象，实体的电路意义相当于器件。一块电路板、一个芯片、一个电路单元甚至一个门电路等都可看作一个实体。对系统进行分层设计时，各层的设计模块都可作为实体，顶层的系统模块是顶级实体，低层次的设计模块是低级实体。描述时，高级实体可将低一级实体当作元件来调用。

10.1.1　实体的功能

在层次化系统设计中，实体说明是整个模块或整个系统的输入输出(I/O)接口；在一个器件级的设计中，实体说明是一个芯片的输入输出(I/O)。其特点是仅描述接口，并不描述电路的具体结构和实现功能。

10.1.2　实体形式

```
ENTITY  实体名  IS
    GENERIC(类属表,类属参数说明);
    PORT(端口表,端口说明);
END ENTITY  实体名;
```

(1)类属参量(GENERIC)。类属参量是实体说明组织中的可选项，放在指定的端口说明之前，用于向模块传递参数，其一般格式为：

GENERIC(常数名：数据类型[：设定值]；
　　　　　常数名：数据类型[：设定值])

例如：GENERIC(m：time：=1 ns)

q<=temp after m；

GENERIC MAP(类属表)

类属参量是一种端口界面常数，常用来规定端口的大小、实体中子元件的数目及实体的定时特性等类属参量。类属参量的值可由设计实体的外部提供，因此从外面通过类属参量的重新设定可以很容易地改变一个设计实体或一个元件的内部电路结构和规模。

例 10-1：类属参量定义

```
ENTITY mcu1 IS
GENERIC (addrwidth: INTEGER:=16);
PORT(add_bus:OUT STD_LOGIC_VECTOR(addrwidth-1 DOWNTO 0));
```

在这里 GENERIC 语句将实体 mcu1 作为地址总线的端口 add_bus 的数据类型和宽度作了定义，即定义 add_bus 为一个 16 位的标准位矢量，定义 addrwidth 的数据类型是整数 INTEGER。其中常数名 addrwidth 减 1 即为 15 所以这类似于将上例端口表写成

```
PORT (add_bus: OUT STD_LOGIC_VECTOR (15 DOWNTO 0));
```

(2)端口说明(PORT)。端口为设计实体和其外部环境提供动态通信的通道。端口说明是对基本设计单元与外部接口的描述，其功能相当电路图符号的外部引脚。对外部引脚信号名称，数据类型和 I/O 类型的描述。端口可以被赋值，也可以当作逻辑变量用在逻辑表达式中。

其一般书写格式为：PORT (端口名：端口模式 数据类型；
　　　　　　　　　　　端口名：端口模式 数据类型；… …)；

端口名是设计者为实体的每一个对外通道所取的名字，通常为英文字母、数字、下划线，英文开头。名字的定义有一定的惯例，如 clk 表示时钟，D 开头的端口名表示数据，A 开头的端口名表示地址。

(3)端口模式。端口模式是指这些通道上的数据流动的方式，端口模式有以下几种类型。

①输入(IN)。只可输入的引脚，规定为单向只读模式，只允许信号由外部流入实体内部，而不能反向，可以将变量或信号信息通过该端口读入。

主要用于时钟输入、控制输入(如 load、reset、enable、clk)和单向的数据输入(如地址数据信号 address)等。

②输出(OUT)。输出模式只可输出的引脚，规定为单向输出模式，只允许信号从该端口流出设计实体，而不能反向，可以将信号信息从该端口输出。

常用于计数输出、单向数据输出、被设计实体产生的控制其他实体的信号等。注意：输出模式不能用于被设计实体的内部反馈，因为输出端口在实体内不能看作是可读的。

③缓冲(BUFFER)。BUFFER 属于双向端口，既允许读数据，也允许写数据。在硬件电路中，BUFFER 相当于具有输出缓冲器并可以回读的引脚，缓冲信号的驱动源可以来自其他

实体的缓冲端口，也可以是被设计实体内部的信号源。缓冲模式允许信号输出到实体外部，但同时也可以在实体内部引用该端口的信号。缓冲模式用于在实体内部建立一个可读的输出端口，例如计数器输出、计数器的现态用来决定计数器的次态。

④双向模式(INOUT)。INOUT 为输入输出双向端口，允许信号双向传输(既可以进入实体，也可以离开实体)，即从端口内部看，可以对端口进行赋值，即输出数据。也可以从此端口读入数据，即输入。

在 VHDL 设计中，通常将输入信号端口指定为输入模式，输出信号端口指定为输出模式，而双向数据通信信号，如计算机 PCI 总线的地址/数据复用总线，DMA 控制器数据总线等纯双向的信号采用双向端口模式。

10.2 结构体

结构体也叫构造体，描述了基本设计单元(实体)的结构、行为、元件及内部连接关系，定义了设计实体的功能，规定了设计实体的数据流程，制定了实体内部元件的连接关系。

10.2.1 结构体的组成

结构体位于实体的后面，对实体功能进行具体描述，一个实体可以有多个结构体，每个结构体具有在独立的名字。

结构体的语句格式为：

ARCHITECTURE 结构体名 **OF** 实体名 **IS**

  [信号定义语句]

BEGIN

  [功能描述语句]

END 结构体名；

(1)结构体名。结构体名由设计者自行定义，OF 后面的实体名指明了该结构体所对应的具体实体。结构体名通常用 dataflow(数据流)、behavior(行为)、structural(结构)命名。这 3 个名称体现了 3 种不同结构体的描述方式，使得阅读 VHDL 语言程序时，能直接了解设计者采用的描述方式。

(2)信号定义语句。结构体信号定义语句放在关键词 ARCHITECTURE 和 BEGIN 之间，用于对结构体内部将要使用的信号、常数、数据类型、元件、函数和过程加以说明。需要注意的是实体说明中定义的信号是外部信号，而结构体定义的信号为该结构体的内部信号，只能用于这个结构体中。结构体中的信号定义和端口说明一样，具有信号名称和数据类型定义。因为是内部连接用的信号，结构体信号定义不需要方向说明。

(3)功能描述语句。结构体功能描述语句位于 BEGIN 和 END 之间，具体描述了构造体的行为及其连接关系。功能描述语句是结构体中的主要部分，结构体的功能描述有 3 种描述方式，即行为描述（基本设计单元的数学模型描述）、寄存器传输描述（数据流描述）和结构描述（逻辑元件连接描述）。结构体语句内部可以使用并行语句，也可以是顺序语句。

例 10-2：2 选 1 数据选择器

```
ENTITY mux2 IS
PORT    (d0,d1:IN BIT;
              sel:IN BIT;
              s:OUT BIT);
END mux2;
ARCHITECTURE dataflow OF mux2 IS
  SIGNAL sig:BIT;      ------------信号定义语句(内部信号,无方向)
BEGIN
   sig<=(d0 AND sel) OR (NOT sel AND d1);   ------------功能描述语句
   S<=sig;                                  ------------功能描述语句
END dataflow;
```

10.2.2 结构体的描述方式

（1）行为描述方式。对设计实体的数学模型的输入与输出行为进行描述，不关注具体的电路实现。

图 10.2.1　RS 触发器

例 10-3：RS 触发器的行为描述方式

```
ARCHITECTURE rs_alg OF rsf IS
BEGIN
PROCESS(set,reset)
   VARIABLE last_state:BIT;
  BEGIN
     IF set='1' AND reset='1' THEN
          Last_state:=last_state;
     ELSIF set='0' AND reset='1' THEN
          Last_state:='1';
     ELSIF set='1' AND reset='0' THEN
          Last_state:='0';
     END IF;
```

```
    q<=last_state;
    qb<=NOT (last_state);
  END PROCESS;
END rs_alg;
```

(2)数据流描述方式。也称寄存器传输描述,描述对信号到信号的数据流动的路径形式。设计人员对设计实体的功能实现要有一定的了解的同时,还需对电路的具体结构有清楚的认识。数据流描述易于进行逻辑综合,综合效率较高。

例 10-4:RS 触发器的数据流描述方式

```
ARCHITECTURE rs_behav OF rsf IS
    BEGIN
       q<=NOT(qb AND set);
    qb<=NOT(q AND reset);
END rs_behav;
```

(3)结构描述方式。结构描述方式只表示元件(或模块)和元件(或模块)之间的互连,在多层次的设计中,通过调用库中的元件或是已设计好的模块来完成实体功能的描述。结构描述方式可以将已有的设计成果用到当前的设计中去,因而大大地提高了设计效率,对于可分解的大型设计,结构描述方式是首选方案。

例 10-5:RS 触发器的结构体的描述方式

```
ARCHITECTURE rs_struc OF rsf IS
  COMPONENT nand2                    ——声明调用器件
    PORT (a,b:IN BIT ;
            c:OUT BIT);
END COMPONENT;
BEGIN
u1:nand2 port map(a=>set,b=>qb,c=>q);            ——描述连接关系
u2:nand2 port map(a=>reset,b=>q,c=>qb);
END rs_struc;
```

10.3　库(LIBRARY)

库是经编译后的数据的集合,它存放包集合定义、实体定义、结构定义和配置定义。库和程序包用来描述和保留元件、类型说明函数、子程序等,以便在其他设计中可以随时引用这些信息,提高设计效率。

当一个设计要使用库中的已编译单元时,必须要在每个设计的 VHDL 源代码的开头说明要引用的库,然后使用 USE 子句指明要使用库中的具体设计单元。

(1)库说明语句格式：library＜库名＞；

以 library 开头，后面紧跟着设计中要使用的库的名字，库说明语句使该库对于设计可见。

(2)USE 语句指明库中的程序包。一旦说明了库和程序包，整个设计实体都可以进入访问或调用，但其作用范围仅限于所说明的设计实体。USE 语句的使用将使所说明的程序包对本设计实体部分或全部开放。USE 子句格式：

USE 库名.程序包名.项目名；

USE 库名.程序包名.ALL；

例如：LIBRARY IEEE；

```
USE IEEE. STD_LOGIC_1164. ALL;
USE IEEE. STD_LOGIC_1164. STD_ULOGIC;
```

此例中，第一个 USE 语句表明打开 IEEE 库中的 STD_LOGIC_1164 程序包，并使程序包中的所有公共资源对本语句后面的 VHDL 设计实体程序全部开放，关键词 ALL 代表程序包中的所有资源。第二个 USE 语句开放了程序包 STD_LOGIC_1164 中的 STD_ULOGIC 数据类型。

例 10-6：

```
LIBRARY IEEE;                                    ——库使用说明
USE IEEE. STD_LOGIC_1164. ALL;
ENTITY and IS
        ⋮
END and;
ARCHITECTURE dataflow OF and IS
        ⋮
END dataflow;
CONFIGURATION c1 OF and IS                       ——CONFIGURATION(配置)
        ⋮
AND c1;
LIBRARY IEEE;                                    ——库使用说明
USE IEEE. STD_LOGIC_1164. ALL;
ENTITY or IS
CONFIGURATION c2 OF and IS
        ⋮
AND c2;
```

上例中，库说明语句的作用范围从一个实体说明开始到它所属的结构体、配置为止，当一个源程序中出现两个以上实体时，两条作为使用库的说明语句应在每个设计实体说明语句前重复书写。

(3)库的种类。库的种类主要有两大类：设计库和资源库。设计库对当前设计是可见的，使用时无需进行说明。设计库包括 STD 库和 WORK 库。STD 库是 VHDL 的标准库，该库定义了 Standard 和 Textio 两个标准程序包，其中 Standard 中定义了 bit、bit_vector、character

和 time 等数据类型，而 Textio 中主要包括了对文本文件进行读写操作的过程和函数。WORK 库是 VHDL 的工作库，用于存放用户设计和定义的一些设计单元和程序包。资源库用来存放常规元件和常用模块的库，使用时首先要进行说明。在资源库中，IEEE 库是最常用的一个，该库中含有 std_logic_1164、numeric_bit、numeric_std 等程序包，还包括 std_logic_signed、std_logic_unsigned 和 std_logic_arith 等非 IEEE 标准的程序包。

10.4　程序包

在 VHDL 中，设计的实体说明和结构体中定义的数据类型、子程序说明、属性说明和元件说明等部分只能在该设计实体中使用，而对于其他设计实体是不可见的。为减少重复定义工作，VHDL 提出了程序包的概念，用来存放能够共享的数据类型、子程序说明、属性说明和元件说明等。

10.4.1　程序包的结构

程序包说明部分：主要对数据类型、子程序、常量和元件等进行说明。

```
PACKAGE 程序包名 IS              ——程序包首
  程序包说明部分
END 程序包名；
```

程序包体部分：用来规定程序包的实际功能。

```
PACKAGE BODY 程序包名 IS         ——程序包体
  程序包体说明部分以及包体内容
END 程序包名；
```

程序包首定义了数据类型和函数的调用说明，程序包体中才具体描述实现该函数功能的语句和数据的赋值。这种分开描述的好处是，当函数的功能需要做某些调整或数据赋值需要变化时，只要改变程序包体的相关语句就可以了，而无需改变程序包首的说明，这样就使得需要重新编译的单元数目尽可能地减少了。

10.4.2　常用的预定义程序包

(1)STD_LOGIC_1164 程序包，是 IEEE 库中最常用的程序包，其中包含了一些数据类型、子类型和函数的定义。这些定义将 VHDL 扩展成一个可以描述多值逻辑的硬件描述语言。该程序包中最常用的两个数据类型是：STD_LOGIC 和 STD_LOGIC_VECTOR。

(2)STD_LOGIC_ARITH 程序包预先编译在 IEEE 库中，是 Synopsys 公司的程序包。此程序包在 STD_LOGIC_1164 程序包的基础上扩展了 3 个数据类型，UNSIGNED、SIGNED 和 SMALL_INT，并为其定义了相关的算术运算符和转换函数。

(3)std_logic_unsigned 和 std_logic_signed 程序包都是 Synopsys 公司的程序包,预先编译在 IEEE 库中。此程序包定义了可用于 Integer 型及 std_logic 和 std_logic_vector 型混合运算的运算符。还定义了一个从 std_logic_vector 到 integer 型的转换函数。

(4)Standard 和 Textio 程序包是 std 库中的预编译程序包。Standard 中定义了许多基本的数据类型等。Textio 程序包主要供仿真器使用。可以用文本编辑器建立一个数据文件,文件中包含仿真时需要的数据,仿真时用 Textio 程序包的子程序存取这些数据。

10.5 配 置

在 VHDL 的结构描述方式中,常常需要将其他设计实体作为元件进行引用,这就需要将不同元件安装到不同的设计实体中。VHDL 提供了配置语句用于描述各种设计实体和元件之间连接关系以及设计实体和结构体之间的连接关系。配置可以把特定的结构体指定给一个确定的实体。

10.5.1 配置语句的一般格式

```
CONFIGURATION<配置名>OF<实体名>IS
   FOR<选配结构体名>
   END FOR;
END [<配置名>];
```

例 10-7:与、或 2 个结构体共用一个实体

```
LIBRARY IEEE;
USE IEEE. STD_LOGIC_1164. ALL;
ENTITY example IS
   PORT (a,b:IN STD_LOGIC;
          y:OUT STD_LOGIC);
END example;
ARCHITECTURE and 2_arc OF example IS
   BEGIN
    y<=a AND b;
END and 2_arc;
ARCHITECTURE or 2_arc OF example IS
   BEGIN
    y<=a OR b;
END or 2_arc;
CONFIGURATION cfg1 OF example IS
```

```
    FOR and 2_arc
    END FOR;
END cfg1;
CONFIGURATION cfg2 OF example IS
    FOR or 2_arc
    END FOR;
END cfg2;
```

在上例中，有 2 个不同的结构体，分别用来完成二输入的逻辑与、或的运算操作。在程序中使用了 2 个默认配置语句来指明设计实体 example 和不同结构体一起组成一个完整的设计：配置语句 cfg1 将与逻辑结构体配置给实体；cfg2 将或逻辑结构体配置给实体；在进行模拟的时候，将根据所编译的是上面的具体配置来决定要进行模拟的结构体。

10.5.2　元件例化进行结构体的配置

结构体的配置主要是用来对结构体中引用的元件进行配置。结构体的配置的书写格式：

FOR＜元件例化标号＞：＜元件名＞USE ENTITY＜库名＞.＜实体名(结构体名)＞；

以 1 位全加器的构成为例说明结构体的配置的用法，将两输入与门、或门、异或门设置成通用例化元件由结构体引用。

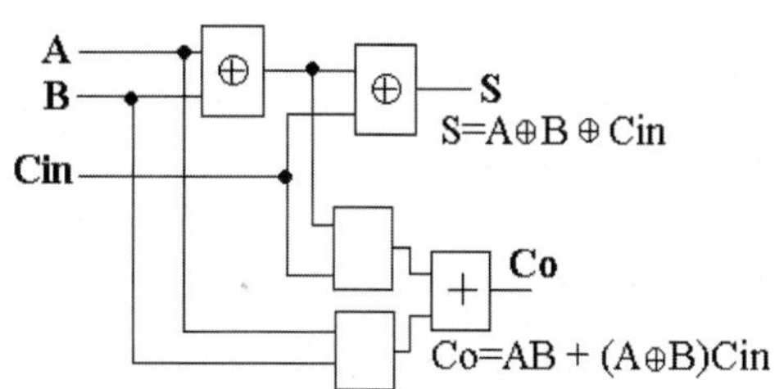

图 10.5.1　位全加器的构成

二输入与门源代码：

```
LIBRARY IEEE;
USE IEEE.STD_LOGIC_1164.ALL;
ENTITY and 2_v IS
        PORT(a,b:IN STD_LOGIC;
             y:OUT STD_LOGIC);
END and 2_v;
ARCHITECTURE and 2_arc OF and 2_v IS
BEGIN
      y<=a AND b;
END and 2_arc;
CONFIGURATION and 2_cfg OF and 2_v IS
```

```
            FOR and 2_arc
            END for;
END an
```

二输入或门源代码：

```
LIBRARY IEEE;
USE IEEE. STD_LOGIC_1164. ALL;
ENTITY or 2_v IS
        PORT(a,b:IN STD_LOGIC;
            y:OUT STD_LOGIC);
END or 2_v;
ARCHITECTURE or 2_arc OF or 2_v IS
BEGIN
        y<=a OR b;
END or 2_arc;
CONFIGURATION or 2_cfg OF or 2_v IS
            FOR or 2_arc
            END for;
END or 2_cfg;
```

异或门源代码：

```
LIBRARY IEEE;
USE IEEE. STD_LOGIC_1164. ALL;
ENTITY xor2_v IS
        PORT(a,b:IN STD_LOGIC;
            y:OUT STD_LOGIC);
END xor2_v;
ARCHITECTURE xor2_arc OF xor2_v IS
BEGIN
        y<=a XOR b;
END xor2_arc;
CONFIGURATION xor2_cfg OF xor2_v IS
            FOR xor2_arc
            END for;
END xor2_cfg;
```

全加器设计代码：LIBRARY IEEE;

```
             USE IEEE. STD_LOGIC_1164. ALL;
             ENTITY add1_v IS
            PORT(A,B,Cin:IN STD_LOGIC;
                    Co,S:OUT STD_LOGIC);
```

```
            END add1_v;
ARCHITECTURE structure OF add1_v IS
        COMPONENT and2_v
          PORT(a,b:IN STD_LOGIC;
               y:OUT STD_LOGIC);
        END COMPONENT;
COMPONENT or2_v
          PORT(a,b:IN STD_LOGIC;
               y:OUT STD_LOGIC);
        END COMPONENT;
COMPONENT xor2_v
          PORT(a,b:IN STD_LOGIC;
               y:OUT STD_LOGIC);
        END COMPONENT;
SIGNAL tmp1,tmp2,tmp3:STD_LOGIC;
      FOR U1,U2:xor2_v USE ENTITY work. xor2_v( xor2_arc);
      FOR U3,U4:and2_v USE ENTITY work. and2_v( and2_arc);
      FOR U5:or2_v USE ENTITY work. or2_v( or2_arc);
BEGIN
      U1:xor2_v PORT MAP(A,B,tmp1);
      U2:xor2_v PORT MAP(tmp1,Cin,S);
      U3:and2_v PORT MAP(tmp1,Cin,tmp2);
      U4:and2_v PORT MAP(A,B,tmp3);
      U5:or2_v PORT MAP(tmp2,tmp3,Co);
END structure;
```

第 11 章　VHDL 的描述语句

用 VHDL 语言进行设计时，按描述语句的执行顺序进行分类，可将 VHDL 语句分为顺序执行语句(Sequential)和并行执行语句(Parallel)。

11.1　VHDL 顺序语句

顺序语句是指完全按照程序中书写的顺序执行各语句，并且在结构层次中前面的语句执行结果会直接影响后面各语句的执行结果。顺序描述语句只能出现在进程或子程序中，用来定义进程或子程序的算法。

11.1.1　变量赋值语句

变量赋值语句出现在进程和子程序内部，其语法格式为：

变量赋值目标：=赋值表达式

例 11-1：
```
VARIABLE s:BIT:='0';
        PROCESS(s)
        VARIABLE count:INTEGER:='0'          ——变量说明
        BEGIN
                count:=s+1                   ——变量赋值
        END PROCESS;
```

11.1.2　信号赋值语句

信号赋值采用符号"<="，信号赋值语句的规范书写格式如下：

目的信号量<=[TRANSPORT][INERTIAL]信号变量表达式；

其中[TRANSPORT]表示传输延迟，[INERTIAL]表示惯性延迟。"<="两边的信号变量类型和位长度应该一致。

例 11-2：
```
s<=TRANSPORT t AFTER 10 ns;
      d<=INERTIAL 2 AFTER 3 ns,1 AFTER 8 ns;
```

```
s<=a NOR(b AND c);
```

三个敏感量 a,b,c 中任何一个发生变化,该语句都将被执行。

11.1.3　WAIT 语句

WAIT 语句同步进程的执行,同步条件由 WAIT 语句指明,当进程执行到等待语句时,将被挂起并设置好再次执行的条件。

WAIT 语句可以设置四种不同的条件:无限等待、时间到、条件满足以及敏感信号量变化。这几类 WAIT 语句可以混合使用。

(1)无限等待语句 WAIT。

WAIT 语句在关键字“WAIT”后面不带任何信息,进行无限等待。

(2)敏感信号等待语句 WAIT ON 信号表。

WAIT ON 语句后面跟着的敏感信号表,列出等待语句的敏感信号。当进程处于等待状态时,其中敏感信号发生任何变化都将结束挂起,再次启动进程。

例 11-3

```
p1:PROCESS
   BEGIN
   y<=a AND b;
   WAIT ON a,b;
   END PROCESS;
p2:PROCESS(a,b)
   BEGIN
   y<=a AND b;
   END PROCESS;
```

在 p1 进程中执行所有语句后,进程将在 WAIT 语句处被挂起,直到 a 或 b 中任何一个信号发生变化,进程才重新开始。p1 进程与 p2 进程是等价的。

需要注意的是,在使用 WAIT ON 语句的进程中,敏感信号量应写在进程中的 WAIT ON 语句后面;而在不使用 WAIT ON 语句的进程中,敏感信号量应在开头的关键词 PROCESS 后面的敏感信号表中列出。VHDL 规定,已列出敏感信号表的进程不能使用任何形式的 WAIT 语句。

(3)条件等待语句 WAIT UNTIL 条件。

WAIT UNTIL 后面跟的是布尔表达式,在布尔表达式中隐式地建立一个敏感信号量表,当表中任何一个信号量发生变化时,就立即对表达式进行一次测评。如果其结果使表达式返回一个“真”值,则进程脱离挂起状态,继续顺序执行下面的语句。

WAIT UNTIL 语句有以下三种表达方式:

```
WAIT UNTIL 信号=VALUE;
WAIT UNTIL 信号'EVENT AND 信号=VALUE;
WAIT UNTIL 信号'STABLE AND 信号=VALUE;
```

例如：

```
WAIT UNTIL clock="1";
WAIT UNTIL rising_edge(clk);
WAIT UNTIL clk='1'AND clk' EVENT;
WAIT UNTIL NOT clk' STABLE AND clk="1";
```

一般的，在一个进程中使用了 WAIT 语句后，综合器会综合产生时序逻辑电路。时序逻辑电路的运行依赖 WAIT UNTIL 表达式的条件，同时还具有数据存储的功能。

(4)超时等待语句 WAIT FOR 时间表达式

例如：WAIT FOR 40 ns;

在该语句中，时间表达式为常数 40 ns，当进程执行到该语句时，将等待 40 ns，经过 40 ns 之后，进程执行 WAIT FOR 的后继语句。

例如：WAIT FOR(a*(b+c));

在此语句中，(a*(b+c))为时间表达式，WAIT FOR 语句在执行时，首先计算表达式的值，然后将计算结果返回作为该语句的等待时间。

(5)多条件 WAIT 语句。

例如：WAIT on a,b until (c=ture) for 10 ns;结束等待的条件有三个：第一是 a,b 信号量中任何一个发生的变化，第二个是布尔量条件为真的满足，第三个是等待时间达到 10 ns。三个条件中只要有一个或者多个条件满足，进程将启动，继续执行 WAIT 语句后面程序。需要注意的是：多条件等待中，表达式的值至少有一个是信号量。

11.1.4 IF 语句

在 VHDL 语言中，IF 语句的作用是根据指定的条件来确定语句的执行顺序。IF 语句可用于选择器、比较器、编码器、译码器、状态机等的设计，是 VHDL 语言中最常用的语句之一。IF 语句按其书写格式可分为以下三种。

11.1.4.1 门闩控制语句

书写格式为：

```
IF 条件 THEN
顺序语句
    END IF;
```

当程序执行到这种门闩控制型 IF 语句时，首先判断语句中所指定的条件是否成立。如果条件成立，则继续执行 IF 语句中所含的顺序处理语句；如果条件不成立，程序将跳过 IF 语句所包含的顺序处理语句，而向下执行 IF 的后继语句。

例 11-4：利用 IF 语句引入 D 触发器

```
ENTITY dff IS
    PORT(clk,d:IN STD_LOGIC;
            q:OUT STD_LOGIC);
```

```
END dff;
ARCHITECTURE rtl OF dff IS
        BEGIN
            PROCESS (clk)
                BEGIN
                IF (clk'EVENT AND clk='1') THEN
                  q<=d;
                END IF;
               END PROCESS;
        END rtl;
```

11.1.4.2　二选一控制语句

当 IF 条件成立时，程序执行 THEN 和 ELSE 之间的顺序语句部分；当 IF 语句的条件得不到满足时，程序执行 ELSE 和 END IF 之间的顺序处理语句。即依据 IF 所指定的条件是否满足，程序可以进行两条不同的执行路径。

书写格式为：

```
    IF 条件 THEN
       顺序语句
    ELSE
       顺序语句
    END IF;
```

例 11-5：二选一电路结构体的描述

```
ARCHITECTURE rtl OF mux2 IS
BEGIN
   PROCESS (a,b,s)
      BEGIN
       IF (s='1') THEN
          c<=a;
       ELSE
          c<=b;
          END IF;
          END PROCESS;
   END rtl;
```

11.1.4.3　多选择控制语句

多选择控制的 IF 语句，设置了多个条件，当满足所设置的多个条件之一时，执行该条件后的顺序处理语句。当所有设置的条件都不满足时，程序执行 ELSE 和 END IF 之间的顺序处理语句。

书写格式为：

```
IF 条件 THEN
   顺序语句
ELSIF
   顺序语句
ELSIF
   顺序语句
   ⋮
ELSE
   顺序语句
   END IF;
```

例 11-6:利用多选控制语句设计的四选一多路选择器。

```
ENTITY mux4 IS
     PORT(input:IN STD_LOGIC_VECTOR (3 DOWNTO 0);
               sel:IN STD_LOGIC_VECTOR (1 DOWNTO 0);
               y:OUT STD_LOGIC);
END mux4;
ARCHITECTURE rtl OF mux4 IS
BEGIN
     PROCESS (input,sel)
     BEGIN
          IF (sel="00") THEN
               y<=input(0);
          ELSIF(sel="01")THEN
               y<=input(1);
          ELSIF(sel="10")THEN
               y<=input(2);
          ELSE
               y<=input(3);
          END IF;
  END PROCESS;
END rtl;
```

11.1.5 CASE 语句

CASE 语句根据满足的条件直接选择多项顺序语句中的一项执行，它常用来描述总线行为、编码器、译码器等的结构。

CASE 语句的结构为：

CASE 表达式 IS

WHEN 条件选择值=>顺序语句；

⋮

WHEN 条件选择值=>顺序语句；

END CASE；

其中 WHEN 条件选择值可以有四种表达方式；

(1)单个普通数值，如 WHEN 选择值=>顺序语句；

(2)并列数值，如 WHEN 值/值/值=>顺序语句；

(3)数值选择范围，如 WHEN 值 TO 值=>顺序语句；

(4)WHEN OTHERS=>顺序语句；

当执行到 CASE 语句时，首先计算 CASE 和 IS 之间的表达式的值，然后根据条件语句中与之相同的选择值，执行对应的顺序语句，最后结束 CASE 语句。

使用 CASE 语句需注意以下几点：

(1)CASE 语句中每一条语句的选择值只能出现一次，即不能有相同选择值的条件语句出现。

(2)与 IF 语句相比，CASE 语句组的程序语句是没有先后顺序的，所有表达式的值都并行处理。

(3)CASE 语句执行中必须选中，且只能选中所列条件语句中的一条，即 CASE 语句至少包含一个条件语句。

(4)除非所有条件语句中的选择值能完全覆盖 CASE 语句中表达式的取值，否则最末一个条件语句中的选择必须用“OTHERS”表示，代表已给出的所有条件语句中未能列出的其他可能的取值。关键词 OTHERS 只能出现一次，且只能作为最后一种条件取值。使用 OTHERS 是为了使条件语句中的所有选择值能覆盖表达式的所有取值，以免综合过程中插入不必要的锁存器。这一点对于定义为 STD_LOGIC 和 STD_LOGIC_VECTOR 数据类型的值尤为重要，因为这些数据对象的取值除了 1、0 之外，还可能出现输入高阻态 Z，不定态 X 等取值。

例 11-7：3-8 译码器

```
LIBRARY IEEE;
USE IEEE. STD_LOGIC_1164. ALL;
ENTITY decoder3_8 IS
    PORT(a,b,c,g1,g2a,g2b:IN STD_LOGIC;
          y:OUT STD_LOGIC_VECTOR (7 DOWNTO 0);
END decoder3_8;
ARCHITECTURE rtl OF decoder3_8 IS
    SIGNAL indata:STD_LOGIC_VECTOR (2 DOWNTO 0);
    BEGIN
    indata<=c & b & a;
    PROCESS(indata,g1,g2a,g2b)
```

```
    BEGIN
IF(g1='1'AND g2a='0' AND g2b='0')THEN
        CASE indata IS
        WHEN "000"=>y<="11111110";
        WHEN "001"=>y<="11111101";
        WHEN "010"=>y<="11111011";
        WHEN "011"=>y<="11110111";
        WHEN "100"=>y<="11101111";
        WHEN "101"=>y<="11011111";
        WHEN "110"=>y<="10111111";
        WHEN "111"=>y<="01111111";
        WHEN OTHERS=>y<="XXXXXXXX";
END CASE;
ELSE
    y<="11111111";
    END IF;
  END PROCESS;
END rtl;
```

11.1.6 LOOP 语句

LOOP 语句在 VHDL 中常用来描述迭代电路，LOOP 语句可以使包含的一组顺序语句被循环执行，其执行的次数受迭代算法控制。

(1)单个 LOOP 语句

```
[标号:] LOOP
    顺序语句
END LOOP[标号];
```

这种循环语句需引入其他控制语句(如 EXIT)后才能确定，否则为无限循环。其中的标号是可选的。

例 11-8:

```
loop1:LOOP
      WAIT UNTIL clk='1';
      q<=d AFTER 2 ns;
END LOOP loop1;
```

(2)FOR_LOOP 语句

```
[标号:] FOR 循环变量 IN 离散范围 LOOP
    顺序处理语句
END LOOP[标号];
```

例 11-9:8 位奇偶校验电路

```
ENTITY parity_check IS
    PORT(a:IN STD_LOGIC_VECTOR (7 DOWNTO 0);
          y:OUT STD_LOGIC);
END parity_check ;
ARCHITECTURE rtl OF parity_check IS
BEGIN
    PROCESS(a)
          VARIABLE tmp:STD_LOGIC
BEGIN
     tmp:='0';
     FOR i IN 0 TO 7 LOOP
        tmp:=tmp XOR a(i);
     END LOOP;
     y<=tmp;
    END PROCESS;
END rtl;
```

(3)WHILE_LOOP 语句

```
[标号:] WHILE 条件 LOOP
        顺序处理语句
END LOOP[标号];
```

在该 LOOP 语句中,给出了循环执行顺序语句的条件,在顺序处理语句中增加了一条循环次数计算语句,用于循环语句的控制。循环控制条件为布尔表达式,当条件为"真"时,则进行循环,如果条件为"假",则结束循环。

例 11-10:8 位奇偶校验电路的 WHILE_LOOP 设计形式

```
ARCHITECTURE behav OF parity_check IS
BEGIN
    PROCESS(a)
          VARIABLE tmp:STD_LOGIC
BEGIN
     tmp:='0';
     i:=0;
     WHILE (i< 8)LOOP
     tmp:=tmp XOR a(i);
     i:=i+1;
     END LOOP;
     y<=tmp;
    END PROCESS;
END behav;
```

11.1.7 NEXT 语句

该语句主要用于 LOOP 语句内部的循环控制。书写格式为：

NEXT [标号] [WHEN 条件]

该当 NEXT 语句后不跟[标号]，NEXT 语句作用于当前最内层循环，即从 LOOP 语句的起始位置进入下一个循环。若 NEXT 语句不跟[WHEN 条件]，NEXT 语句立即无条件跳出循环。

例：NEXT 语句应用举例

⋮

例 11-11：
```
WHILE data >1 LOOP
        data:=data+1;
    NEXT WHEN data=3            ——条件成立而无标号，跳出当前循环
        data:=data * data;
    END LOOP;
```

11.1.8 EXIT 语句

EXIT 语句也是 LOOP 语句的内部循环控制语句，与 NEXT 语句的区别是 EXIT 语句跳转到 LOOP 循环语句的结束处，即跳出循环。NEXT 跳转到 LOOP 标号指定的 LOOP 处，即跳到 LOOP 语句的起点。其格式如下：

EXIT [标号] [WHEN 条件]；

例 11-12：两个元素位矢量 a、b 进行比较，当发现 a 与 b 不同时，跳出循环比较程序并报告比较结果。

```
SIGNAL a,b:STD_LOGIC_VECTOR (0 TO 1);
SIGNAL a_less_than_b:BOOLEAN;
   ⋮
a_less_than_b<=FALSE;
FOR i IN 1TO 0 LOOP
    IF(a(i)='1'AND b(i)='0')THEN
        a_less_than_b<=FALSE;
        EXIT;
    ELSEIF(a(i)='0'AND b(i)='1')THEN
        a_less_than_b<=TRUE;
        EXIT;
    ELSE
    NULL
    END IF;
END LOOP;
```

11.2　VHDL 并行语句

实际的硬件系统中很多操作都是并发的，因此在对系统进行模拟时就要把这些并发性体现出来，VHDL 并行语句设计满足了表示并发行为的要求，在 VHDL 中，并行语句在结构体中的执行是同时并发执行的，其书写次序与其执行顺序并无关联，并行语句的执行顺序是由触发事件来决定的。在结构体语句中，并行语句的位置是：

```
ARCHITECTURE 结构体名 OF 实体名 IS
      说明语句
  BEGIN
      并行语句
  END 结构体名；
```

11.2.1　进程语句(PROCESS)

进程语句在 VHDL 程序设计中使用频率最高，进程语句的内部是顺序语句，而进程语句之间是并行关系。

进程语句格式：

```
[进程标号：] PROCESS [（敏感信号参数表）] [IS]
          [进程说明部分]
           BEGIN
            顺序描述语句
          END PROCESS [进程标号]；
```

一个结构体中可以有多个进程语句，同时并发执行。

例 11-13

```
ENTITY mul IS
PORT (a,b,c,x,y:IN BIT;
      data_out:OUT BIT);
END mul;
ARCHITECTURE ex OF mul IS
SIGNAL temp:BIT;
BEGIN
p_a:PROCESS (a,b,x)
          BEGIN
             IF (x='0') THEN temp<=a;
               ELSE temp<=b;
```

```
            END IF;
         END PROCESS p_a;
p_b:PROCESS(temp,c,y)
          BEGIN
             IF (y='0') THEN data_out<=temp;
               ELSE data_out<=c;
             END IF;
          END PROCESS p_b;
END ex;
```

进程的设计需要注意的问题：

(1)PROCESS 为一无限循环语句，只有两种状态：执行和等待。

(2)进程必须由敏感信号的变化来启动或具有一个显式的 WAIT 语句来激励，使用了敏感表的进程不能再含有等待语句。

(3)进程语句本身是并发语句。

(4)信号是多个进程间的通信线，是进程间进行联系的重要途径，在任一进程的说明部分不能定义信号。

(5)一个进程中只允许描述对应于一个时钟信号的同步时序逻辑，一个进程中可以放置多个条件语句，但只允许一个含有时钟边沿检测语句的条件语句。

11.2.2 块语句(BLOCK)

块(BLOCK)语句可以看作是结构体中的子模块，块语句把许多并行语句组合在一起形成一个子模块，而它本身也是一个并行语句。

块语句的基本结构如下：

```
[块标号:] BLOCK [保护表达式]
[类属子句 [类属接口表;]];
[端口子句 [端口接口表;]];
[块说明部分]
BEGIN
<并行语句 1>
<并行语句 2>
    ⋮
END BLOCK [块标号];
```

例 11-14：利用块语句描述的全加器

```
LIBRARY IEEE;
USE IEEE.STD_LOGIC_1164.ALL;
ENTITY add IS
    PORT(A,B,Cin:IN STD_LOGIC;
```

```
          Co,S:OUT STD_LOGIC);
END add;
ARCHITECTURE dataflow OF add IS
BEGIN
ex:BLOCK
          PORT(a_A,a_B,a_Cin:IN STD_LOGIC;
                    a_Co,a_S:OUT STD_LOGIC);
          PORT MAP(a_A=>A,a_B=>B,a_Cin=>Cin,a_Co=>Co,a_S=>S);
    SIGNAL tmp1,tmp2:STD_LOGIC;
      BEGIN
         label1:PROCESS(a_A,a_B)
         BEGIN
              tmp1<=a_A XOR a_B;
         END PROCESS label1;
         label2:PROCESS(tmp1,a_Cin)
         BEGIN
              tmp2<=tmp1AND a_Cin ;
         END PROCESS label2;
         label3:PROCESS(tmp1,a_Cin)
         BEGIN
            a_S<=tmp1XOR a_Cin ;
         END PROCESS label3;
         label4:PROCESS(a_A,a_B,tmp2)
         BEGIN
            a_Co<=tmp2 OR(a_A AND a_B);
         END PROCESS label4;
      END BLOCK ex;
END dataflow;
```

在上面的例子中,结构体内含有 4 个进程语句,这 4 个进程语句是并行关系,共同形成了一个块语句。在实际应用中,一个块语句中又可以包含多个子块语句,这样循环嵌套以形成一个大规模的硬件电路。

11.2.3　并行信号代入语句

并行信号代入语句的语法格式为:

```
信号量<=敏感信号量表达式;
```

例 11-15：

```
ENTITY and_gat IS
    PORT(a,b:IN STD_LOGIC;
         y:OUT STD_LOGIC);
END and_gat;
ARCHITECTURE behave OF and_gat IS
BEGIN
        y<=a AND b;              ——并行信号代入语句(在结构体进程之外)
AND behave;
```

本例是一个 2 输入与门的 VHDL 描述，在结构体中使用了并行信号代入语句。从并行信号代入语句描述来看，当代入符号"<="右边的值发生任何变化时，信号代入语句的操作立即执行，将信号代入符号"<="右边的表达式代入给左边的信号量。

11.2.4 条件信号代入语句

条件信号代入语句也是一种并发描述语句，它是一种根据不同条件将不同的表达式代入目的信号的语句。条件信号代入语句的书写格式为

```
目的信号<=表达式 1 WHEN 条件 1 ELSE
          表达式 2 WHEN 条件 2 ELSE
          表达式 2 WHEN 条件 3 ELSE
               ⋮
          表达式 n-1 WHEN 条件 ELSE
          表达式;
```

条件信号代入语句执行时要先进行条件判断，如果条件满足，就将条件前面的那个表达式的值代入目的信号；如果不满足条件，就去判断下一个条件；最后一个表达式没有条件，也就是说在前面的条件都不满足时，就将该表达式的值代入目的信号。

例 11-16：采用条件代入语句描述的七段显示译码器

```
LIBRARY IEEE;
USE IEEE.STD_LOGIC_1164.ALL;
ENTITY se7 IS
    PORT(input:IN STD_LOGIC_VECTOR (3 DOWNTO 0);
         output:OUT STD_LOGIC_VECTOR (6 DOWNTO 0));
END se7;
ARCHITECTURE rtl OF se7 IS
BEGIN
    output<=('0','1','1','1','1','1','1') WHEN input="0000"ELSE
            ('0','0','0','0','1','1','0')WHEN input="0001"ELSE
            ('1','0','1','1','0','1','1')WHEN input="0010"ELSE
```

```
        ('1','0','0','1','1','1','1')WHEN input="0011"ELSE
        ('1','1','0','0','1','1','0')WHEN input="0100"ELSE
        ('1','1','0','1','1','0','1')WHEN input="0101"ELSE
        ('1','1','1','1','1','0','1')WHEN input="0110"ELSE
        ('0','0','0','0','1','1','1')WHEN input="0111"ELSE
        ('1','1','1','1','1','1','1')WHEN input="1000"ELSE
        ('1','1','0','1','1','1','1')WHEN input="1001"ELSE
        ('1','1','1','0','1','1','1')WHEN input="1010"ELSE
        ('1','1','1','1','1','0','0')WHEN input="1011"ELSE
        ('0','1','1','1','0','0','1')WHEN input="1100"ELSE
        ('1','0','1','1','1','1','0')WHEN input="1101"ELSE
        ('1','1','1','1','0','0','1')WHEN input="1110"ELSE
        ('1','1','1','0','0','0','1')WHEN input="1111"ELSE
        ('0','0','0','0','0','0','0');          ——灭灯
END rtl;
```

在上例的结构体中，用一个条件代入语句来完成所有状态的显示译码。在保留字 WHEN 的前面是驱动显示数码管的七位位矢量，WHEN 的后面是译码的条件。条件信号代入语句中的书写顺序不是固定的，位置是可以任意颠倒的，所有指令都是并发执行的。

11.2.5　选择信号代入语句

选择信号赋值语句的格式如下：

```
WITH 选择表达式 SELECT
赋值目标信号<=表达式 WHEN 选择值,
              表达式 WHEN 选择值,
                ...
              表达式 WHEN 选择值;
```

选择信号表达式为选择信号赋值语句中的敏感量，每当选择表达式的值发生变化时，就启动此语句对各子句的选择值同时进行测试对比，没有优先级之分，若有满足条件的子句时，就将此子句表达式中的值赋给赋值目标信号。需要注意的是，选择信号代入语句与 case 语句一样，必须把表达式的值在条件中都列出来，否则编译将会出错。

例 11-17：采用选择信号代入语句描述的选通 8 位总线的四选一多路选择器

```
ENTITY mux4 IS
    PORT(d0,d1,d2,d3:IN STD_LOGIC_VECTOR (7 DOWNTO 0);
         s0,s1:IN STD_LOGIC;
         q:OUT STD_LOGIC_VECTOR (7 DOWNTO 0));
END mux4;
ARCHITECTURE rtl OF mux4 IS
```

```
     SIGNAL comb:STD_LOGIC_VECTOR (1 DOWNTO 0);
BEGIN
    comb<=s1 & s0;
    WITH comb SELECT                         ——用 comb 进行选择
        q<=d0 WHEN "00";
            d1 WHEN "01";
            d2 WHEN "10"
            d3 WHEN OTHERS;                  ——上面 4 条语句是并行执行的
END rtl;
```

11.2.6 并行过程调用语句

过程调用语句作为并行过程调用语句，在结构体中指令是并行执行的，其执行顺序与书写顺序无关。

并行过程调用语句的一般书写格式如下：

```
PROCEDURE 过程名(参数 1;参数 2;——)IS
  [定义语句];                ——变量定义
BEGIN
  [顺序处理语句]
END 过程名;
```

例 11-18:寻找三个输入位矢量最大值

```
ENTITY max IS
    PORT(in1,in2,in3:IN STD_LOGIC_VECTOR (7 DOWNTO 0);
          q:OUT STD_LOGIC_VECTOR (7 DOWNTO 0));
END max;
ARCHITECTURE rtl OF max IS
PROCEDURE maximun(a,b:IN STD_LOGIC_VECTOR;
                     SIGNAL c:OUT STD_LOGIC_VECTOR)IS
          VARIABLE temp:STD_LOGIC_VECTOR (a'RANGE);
BEGIN
          IF (a >b) THEN
            temp:=a;
          ELSE
            temp:=b;
          END IF;
          c<=temp;
    END maximun;
SIGNAL tmp1,tmp2:OUT STD_LOGIC_VECTOR(7 DOWNTO 0);
```

```
BEGIN
    maximun(in1,in2,tmp1);
    maximun(tmp1,in3,tmp2);
    q<=tmp2;
END rtl;
```

11.2.7　参数传递语句

参数传递语句(GENERIC)主要用来传递信息给设计实体的某个具体元件,如用来定义端口宽度、器件延迟时间等参数后并将这些参数传递给设计实体。

参数传递语句的书写格式为:

GENERIC(类属表);

例 11-19:

```
ENTITY and2 IS
    GENERIC(DELAY:TIME:=10 ns);
    PORT(a,b:IN STD_LOGIC;
         c:OUT STD_LOGIC);
END and2;
ARCHITECTURE behave OF and2 IS
BEGIN
    c<=a AND b AFTER(DELAY);
END behave;
```

11.2.8　元件例化语句

元件例化语句也是一种并行语句,各个例化语句的执行顺序与例化语句的书写顺序无关,而是按照驱动的事件并行执行的。在进行元件例化时,首先要进行例化元件的说明,元件说明部分使用 COMPONENT 语句,COMPONENT 语句用来说明在结构体中所要调用的模块。如果所调用的模块在元件库中并不存在时,必须首先进行元件的创建,然后将其放在工作库中通过调用工作库来引用该元件。

COMPONENT 语句的一般书写格式如下:

```
COMPONENT<引用元件名>
    [GENERIC<参数说明>;]
     PORT<端口说明>;
END COMPONENT;
```

在上面的书写结构中,保留字 COMPONENT 后面的“引用元件名”用来指定要在结构体中例化的元件,该元件必须已经存在于调用的工作库中;如果在结构体中要进行参数传递,在 COMPONENT 语句中,就要有传递参数的说明,传递参数的说明语句以保留字 GENERIC 开始;然后是端口说明,用来对引用元件的端口进行说明;最后以保留字 END COMPONENT 来结束 COMPONENT 语句。

如果在结构体中要引用上例中所定义的带延迟的二输入与门,首先在结构体中要用 COMPONENT 语句对该元件进行说明,说明如下:

```
COMPONENT and2
GENERIC(DELAY:TIME);
            PORT(a,b:IN STD_LOGIC;
                    c:OUT STD_LOGIC);
END COMPONENT;
```

用 COMPONENT 语句对要引用的元件进行说明之后,就可以在结构体中对元件进行例化以使用该元件。元件例化语句的书写格式为:

```
<标号名:><元件名>[GENERIC MAP(参数映射)]
PORT MAP(端口映射);
```

标号名是此元件例化的唯一标志,在结构体中标号名应该是唯一的,否则编译时将会给出错误信息;接下来就是映射语句,映射语句就是把元件的参数和端口与实际连接的信号对应起来,以进行元件的引用。

VHDL 提供了两种映射方法:位置映射和名称映射。位置映射就是 PORT MAP 语句中实际信号的书写顺序与 COMPONENT 语句中端口说明中的信号书写顺序保持一致。

例 11-20:位置映射

```
ENTITY example IS
    PORT(in1,in2:IN STD_LOGIC;
                out:OUT STD_LOGIC);
END example;
ARCHITECTURE structure OF example IS
        COMPONENT and2
        GENERIC(DELAY:TIME);
            PORT(a,b:IN STD_LOGIC;
                    c:OUT STD_LOGIC);
END COMPONENT;
BEGIN
        U1:and2 GENERIC MAP(10 ns)              ——参数映射
            PORT MAP(in1,in2,out);              ——端口映射
END structure;
```

在上例中,元件 U1 的端口 a 映射到信号 in1,端口 b 映射到信号 in2,端口 c 映射到信号 out。

名称映射就是在 PORT MAP 语句中将引用的元件的端口信号名称赋给结构体中要使用的例化元件的信号。

例 11-21:名称映射

```
ENTITY example IS
          PORT(in1,in2:IN STD_LOGIC;
out:OUT STD_LOGIC);
END example;
ARCHITECTURE structure OF example IS
        COMPONENT and2
GENERIC(DELAY:TIME);
            PORT(a:IN STD_LOGIC;
                 b:IN STD_LOGIC;
c:OUT STD_LOGIC);
END COMPONENT;
BEGIN
      U1:and2 GENERIC MAP(10 ns)
            PORT MAP(a=>in1,b=>in2,c=>out);
END structure;
```

值得注意的是:名称映射的书写顺序要求并不是很严格,只要把要映射的对应信号连接起来就可以了,顺序可以颠倒。

11.2.9　生成语句

生成语句(GENERATE)是一种可以建立重复结构或者是在多个模块的表示形式之间进行选择的语句。由于生成语句可以用来产生多个相同的结构,因此使用生成语句就可以避免多段相同结构的 VHDL 程序的重复书写(相当于'复制')。

生成语句有两种形式:FOR-GENERATE 模式和 IF-GENERATE 模式。

(1)FOR-GENERATE 模式生成语句的书写格式为:

```
[标号:]FOR 循环变量 IN 离散范围 GENERATE
        <并行处理语句>;
END GENERATE [标号];
```

其中循环变量的值在每次的循环中都将发生变化;离散范围用来指定循环变量的取值范围,循环变量的取值将从取值范围最左边的值开始并且递增到取值范围最右边的值,实际上也就限制了循环的次数;循环变量每取一个值就要执行一次 GENERATE 语句体中的并行处理语句;最后 FOR-GENERATE 模式生成语句以保留字 END GENERATE [标号:];来结束 GENERATE 语句的循环。

图 11.2.1 所示电路是由边沿 D 触发器组成的四位移位寄存器,其中第一个触发器的输入端用来接收四位移位寄存器的输入信号,其余的每一个触发器的输入端均与左面一个触发器的 Q 端相连。

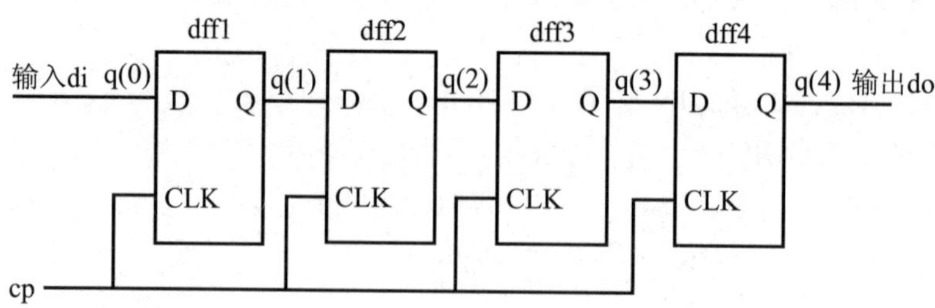

图 11.2.1 用 D 触发器构成的四位移位寄存器

```
ENTITY shift_reg IS
    PORT(di,cp:IN STD_LOGIC;
      do:OUT STD_LOGIC);
END shift_reg;
ARCHITECTURE structure OF shift_reg IS
      COMPONENT dff
          PORT(d,clk:IN STD_LOGIC;
                  q:OUT STD_LOGIC);
END COMPONENT;
      SIGNAL q:STD_LOGIC_VECTOR(4 DOWNTO 0);
BEGIN
      dff1:dff PORT MAP (d1,cp,q(1));
      dff2:dff PORT MAP (q(1),cp,q(2));
      dff3:dff PORT MAP (q(2),cp,q(3));
      dff4:dff PORT MAP (q(3),cp,do);
END structure;
```

在上例的结构体中有四条元件例化语句，这四条语句的结构十分相似，对上例再做适当修改，使结构体中这四条元件例化语句具有相同的结构。

```
ARCHITECTURE structure OF shift_reg IS
        COMPONENT dff
            PORT(d,clk:IN STD_LOGIC;
                  q:OUT STD_LOGIC);
END COMPONENT;
      SIGNAL q:STD_LOGIC_VECTOR(4 DOWNTO 0);
BEGIN
      q(0)<=di
      dff1:dff PORT MAP (q(0),cp,q(1));
      dff2:dff PORT MAP (q(1),cp,q(2));
      dff3:dff PORT MAP (q(2),cp,q(3));
```

```
    dff4:dff PORT MAP (q(3),cp,q(4));
    do<=q(4)
END structure;
```

这样便可以使用 FOR-GENERATE 模式生成语句对上例中的规则体进行描述。

例 11-22:FOR-GENERATE 模式生成语句应用

```
ENTITY shift_reg IS
    PORT(di,cp:IN STD_LOGIC;
         do:OUT STD_LOGIC);
END shift_reg;
ARCHITECTURE structure OF shift_reg IS
        COMPONENT dff
            PORT(d,clk:IN STD_LOGIC;
                 q:OUT STD_LOGIC);
END COMPONENT;
        SIGNAL q:STD_LOGIC_VECTOR(4 DOWNTO 0);
BEGIN
        q(0)<=di
        label1:FOR i IN 0 TO 3 GENERATE
            dffx:dff PORT MAP (q(i),cp,q(i+1));
        END GENERATE label1;
        do<=q(4)
END structure;
```

可以看出用 FOR-GENERATE 模式生成语句替代例中的四条元件例化语句,使 VHDL 程序变的更加简洁明了。

(2)IF-GENERATE 模式生成语句的书写格式如下:

```
[标号:]IF 条件 GENERATE
    <并行处理语句>;
END GENERATE [标号];
```

IF-GENERATE 模式生成语句主要用来描述一个结构中的例外情况,例如,某些边界条件的特殊性。当执行到该语句时首先进行条件判断,如果条件为“TRUE”才会执行生成语句中的并行处理语句;如果条件为“FALSE”,则不执行该语句。

例 11-23:IF-GENERATE 模式生成语句应用

```
ARCHITECTURE structure OF shift_reg IS
COMPONENT dff
            PORT(d,ck:IN STD_LOGIC;
                 q:OUT STD_LOGIC);
END COMPONENT;
        SIGNAL q:STD_LOGIC_VECTOR(3 DOWNTO 1);
```

```
BEGIN
    label1:
    FOR i IN 0 TO 3 GENERATE
        IF(i=0)GENERATE
          dffx:dff PORT MAP (di,cp,q(i+1));
        END GENERATE;
        IF(i=3)GENERATE
          dffx:dff PORT MAP (q(i),cp,do);
        END GENERATE;
        IF((i /=0)AND(i /=3))GENERATE
          dffx:dff PORT MAP (q(i),cp,q(i+1));
        END GENERATE;
    END GENERATE label1;
END structure;
```

在例 11-23 的结构体中，使用了 IF-GENERATE 模式生成语句，首先进行条件 i=0 和 i=3 的判断，即判断所产生的 D 触发器是移位寄存器的第一级还是最后一级；如果是第一级触发器，就将寄存器的输入信号 di 代入到 PORT MAP 语句中；如果是最后一级触发器，就将寄存器的输出信号 do 代入到 PORT MAP 语句中。这样就解决了硬件电路中输入输出端口具有不规则性所带来的问题。

第 12 章　数字逻辑电路设计

在前面的各章里，分别介绍了 VHDL 语言的语句、语法以及利用 VHDL 语言设计硬件电路的基本方法，本章重点介绍利用 VHDL 语言设计基本逻辑电路的方法。

12.1　组合逻辑电路设计

12.1.1　门电路

12.1.1.1　二输入异或门

二输入异或门的逻辑符号如图 12.1.1 所示，真值表如表 12.1.1 所示：

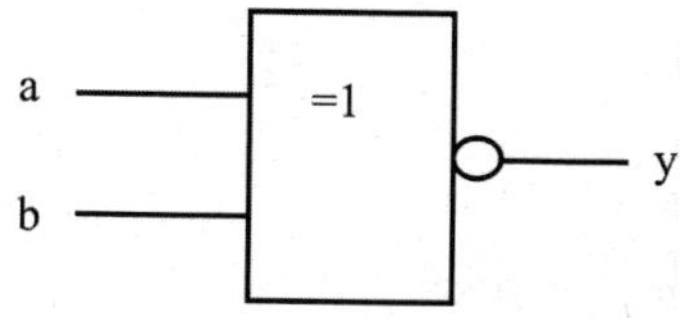

图 12.1.1　二输入异或门

表 12.1.1　二输入异或门真值表

a	b	y
0	0	0
0	1	1
1	0	1
1	1	0

例 12-1：依据逻辑表达式采用行为描述方式设计的异或门

```
ENTITY xor2_v1 IS
    PORT(a,b:IN STD_LOGIC;
         y:OUT STD_LOGIC);
END xor2_v1;
ARCHITECTURE behave OF xor2_v1 IS
BEGIN
    y<=a XOR b;
END behave;
```

例 12-2：依据真值表采用数据流描述方式设计的异或门

```
ARCHITECTURE dataflow OF xor2_v2 IS
BEGIN
      PROCESS (a,b)
      VARIABLE comb:STD_LOGIC_VECTOR(1 DOWNTO 0);
      BEGIN
           comb:=a & b;
      CASE comb IS
                   WHEN "00"=>y<='0';
                   WHEN "01"=>y<='1';
                   WHEN "10"=>y<='1';
                   WHEN "11"=>y<='0';
                   WHEN OTHERS=>y<='X';
         END CASE;
    END PROCESS;
END dataflow;
```

二输入异或门的仿真如图 12.1.2 所示。

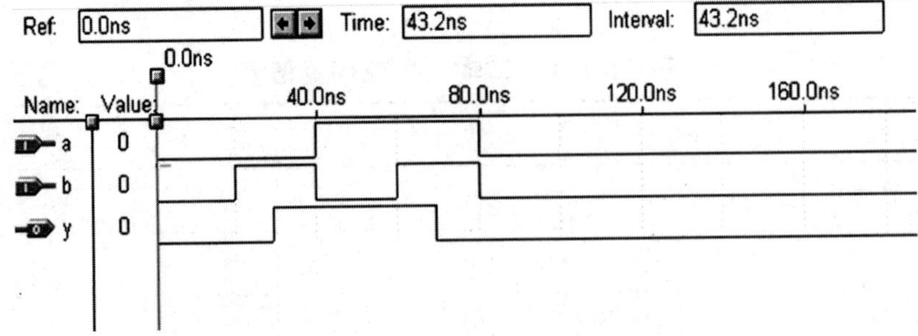

图 12.1.2　二输入异或门的仿真

12.1.2　编码器设计

用一组二进制代码按一定规则表示给定字母、数字、符号等信息的方法称为编码，能够实现这种编码功能的逻辑电路称为编码器。8-3 编码器如图 12.1.3 所示。8-3 编码器真值表见表 12.1.2。

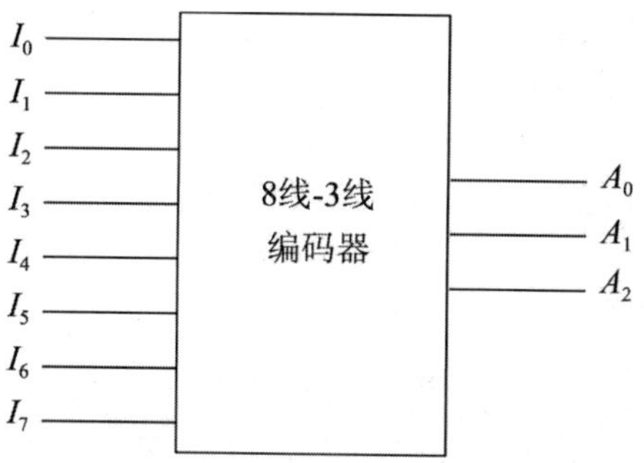

图 12.1.3　8-3 编码器

表 12.1.2　8-3 编码器真值表

输入								输出		
I_0	I_1	I_2	I_3	I_4	I_5	I_6	I_7	A_1	A_2	A_3
1	0	0	0	0	0	0	0	0	0	0
0	1	0	0	0	0	0	0	0	0	1
0	0	1	0	0	0	0	0	0	1	0
0	0	0	1	0	0	0	0	0	1	1
0	0	0	0	1	0	0	0	1	0	0
0	0	0	0	0	1	0	0	1	0	1
0	0	0	0	0	0	1	0	1	1	0
0	0	0	0	0	0	0	1	1	1	1

8 线-3 线编码器逻辑表达式：

$$A_2 = I_4 + I_5 + I_6 + I_7$$

$$A_1 = I_2 + I_3 + I_6 + I_7$$

$$A_0 = I_1 + I_3 + I_5 + I_7$$

例 12-3:依据逻辑表达式采用行为描述方式的 8 线-3 线编码器

```
ENTITY coder83 IS
```

```
    PORT(I0,I1,I2,I3,I4,I5,I6,I7:IN STD_LOGIC;
         A0,A1,A2:OUT STD_LOGIC);
END coder83 ;
ARCHITECTURE behave OF coder83 IS
BEGIN
     A2<=I4 OR I5 OR I6 OR I7;
     A1<=I2 OR I3 OR I6 OR I7;
     A0<=I1 OR I3 OR I5 OR I7;
     END behave;
```

8 线-3 线编码器仿真如图 12.1.4 所示。

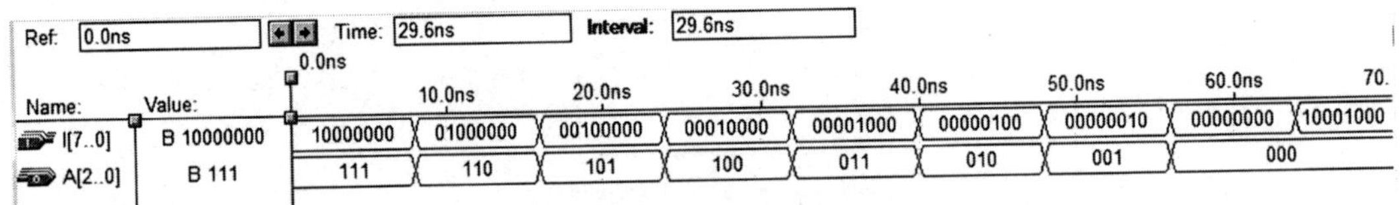

图 12.1.4　8 线-3 线编码器仿真

12.1.3　优先编码器

在优先编码器电路中,允许同时输入两个以上编码信号,当同时存在两个或两个以上输入信号时,优先编码器只按优先级高的输入信号编码,优先级低的信号则不起作用。74148 优先编码器如图 12.1.5 所示。74148 优先编码器真值表见表 12.1.3。

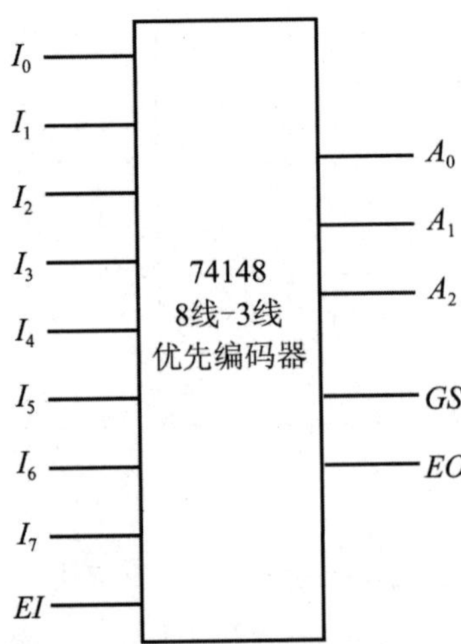

图 12.1.5　74148 优先编码器

表 12.1.3 74148 优先编码器真值表

输入									输出				
EI	I_0	I_1	I_2	I_3	I_4	I_5	I_6	I_7	A_2	A_1	A_0	GS	EO
1	×	×	×	×	×	×	×	×	1	1	1	1	1
0	1	1	1	1	1	1	1	1	1	1	1	1	0
0	×	×	×	×	×	×	×	0	0	0	0	0	1
0	×	×	×	×	×	×	0	1	0	0	1	0	1
0	×	×	×	×	×	0	1	1	0	1	0	0	1
0	×	×	×	×	0	1	1	1	0	1	1	0	1
0	×	×	×	0	1	1	1	1	1	0	0	0	1
0	×	×	0	1	1	1	1	1	1	0	1	0	1
0	×	0	1	1	1	1	1	1	1	1	0	0	1
0	0	1	1	1	1	1	1	1	1	1	1	0	1

例 12-4:按行为描述方式编写的 VHDL 程序

```
ENTITY prioritycoder83_v1 IS
    PORT(I7,I6,I5,I4,I3,I2,I1,I0:IN STD_LOGIC;
        EI:IN STD_LOGIC;
        A2,A1,A0:OUT STD_LOGIC;
        GS,EO:OUT STD_LOGIC);
END prioritycoder83_v1;
ARCHITECTURE behave OF prioritycoder83_v1 IS
BEGIN
    A2<=EI OR (I7 AND I6 AND I5 AND I4);
    A1<=EI OR (I7 AND I6 AND I3 AND I2)
           OR (I7 AND I6 AND NOT I5)
           OR (I7 AND I6 AND NOT I4);
    A0<=EI OR (I7 AND NOT I6)
           OR (I7 AND I5 AND NOT I4)
           OR (I7 AND I5 AND I3 AND I1)
           OR (I7 AND I5 AND I3 AND NOT I2);
    GS<=EI OR (I7 AND I6 AND I5 AND I4 AND I3
```

```
            AND I2 AND I1 AND I0);
    EO<=EI OR NOT(I7 AND I6 AND I5
            AND I4 AND I3 AND I2 AND I1 AND I0);
END behave;
```

74148 优先编码器仿真如图 12.1.6 所示。

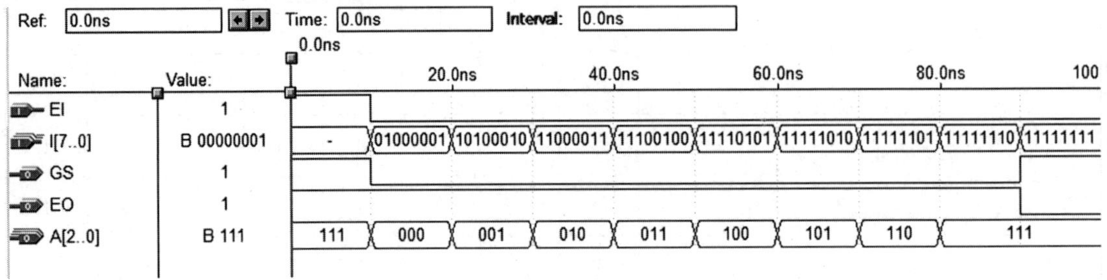

图 12.1.6　74148 优先编码器仿真

12.1.4　译码器

译码器根据输入二进制代码的各种状态，对应输出相应信号。如图 12.1.7 所示，74138 是一种 3 线-8 线译码器，三个输入端 A_0、A_1、A_2 共有 8 种状态组合(000—111)，可译出 8 个输出信号 Y_0—Y_7。这种译码器设有三个使能输入端，当 G_{2A} 与 G_{2B} 均为 0，且 G_1 为 1 时，译码器处于工作状态，输出低电平。当译码器被禁止时，输出高电平。译码器真值表见表 12.1.4。

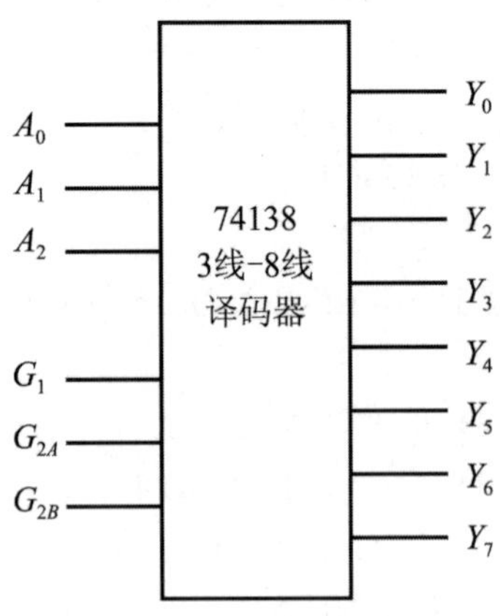

图 12.1.7　译码器

表 12.1.4　译码器真值表

输入						输出							
G_1	G_{2A}	G_{2B}	A_2	A_1	A_0	Y_0	Y_1	Y_2	Y_3	Y_4	Y_5	Y_6	Y_7
×	1	×	×	×	×	1	1	1	1	1	1	1	1
×	×	1	×	×	×	1	1	1	1	1	1	1	1
0	×	×	×	×	×	1	1	1	1	1	1	1	1
1	0	0	0	0	0	0	1	1	1	1	1	1	1
1	0	0	0	0	1	1	0	1	1	1	1	1	1
1	0	0	0	1	0	1	1	0	1	1	1	1	1
1	0	0	0	1	1	1	1	1	0	1	1	1	1
1	0	0	1	0	0	1	1	1	1	0	1	1	1
1	0	0	1	0	1	1	1	1	1	1	0	1	1
1	0	0	1	1	0	1	1	1	1	1	1	0	1
1	0	0	1	1	1	1	1	1	1	1	1	1	0

例 12-5:按数据流描述方式编写的 3 线-8 线译码器

```
LIBRARY IEEE;
USE IEEE.STD_LOGIC_1164.ALL;
ENTITY decoder138_v2 IS
     PORT(G1,G2A,G2B:IN STD_LOGIC;
                    A:IN STD_LOGIC_VECTOR(2 DOWNTO 0);
                    Y:OUT STD_LOGIC_VECTOR(7 DOWNTO 0));
END decoder138_v2;
ARCHITECTURE dataflow OF decoder138_v2 IS
BEGIN
      PROCESS (G1,G2A,G2B,A)
      BEGIN
      IF(G1='1' AND G2A='0' AND G2B='0')THEN
         CASE A IS
                    WHEN "000"=>Y<="11111110";
                    WHEN "001"=>Y<="11111101";
                    WHEN "010"=>Y<="11111011";
                    WHEN "011"=>Y<="11110111";
                    WHEN "100"=>Y<="11101111";
                    WHEN "101"=>Y<="11011111";
                    WHEN "110"=>Y<="10111111";
                    WHEN OTHERS=>Y<="01111111";
            END CASE;
```

```
            ELSE Y<="11111111";
        END IF;
    END PROCESS;
END dataflow;
```

74148 译码器仿真如图 12.1.8 所示。

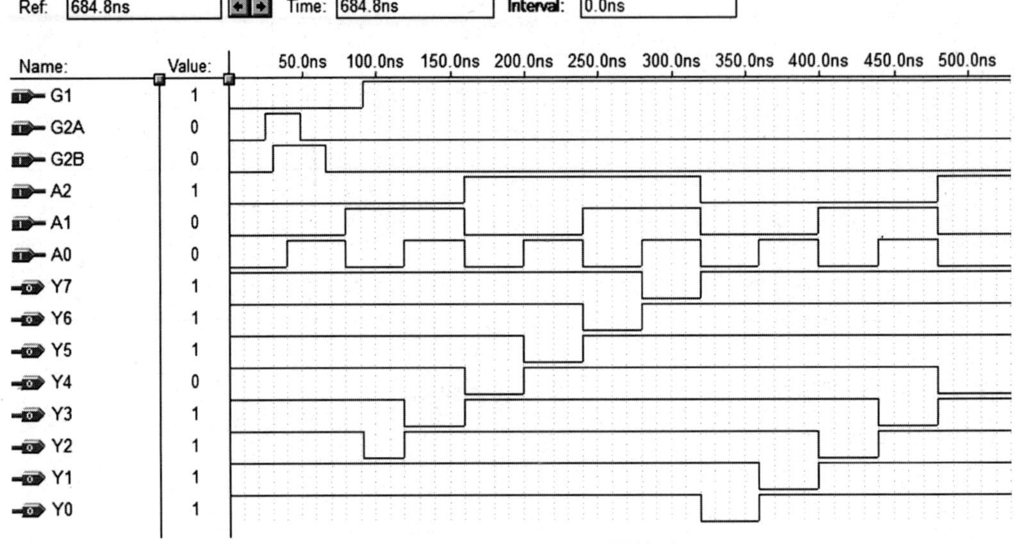

图 12.1.8　74148 译码器仿真

12.1.5　多路选择器

数据选择器能够在多路数据传送过程中,根据需要将其中任意一路选出来,也称多路选择器或多路开关。

译码器真值表见表 12.1.5。数据选择器仿真如图 12.1.10 所示。

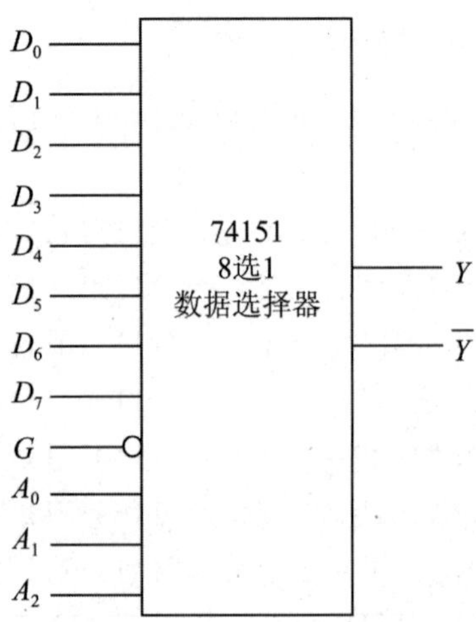

图 12.1.9　多路选择器

表 12.1.5　译码器真值表

输入				输出	
使能	地址选择			Y	Y_b
G	A_2	A_2	A_2		
1	×	×	×	0	1
0	0	0	0	D_0	$/D_0$
0	0	0	1	D_1	$/D_1$
0	0	1	0	D_2	$/D_2$
0	0	1	1	D_3	$/D_3$
0	1	0	0	D_4	$/D_4$
0	1	0	1	D_5	$/D_5$
0	1	1	0	D_6	$/D_6$
0	1	1	1	D_7	$/D_7$

例 12-6:根据真值表,采用 IF 语句结构编写的 VHDL 源代码

```
ENTITY mux8_v2 IS
      PORT(A:IN STD_LOGIC_VECTOR (2 DOWNTO 0);
             D0,D1,D2,D3,D4,D5,D6,D7:IN STD_LOGIC;
             G:IN STD_LOGIC;
             Y:OUT STD_LOGIC;
             YB:OUT STD_LOGIC);
   END mux8_v2;
ARCHITECTURE dataflow OF mux8_v2 IS
BEGIN
PROCESS (A,D0,D1,D2,D3,D4,D5,D6,D7,G)
 BEGIN
      IF (G='1') THEN
         Y<='0';
         YB<='1';
      ELSIF(G='0'AND A="000")THEN
         Y<=D0;
         YB<=NOT D0 ;
      ELSIF(G='0'AND A="001")THEN
```

```
        Y<=D1;
        YB<=NOT D1;
    ELSIF(G='0'AND A="010")THEN
        Y<=D2;
        YB<=NOT D2;
    ELSIF(G='0'AND A="011")THEN
        Y<=D3;
        YB<=NOT D3;
    ELSIF(G='0'AND A="100")THEN
        Y<=D4;
        YB<=NOT D4;
    ELSIF(G='0'AND A="101")THEN
        Y<=D5;
        YB<=NOT D5;
    ELSIF(G='0'AND A="110")THEN
        Y<=D6;
        YB<=NOT D6;
    ELSE
        Y<=D7;
        YB<=NOT D7;
    END IF;
END PROCESS;
END dataflow;
```

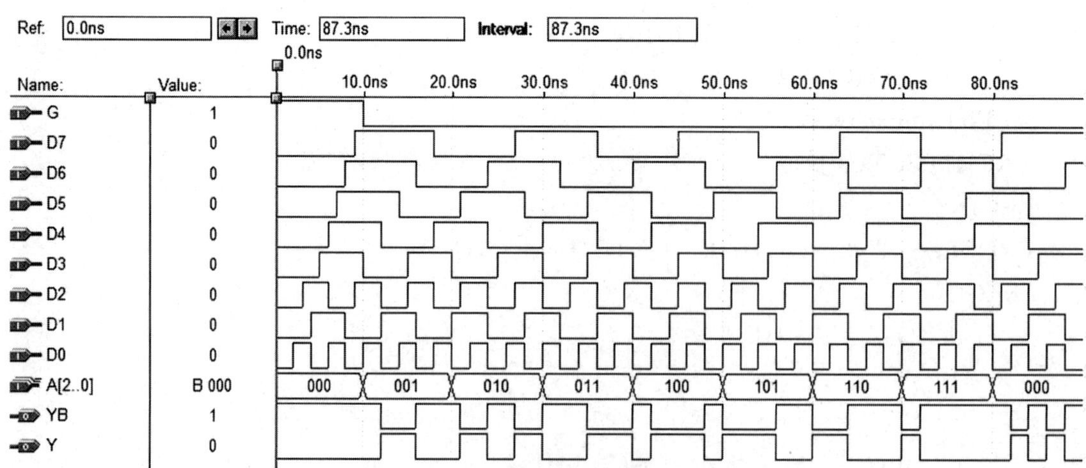

图 12.1.10 数据选择器仿真

12.1.6　加法器

加法器是数字电路中的基本运算单元，下例是直接利用 VHDL 运算符"+"实现加法运算的 8 位加法器源代码。其中 A 和 B 是两个相加的 8 位二进制数，Cin 是低位进位位，S 是 A、B 相加之和，Co 是 A、B 相加之后的进位位。加法器仿真如图 12.1.11 所示。

例 12-7

```
LIBRARY IEEE;
USE IEEE.STD_LOGIC_1164.ALL;
USE IEEE.STD_LOGIC_UNSIGNED.ALL;
ENTITY adder8_v IS
      PORT(A:IN STD_LOGIC_VECTOR(7 DOWNTO 0);
           B:IN STD_LOGIC_VECTOR(7 DOWNTO 0);
           Cin:IN STD_LOGIC;
           Co:OUT STD_LOGIC;
           S:OUT STD_LOGIC_VECTOR(7 DOWNTO 0));
END adder8_v;
ARCHITECTURE behave OF adder8_v IS
     SIGNAL Sint:STD_LOGIC_VECTOR(8 DOWNTO 0);
     SIGNAL AA,BB:STD_LOGIC_VECTOR(8 DOWNTO 0);
BEGIN
AA<='0'& A(7 DOWNTO 0);    ——将 8 位加数矢量扩展为 9 位，为进位提供空间
BB<='0'& B(7 DOWNTO 0);    ——将 8 位被加数矢量扩展为 9 位，为进位提供空间
     Sint<=AA + BB + Cin;
   S(7 DOWNTO 0)<=Sint(7 DOWNTO 0);
   Co<=Sint(8);
END behave;
```

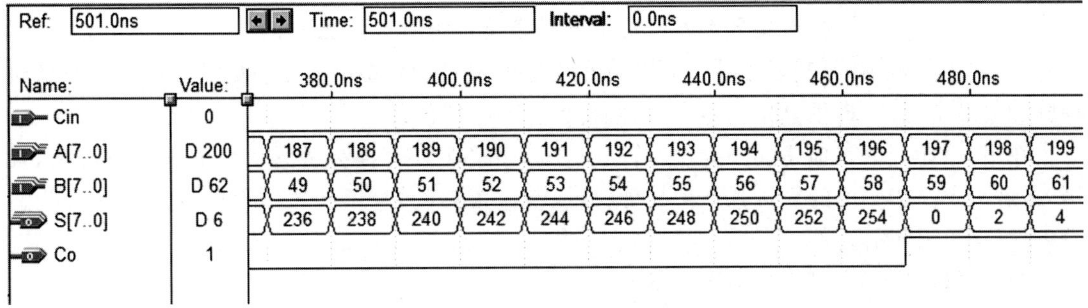

图 12.1.11　加法器仿真

12.2 时序电路设计

组合逻辑电路中任意时刻的输出仅取决于该时刻数据的输入，与电路原来的状态无关。而时序逻辑电路中数字电路在任何时刻的输出不仅取决于当时的输入信号，而且还取决于电路原来的状态。常见的组合逻辑电路主要有触发器、锁存器、寄存器、移位寄存器、计数器等。

12.2.1 时序逻辑电路的基本概念

12.2.1.1 时钟信号

任何时序电路都以时钟信号为驱动信号，时序电路仅在时钟信号的边沿到来时，其状态才发生改变，时序电路是以时钟进程的形式进行描述的。

(1)时钟脉冲上升沿描述。

```
IF (clk'EVENT AND clk='1') THEN
    WAIT UNTIL clk='1';
    IF (clk'last_value='0' AND clk'event AND clk='1') THEN
        IF (risin_edge(clk)) THEN
```

(2)时钟脉冲下降沿描述。

```
IF (clk'EVENT AND clk='0') THEN
    WAIT UNTIL clk='0';
    IF (clk'last_value='1' AND clk'event AND clk='0') THEN
        IF (falling_edge(clk)) THEN
```

12.2.1.2 复位信号

复位是同步还是异步，主要是看复位信号是否受系统时钟沿触发。

(1)同步复位，就是当复位信号有效且在给定的时钟边沿到来时，触发器被复位。如果时钟脉冲边沿未到来，即使复位信号有效，触发器也不会复位。

在用 VHDL 语言描述同步复位时，同步复位一定在以时钟为敏感信号的进程中定义，且用 IF 语句来描述必要的复位条件。另外，描述复位条件的 IF 语句一定要嵌套在描述时钟边沿条件的 IF 语句的内部。

同步复位描述的 VHDL 描述如下：

```
PROCESS(clock_signal)
BEGIN
    IF(clock_edge_condition) THEN
```

```
        IF(reset_condition) THEN
            Signal_out<=reset_value;
        ELSE
            Signal_out<=signal_in;
            ⋮
        END IF;
    END IF;
    END PROCESS;
```

(2)异步复位又称非同步复位,一旦复位信号有效,触发器就立即复位。与同步复位不同,异步复位在进程的敏感信号表中除时钟外,还应添上复位信号;同时描述复位的 IF 语句应放在进程的第一条语句位置;另外在 ELSIF 段描述时钟信号边沿条件,应加上 event 属性。

非同步复位的 VHDL 语言描述如下:

```
PROCESS(clock_signal,reset_signal)
BEGIN
    IF(reset_condition) THEN
        Signal_out<=reset_value;
    ELSIF(clock_event and clock_edge_condition) THEN
        Signal_out<=signal_in;
        ⋮
    END IF;
END PROCESS;
```

12.2.2　触发器

在数字电路中,能够存储一位信号的基本单元电路就被称为触发器,触发器根据电路形式和控制方式可以分为 D 触发器、JK 触发器、T 触发器、锁存器和 RS 触发器等。

12.2.2.1　D 触发器

(1)基本 D 触发器。逻辑表达式:Q=D。基本 D 触发器符号如图 12.2.1 所示,真值表如表 12.2.1 所示。基本 D 触发器仿真如图 12.2.2 所示。

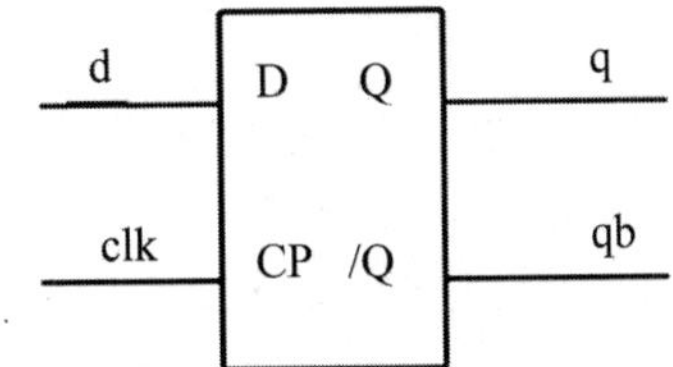

图 12.2.1　基本 D 触发器符号

表 12.2.1　基本 D 触发器真值表

D	CP	Q	/Q
×	0	保持	保持
×	1	保持	保持
0	上升沿	0	1
1	上升沿	1	0

例 12-8

```
ENTITY basic_dff IS
            PORT (d,clk:IN std_logic;
                q,qb:OUT std_logic);
ARCHITECTURE rtl_arc OF basic_dff IS
BEGIN
      PROCESS (clk)
      BEGIN
          IF (clk'event AND clk='1') THEN
             q<=d;
             qb<=NOT d;
          END IF;
      END PROCESS;
END rtl_arc;
```

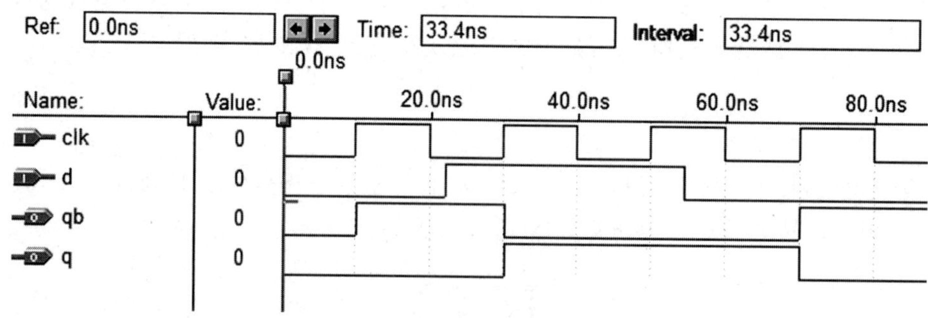

图 12.2.2　基本 D 触发器仿真

(2)同步复位的 D 触发器。同步复位的 D 触发器符号如图 12.2.3 所示,真值表如表 12.2.2 所示。

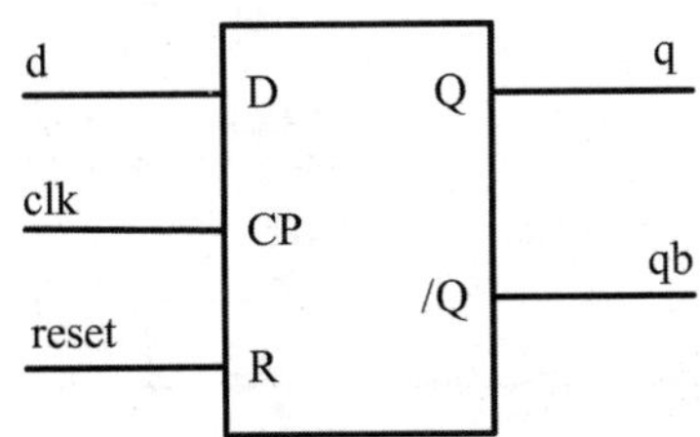

图 12.2.3　同步复位的 D 触发器符号

表 12.2.2　同步复位 D 触发器真值表

R	D	CP	Q	/Q
0	0	上升沿	0	1
1	X	0	保持	保持
1	X	1	保持	保持
1	X	上升沿	0	1
1	1	上升沿	1	0

例 12-9

```
ENTITY sync_rdff IS
            PORT (d,clk:IN std_logic;
                  reset:IN std_logic;
                  q,qb:OUT std_logic);
END sync_rdff;
ARCHITECTURE rtl_arc OF sync_rdff IS
BEGIN
      PROCESS (clk)
       BEGIN
           IF (clk'event AND clk='1') THEN
              IF (reset='0') THEN
                  q<='0';qb<='1';
              ELSE
                  q<=d;qb<=NOT d;
              END IF;
          END IF;
     END PROCESS;
END rtl_arc;
```

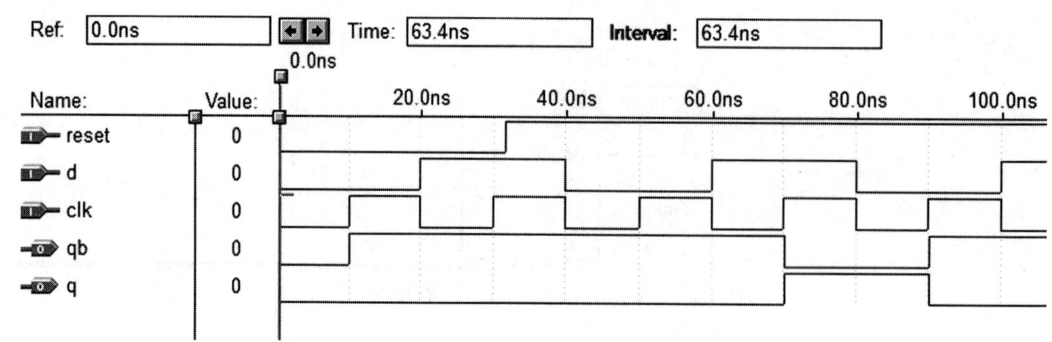

图 12.2.4 同步复位的 D 触发器仿真

(3)异步复位的 D 触发器。异步复位的 D 触发器真值表如表 12.2.3 所示。异步复位 D 触发器仿真如图 12.2.5 所示。

表 12.2.3 异步复位 D 触发器真值表

R	D	CP	Q	/Q
0	X	X	0	1
1	X	0	保持	保持
1	X	1	保持	保持
1	0	上升沿	0	1
1	1	上升沿	1	0

例 12-10

```
LIBRARY IEEE;
USE IEEE. std_logic_1164. ALL;
ENTITY async_rdff IS
            PORT (d,clk:IN std_logic;
                  reset:IN std_logic;
                  q,qb:OUT std_logic);
END async_rdff;
ARCHITECTURE rtl_arc OF async_rdff IS
BEGIN
      PROCESS (clk,reset)
      BEGIN
            IF (reset='0') THEN
               q<='0'; qb<='1';
            ELSIF (clk'event AND clk='1') THEN
```

```
            q<=d; qb<=NOT d;
        END IF;
    END PROCESS;
END rtl_arc;
```

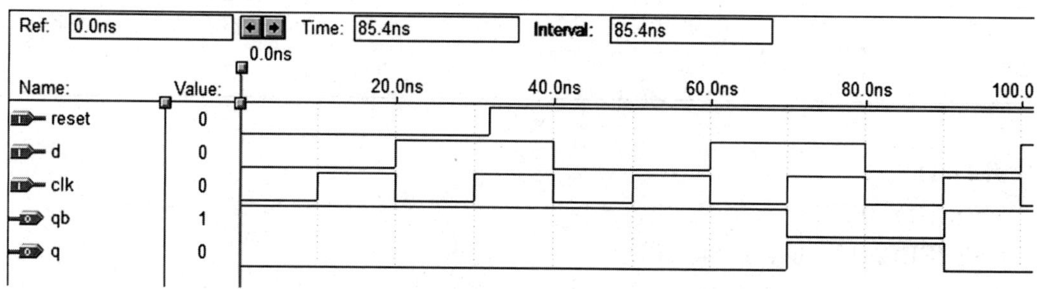

图 12.2.5　异步复位的 D 触发器仿真

12.2.2.2　JK 触发器

带有异步置位/复位的 JK 触发器电路符号如图 12.2.6 所示，JK 触发器的输入端有置位输入 set。复位输入 reset，控制输入 j 和 k，时钟信号输入 clk；输出端有正向输出端 q 和反向输出端 qb。JK 触发器的真值表如表 12.2.4 所示。JK 触发器仿真如图 12.2.7 所示。

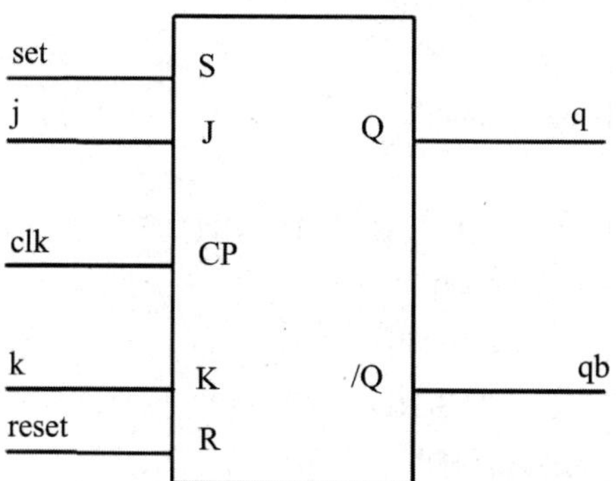

图 12.2.6　JK 触发器符号图

表 12.2.4　JK 触发器真值表

S	R	CP	J	K	Q	/Q
0	1	×	×	×	1	0
1	0	×	×	×	0	1
0	0	×	×	×	此状态不使用	
1	1	上升沿	0	0	保持	保持

续表

S	R	CP	J	K	Q	/Q
1	1	上升沿	0	1	0	1
1	1	上升沿	0	0	1	0
1	1	上升沿	1	1	翻转	翻转
1	1	0	×	×	保持	保持

例 12-11

```
LIBRARY IEEE;
USE IEEE. std_logic_1164. ALL;
ENTITY async_rsjkff IS
        PORT (j,k:IN std_logic;
            clk:IN std_logic;
            set:IN std_logic;
            reset:IN std_logic;
            q,qb:OUT std_logic);
END async_rsjkff;
ARCHITECTURE rtl_arc OF async_rsjkff IS
    SIGNAL q_temp,qb_temp:std_logic;
BEGIN
      PROCESS (clk,set,reset)
      BEGIN
          IF (set='0' AND reset='1') THEN
             q_temp<='1';
             qb_temp<='0';
          ELSIF (set='1' AND reset='0') THEN
             q_temp<='0';
             qb_temp<='1';
          ELSIF (clk'event AND clk='1') THEN
             IF (j='0' AND k='1') THEN
                q_temp<='0';
                qb_temp<='1';
          ELSIF (j='1' AND k='0') THEN
                q_temp<='1';
                qb_temp<='0';
          ELSIF (j='1' AND k='1') THEN
                q_temp<=NOT q_temp;
```

```
                qb_temp<=NOT qb_temp;
            END IF;
        END IF;
        q<=q_temp;
        qb<=qb_temp;
    END PROCESS;
END rtl_arc;
```

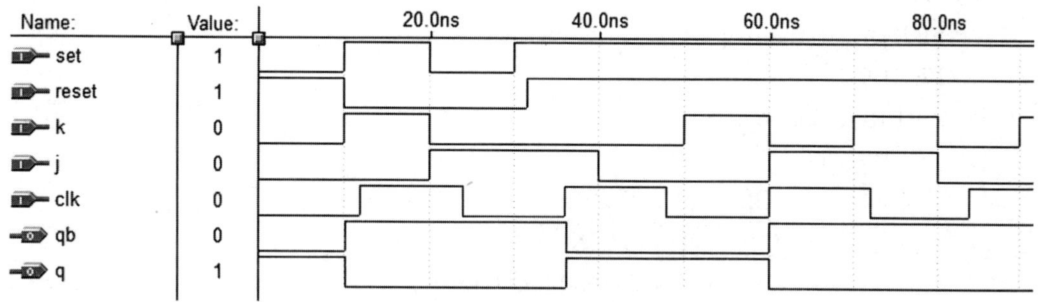

图 12.2.7　JK 触发器仿真

12.2.2.3　T 触发器

将 JK 触发器的两个输入端口连接在一起作为触发器的输入，这样便构成了只有一个输入端的 T 触发器。下触发器符号如图 12.2.8 所示，真值表如表 12.2.5 所示。T 触发器仿真如图 12.2.9 所示。

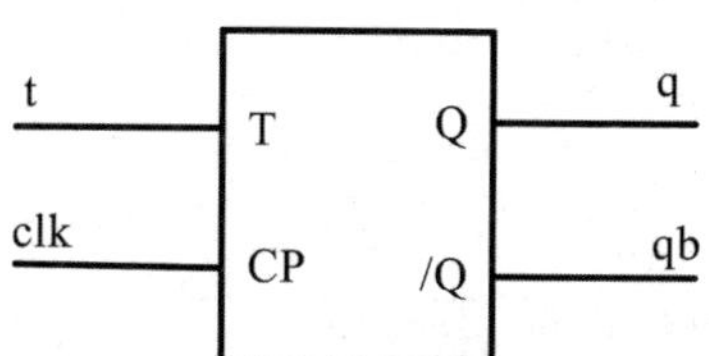

图 12.2.8　T 触发器符号

表 12.2.5　T 触发器真值表

T	CP	Q	/Q
0	×	保持	保持
0	上升沿	保持	保持
1	×	保持	保持
1	上升沿	翻转	翻转

例 12-12

```
LIBRARY IEEE;
USE IEEE. std_logic_1164. ALL;
ENTITY tff IS
          PORT (t,clk:IN std_logic;
                  q,qb:OUT std_logic);
END tff;
ARCHITECTURE rtl_arc OF tff IS
     SIGNAL q_temp,qb_temp:std_logic;
     BEGIN
        PROCESS(clk)
         BEGIN
             IF (clk'event AND clk='1') THEN
                IF (t='1') THEN
                   q_temp<=NOT q_temp;
                   qb_temp<=NOT qb_temp;
                ELSE
                   q_temp<=q_temp;
                   qb_temp<=qb_temp;
                END IF;
             END IF;
             q<=q_temp;
             qb<=qb_temp;
         END PROCESS;
END rtl_arc;
```

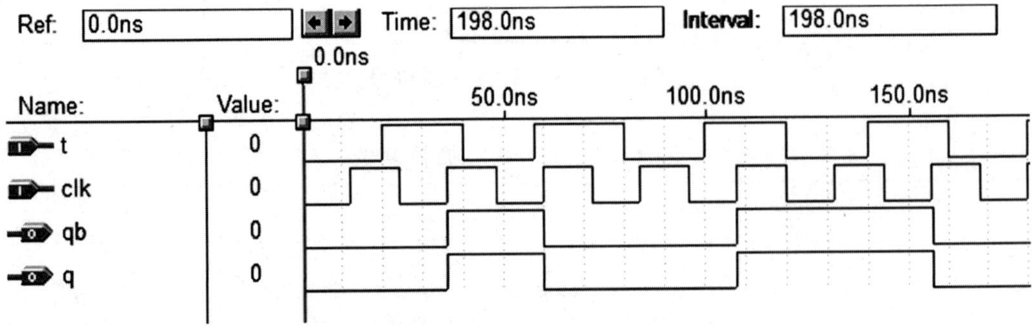

图 12.2.9　T 触发器仿真

12.2.3　移位寄存器

通常把具有存储和移位功能的寄存器称为移位寄存器。移位寄存器里面存储的代码能够在时钟的作用下进行依次左移或者是右移。串入/串出移位寄存器(图 12.2.10)将第一个触发器的输入端口用来接收外来的输入信号,而其余的每一个触发器的输入端口均与前面一个触发器的 Q 端相连。这样,移位寄存器输入端口的数据将在时钟边沿的作用下逐级向后移动,然后从输出端口串行输出。例如串入/串出四位移位寄存器。

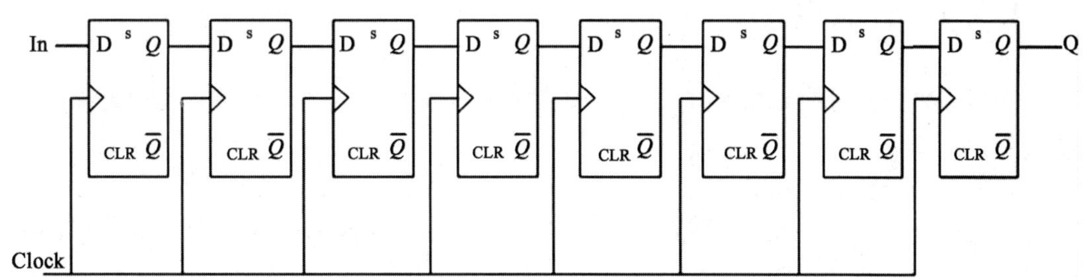

图 12.2.10　串入/串出移位寄存器

例 12-13

```
LIBRARY IEEE;
USE IEEE. STD_LOGIC_1164. ALL;
USE IEEE. STD_LOGIC_ARITH. ALL;
USE IEEE. STD_LOGIC_UNSIGNED. ALL;
ENTITY SHIFTREG IS
    PORT(DATAIN:IN STD_LOGIC;
          CLK:IN STD_LOGIC;
          Q:OUT STD_LOGIC);
END SHIFTREG;
ARCHITECTURE example OF SHIFTREG IS
    SIGNAL QQ:STD_LOGIC_VECTOR(7 DOWNTO 0);
     BEGIN
          PROCESS(CLK)
               BEGIN
                    IF CLK'EVENT AND CLK='1' THEN
                      QQ(7 DOWNTO 1)<=QQ(6 DOWNTO 0);
                      QQ(0)<=DATAIN;
                    END IF;
          END PROCESS;
          Q<=QQ(7);
END example;
```

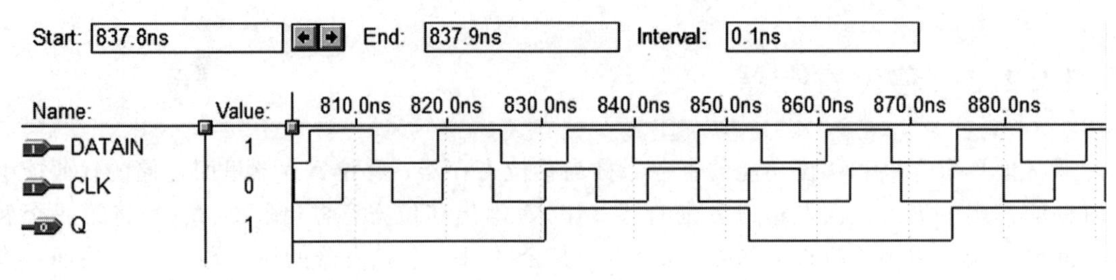

图 12.2.11　串入/串出移位寄存器仿真图

12.2.4　计数器

计数器用来记忆时钟脉冲个数,计数器是典型的时序电路,分析计数器就能更好地了解时序电路特性。

二进制同步计数器符号图如图 12.2.12 所示,真值表如表 12.2.6 所示。

计数器仿真图如图 12.2.13 所示,异步复位的十进制计数器仿真图如图 12.2.14 所示。

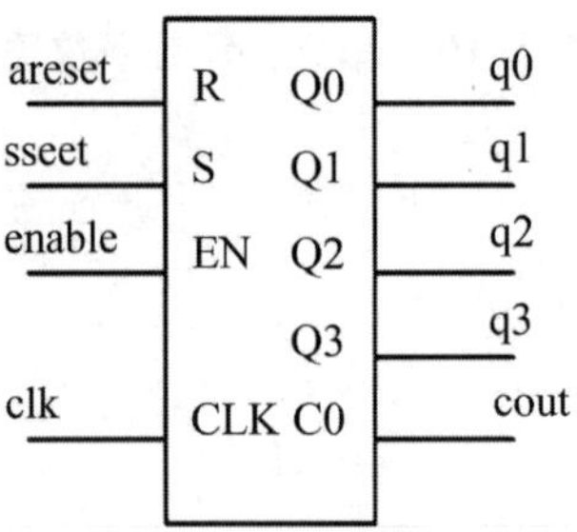

图 12.2.12　计数器符号图

表 12.2.6　4 位二进制同步计数器真值表

R	S	EN	CLK	Q3	Q2	Q1	Q0
1	×	×	×	0	0	0	0
0	1	×	上升沿	预置值			
0	0	1	上升沿	计数值加 1			
0	0	0	×	保持不变			

例 12-14:二进制同步计数器程序设计

```
LIBRARY IEEE;
USE IEEE.std_logic_1164.ALL;
USE IEEE.std_logic_arith.ALL;
USE IEEE.std_logic_unsigned.ALL;
ENTITY counter IS
```

```
            PORT (clk:IN std_logic;
                  areset:IN std_logic;
                  sset:IN std_logic;
                  enable:IN std_logic;
                  cout:OUT std_logic;
                  q:BUFFER std_logic_vector(3 DOWNTO 0));
END counter;
ARCHITECTURE rtl_arc OF counter IS
BEGIN
    PROCESS (clk,areset)
    BEGIN
        IF (areset='1') THEN
            q<=(OTHERS=>'0');
        ELSIF (clk'event AND clk='1') THEN
            IF (sset='1') THEN
                q<="1010";
            ELSIF (enable='1') THEN
                q<=q +1;
            ELSE
                q<=q;
            END IF;
        END IF;
    END PROCESS;
    cout<='1' WHEN q="1111" AND enable='1'
            ELSE '0';
END rtl_arc;
```

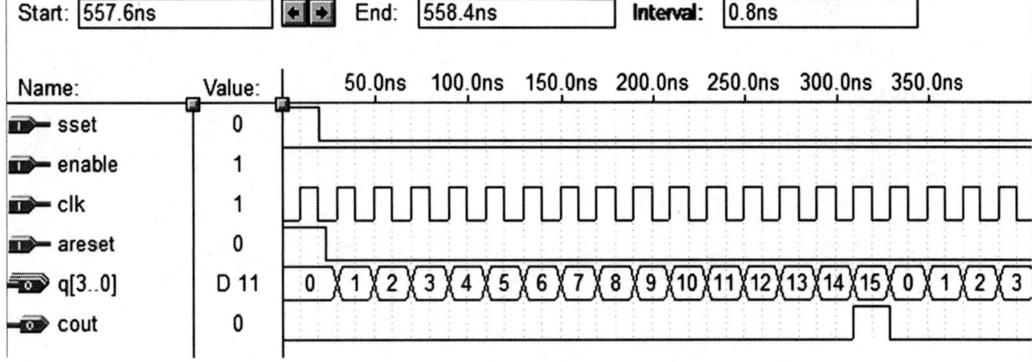

图 12.2.13　计数器仿真图

例 12-15:异步复位的十进制计数器 cnt10

```
library ieee;
use ieee. std_logic_1164. all;
use ieee. std_logic_arith. all;
use ieee. std_logic_unsigned. all;
entity cnt10 is
    port(clr:in std_logic;
         en:in std_logic;
         clk:in std_logic;
         cout:out std_logic;
         q:out std_logic_vector(3 downto 0));
end cnt10;
architecture rtl of cnt10 is
    signal q_tmp:std_logic_vector(3 downto 0);
begin
    process(clr,en,clk)
    begin
      if (clr='1') then
         q_tmp<=(others=>'0');
      elsif (clk'event and clk='1') then
         if (en='1') then
            if (q_tmp="1001") then
               q_tmp<=(others=>'0');
         cout<='1';
            else
               q_tmp<=q_tmp +1;
               cout<='0';
            end if;
         end if;
      end if;
      q<=q_tmp;
end process;
end rtl;
```

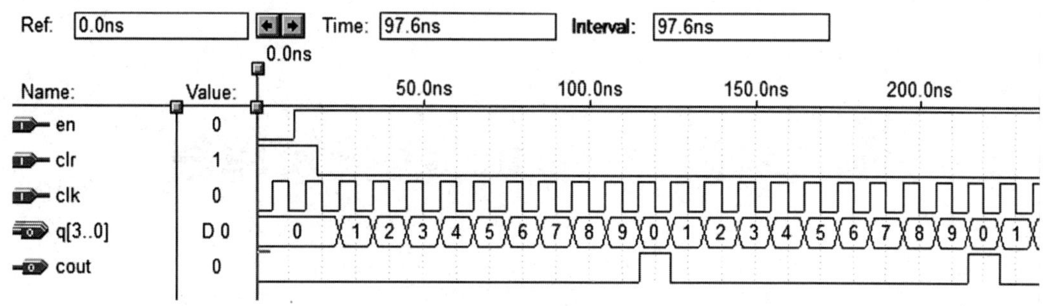

图 12.2.14　异步复位的十进制计数器仿真图

第 13 章　Quartus II 开发平台

Quartus II 是 Altera 公司的综合性 CPLD/FPGA 开发软件，支持 APEX、Cyclone、Stratix 和 Excalibur 等各系列器件开发，具有硬件描述语言文本编写、原理图输入等多种设计方式，内嵌自有的综合器以及仿真器，可以完成从设计输入到硬件配置的完整 PLD 设计流程，为可编程片上系统(SOPC)设计提供了一个完整的设计环境。

Quartus II 输入的设计过程可分为创建工程、输入文件、项目编译、项目校验和编程下载等几个步骤。本章在介绍软件安装的基础上，通过实例说明在 Quartus II 平台上进行开发设计的过程。

13.1　Quartus II 软件安装

Quartus II 软件的安装一般分为两个部分，首先是开发工具的安装，在此基础上设计者可以根据需要选择相应的器件库进行安装。安装过程如下：

(1)打开软件安装文件夹找到安装文件，双击打开，如图 13.1.1 所示。

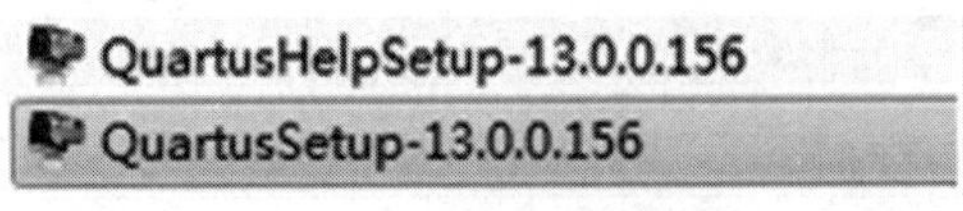

图 13.1.1　安装文件

(2)弹出如图 13.1.2 所示对话框，点击 Next 下一步。

(3)弹出如图 13.1.3 所示对话框，选择“I accept the agreement”，再点击 Next。

(4)选择安装路径，这里选择安装在了 D 盘目录 D:\altera\13.0 下，如图 13.1.4 所示。

(5)选择安装工具及器件。将器件库文件和 Quartus 安装工具放在同一文件夹内，选中全部项，选中了要安装的器件库，然后点击 Next，如图 13.1.5 所示。

(6)弹出对话框提示，当前安装需要及可提供的空间大小，继续 Next，如图 13.1.6 所示。

(7)等待安装，这段时间比较长，大约 10～20 min，安装完成点击 Next，如图 13.1.7 所示。

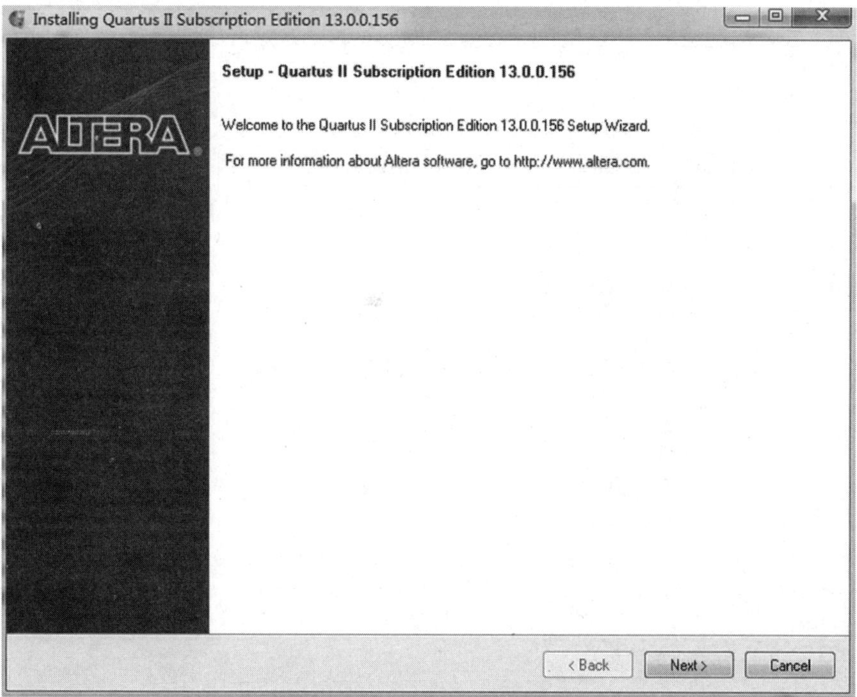

图 13.1.2　安装启动

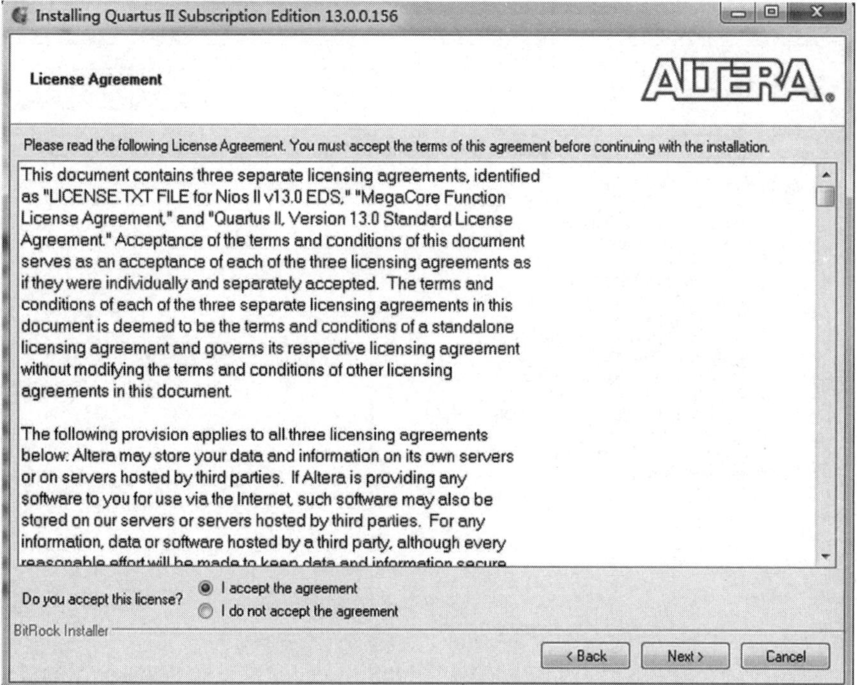

图 13.1.3　安装协议

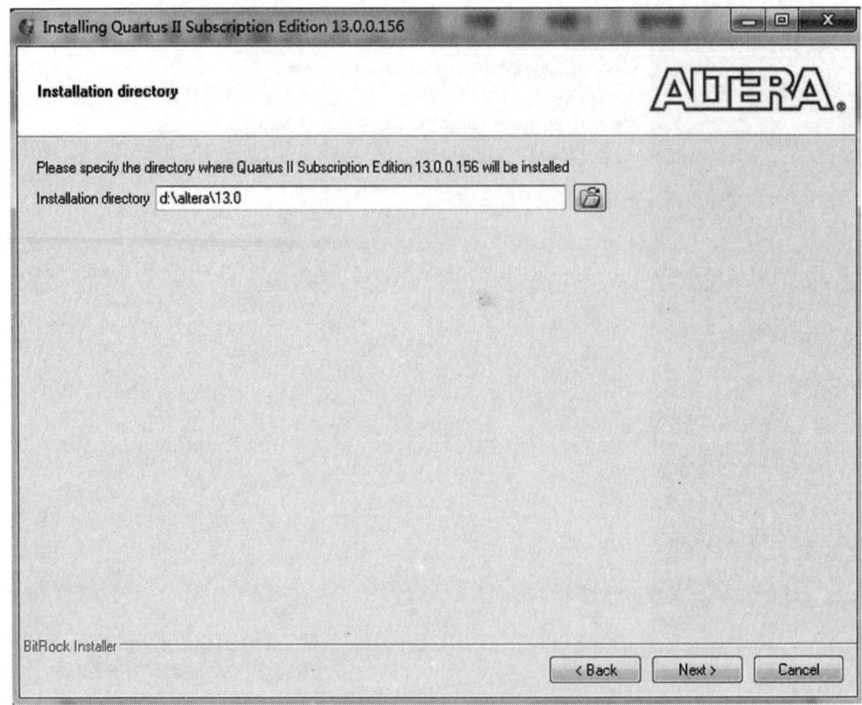

图 13.1.4　安装路径

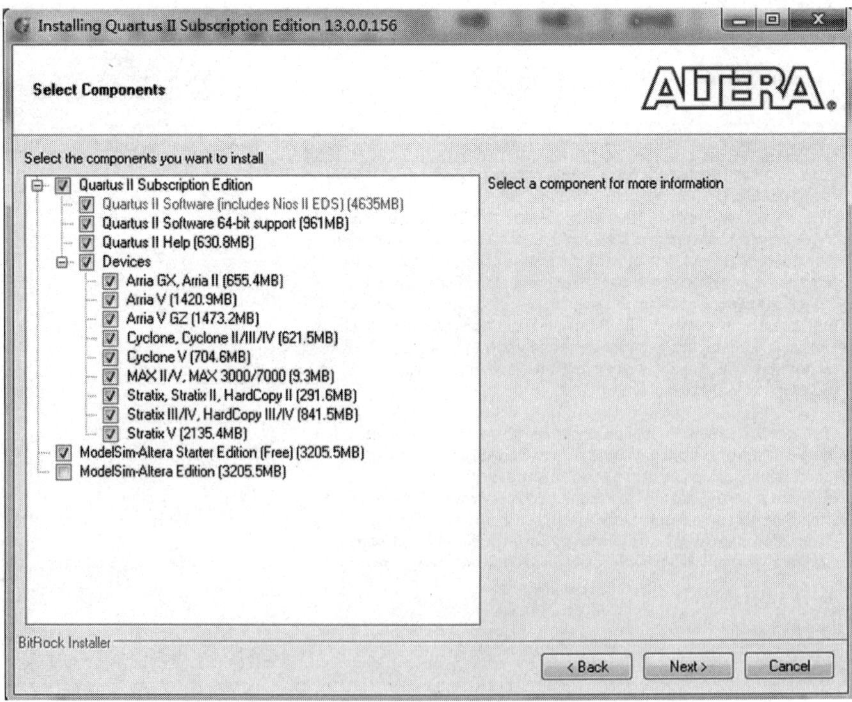

图 13.1.5　选择安装工具

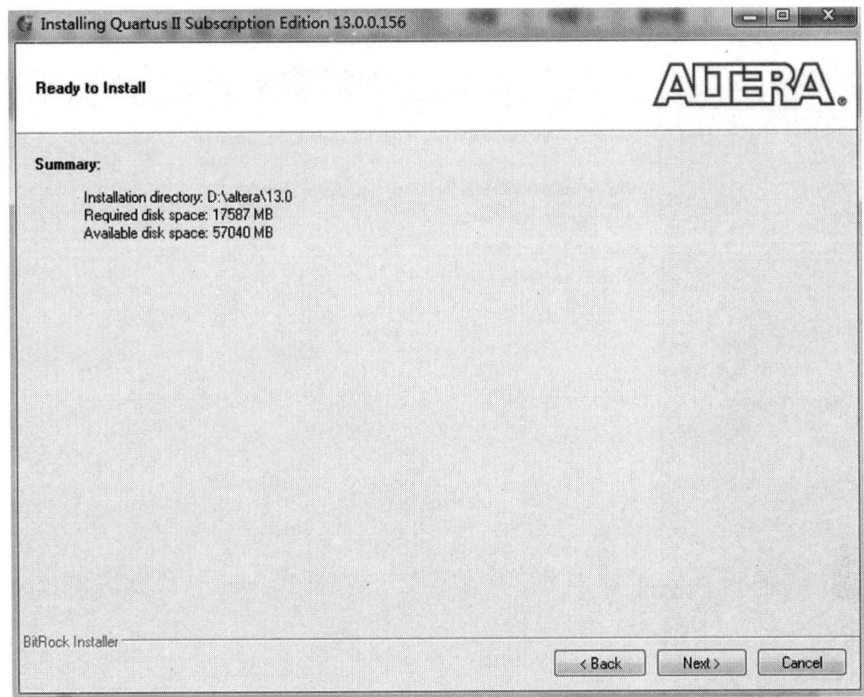

图 13.1.6　准备安装空间

图 13.1.7　安装过程

(8)完成安装,点击 Finish,如图 13.1.8 所示。

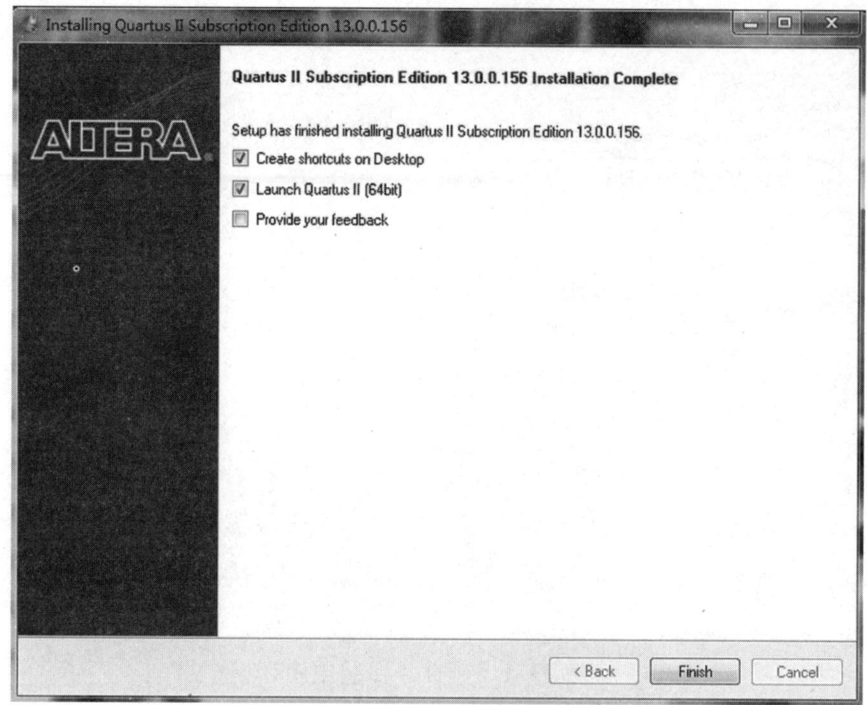

图 13.1.8 安装完成

13.2 Quartus II 使用

用硬件描述语言 VHDL 设计一个 2 输入与门,在 D 盘新建名为"and2"文件夹,设计放在 d:\ and2 目录下,工程文件名为 and2_v1 。

13.2.1 创建工程

(1)打开 Quartus II 软件界面,在"File"下选择"New Project Wizard",点击"Next"后弹出如图 13.2.1 所示对话框,点选第一行右侧的"..."选择工程目录为"d:\ and2",在第二行输入工程名称:and2_v1,工程名要与创建的顶层文件名一致。第三行默认把项目名设为顶层文件名,点击"Next"。

(2) 为项目添加已经编辑好的程序文件,如图 13.2.2 所示,如果没有设计好的文件,可以默认为空,点击"Next",继续进行工程设置。

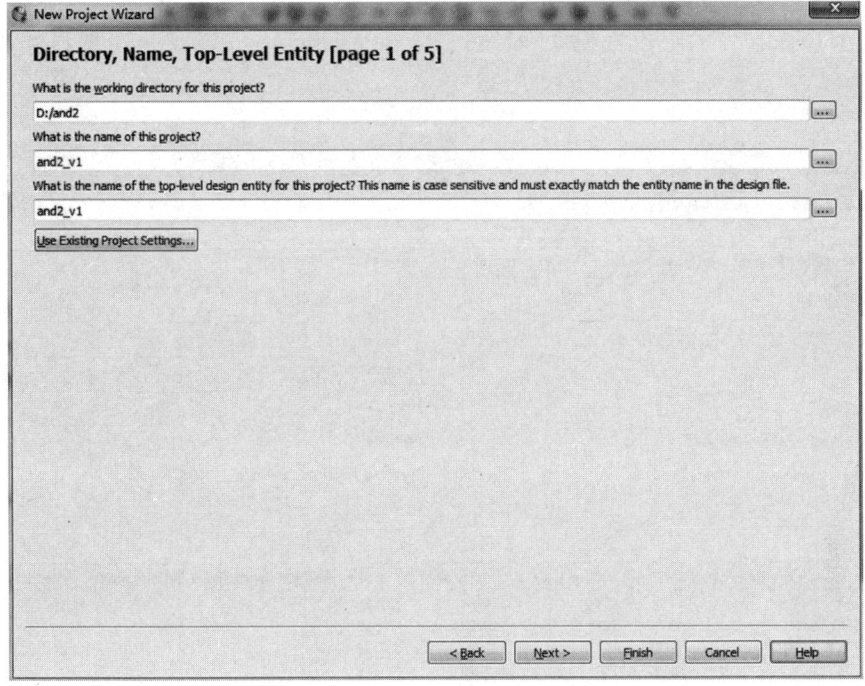

图 13.2.1　新建工程

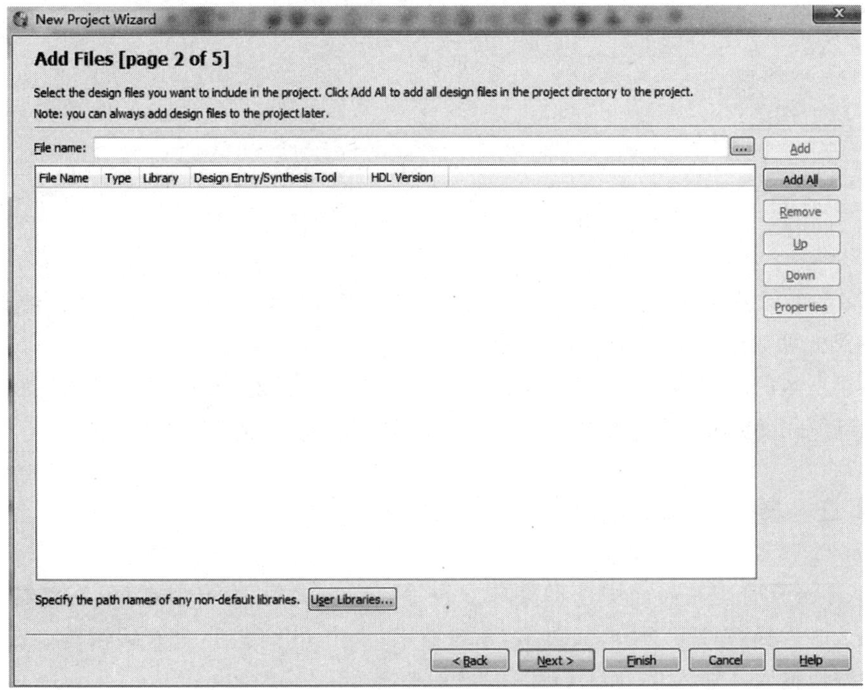

图 13.2.2　添加编辑好的文件

(3)为工程配置芯片。如图 13.2.3 所示,设计者可以根据设计需求选择相应的 FPGA 硬件,本例中在 Family 下拉框内选择“Cyclone II”,在 Avaliable devices 窗口选择芯片型号为:EP2C5AF256A7,其他选项默认,点击“Next”。

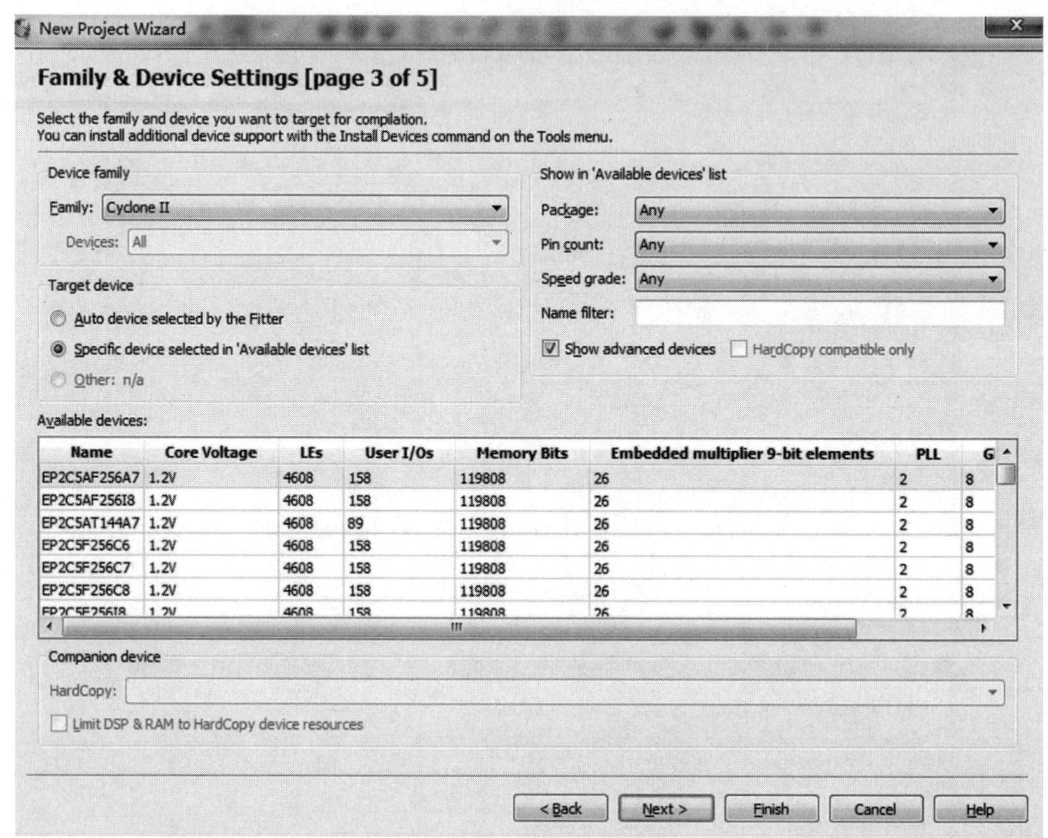

图 13.2.3　工程配置芯片

(4) EDA 工具设置,如图 13.2.4 所示,该窗口用来添加第三方 EDA 工具软件参与综合、仿真、时序分析等工作,默认不选,点击“Next”。

(5)新建项目的所有信息汇总情况,如图 13.2.5 所示,点击“Finish”项目建立完毕。建立工程后,可以使用 Assignments 菜单下的 settings 对话框对工程设置进行修改。

13.2.2　输入文本文件

在 Quartus II 管理器界面中选择菜单 File\New…,出现 New 对话框,在对话框 Device Design Files 中选择 VHDL File,如图 13.2.6 所示,点击 OK 按钮,打开编辑器。在文本编辑器窗口下,编辑输入 2 输入与门的 VHDL 程序,如图 13.2.7 所示。

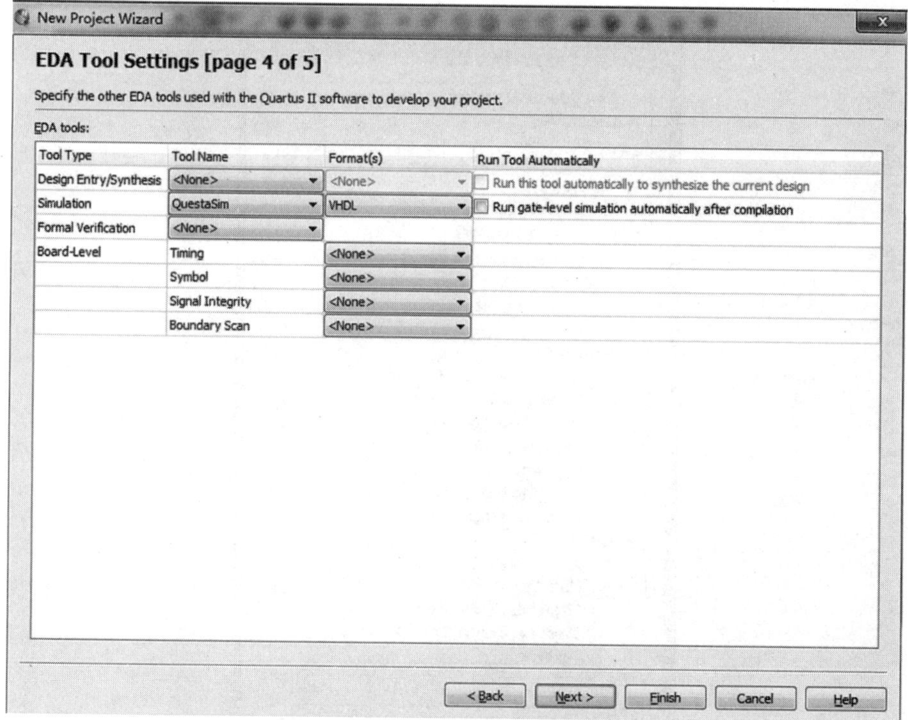

图 13.2.4　EDA 工具设置

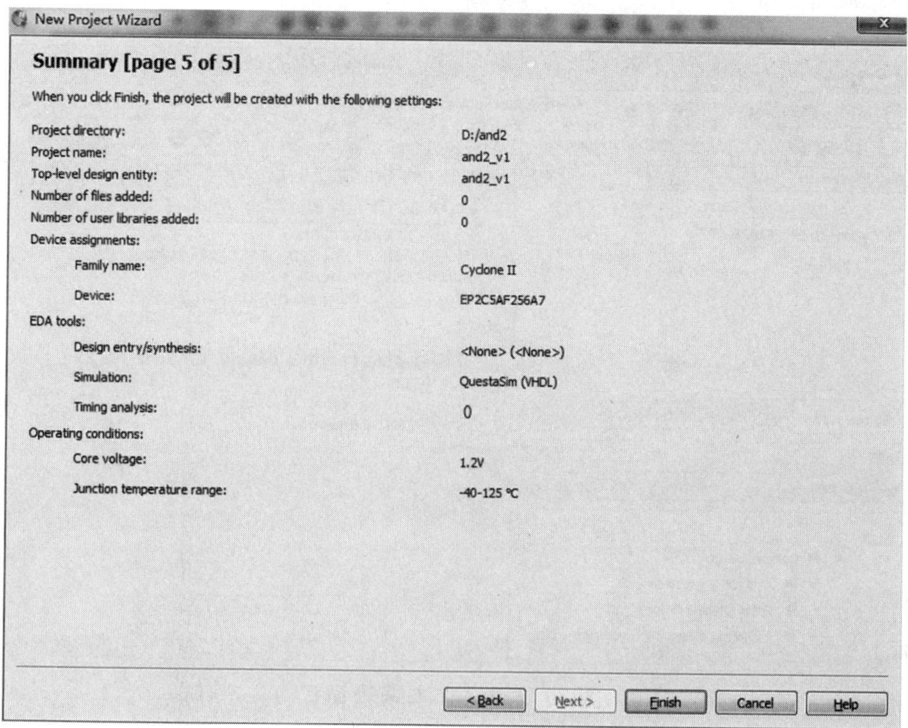

图 13.2.5　新建项目的所有信息汇总

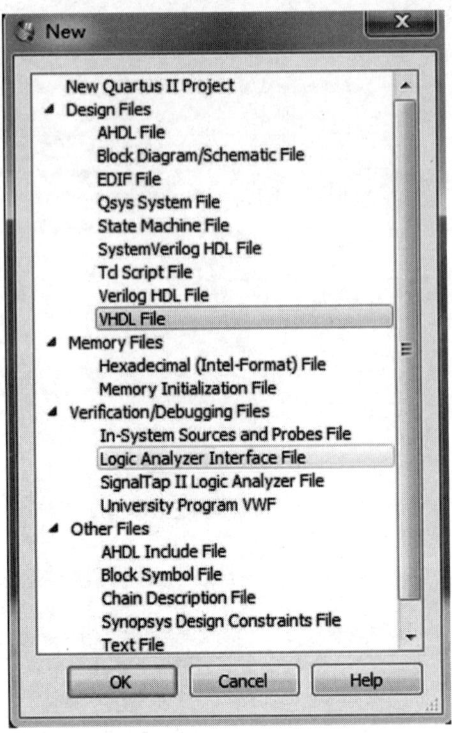

图 13.2.6　新建设计文件选择窗口

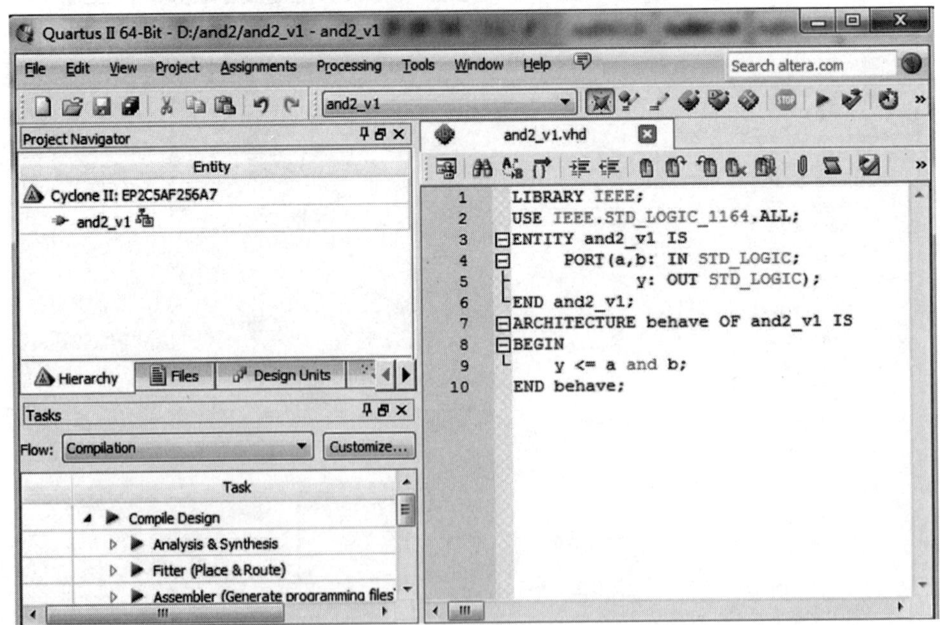

图 13.2.7　文本编辑窗口

编辑完毕后保存，例如文件名保存为“aud2_v1”，VHDL 文件的扩展名为 . vhd。

13.2.3　设计项目编译

保存文件后，选择“Project”菜单，点击“Set as Top-Level Entity”项，把当前文件设置为顶层实体。打开“Processing”下拉菜单，在点击“Start Compilation”执行完全编译，如图 13.2.8 所示。编译器将依次完成编译、网表提取、数据库建立、逻辑综合、逻辑适配、定时模拟网表文件的提取、装配，编译结束后，编译报告给出所有编译结果，包括硬件信息、资源占用率等信息。编译成功后，编译器产生相应的输出文件。

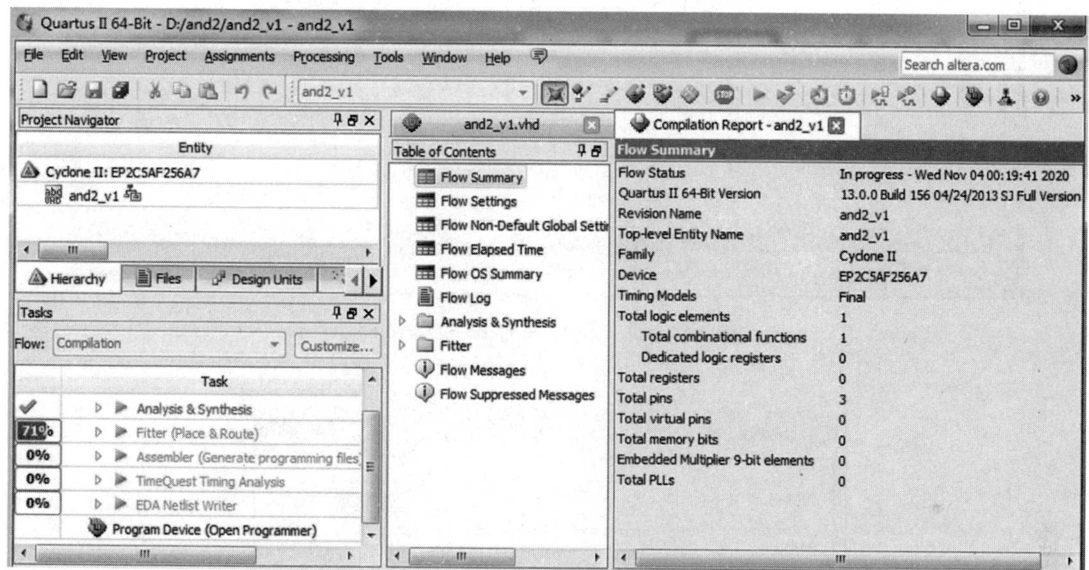

图 13.2.8　设计项目编译

13.2.4　设计项目波形仿真

波形仿真是在波形编辑器中将设计的逻辑功能用波形图的形式显示，通过查看波形图，检查设计的逻辑功能是否符合设计要求。

(1) 建立波形图文件。关闭编译报告窗口后，在“File”菜单下选择“New”，在“Verification/Debugging Files”下，点击“University Programe VWF”点击“OK” 打开波形编辑窗口，如图 13.2.9 所示。

(2)定义仿真观测的输入输出节点。

在图 13.2.9 左侧空白处双击，弹出“Insert Note or Bus”对话框，如图 13.2.10 所示。

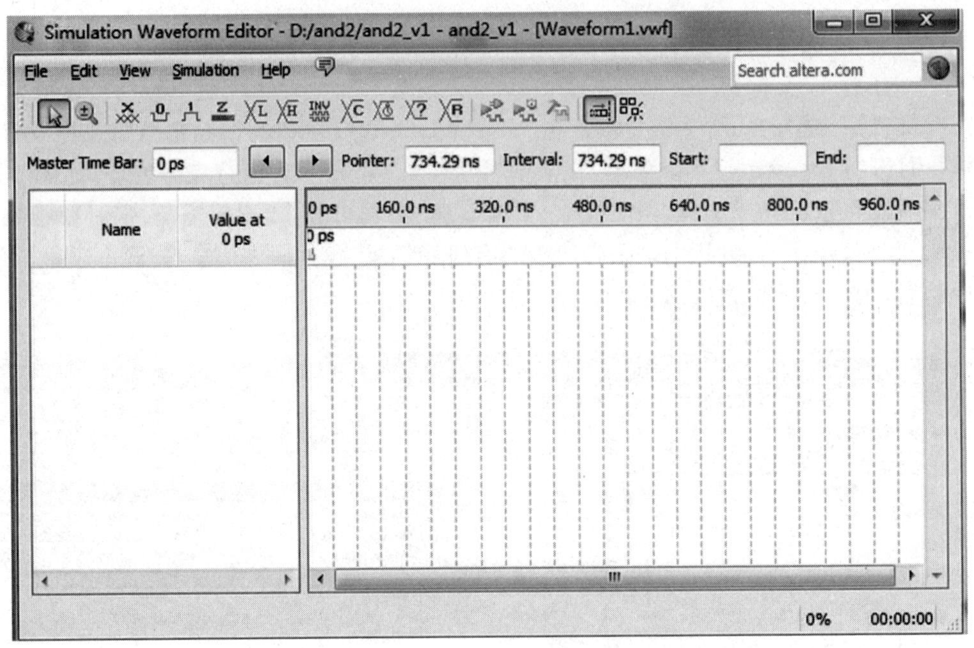

图 13.2.9　新建波形图编辑窗口

图 13.2.10　"Insert Note or Bus"对话框

点击"Node Finder…"按键，出现"Node Finder"对话框，单击 List 按钮，可在左下侧区域看到设计项目中的输入输出信号，单击按钮"=〉"，将这些信号选择到"Selected Nodes"区，如图 13.2.11 所示，将对这些信号进行观测。单击 OK，出现波形编辑窗口，如图 13.2.12 所示。保存波形文件，文件名为 and2_v1.vwf。

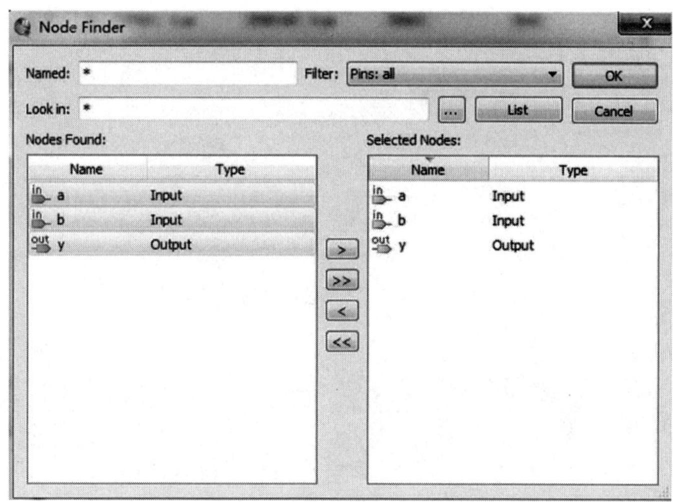

图 13.2.11　选择仿真观测节点

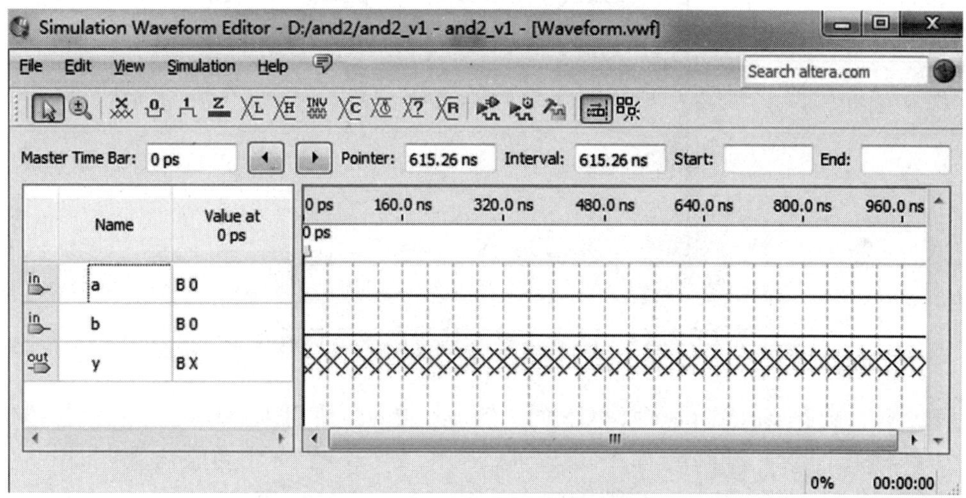

图 13.2.12　波形编辑窗口

(3)为输入信号赋值。波形编辑器窗口上方为信号赋值工具条，根据实际要求点选工具按钮对输入信号赋值。

设置仿真时间：选择 Edit 菜单下的 Set End Time…选项，打开 End Time 对话框，在 time 框内入输 100 单位为 ns，如图 13.2.13 所示。

为输入信号 a，b 赋值：分别选中 a、b，单击工具条按钮对输入进行赋值。为方便起见，采用 按钮分别设置 a、b 为周期为 20 ns 和 40 ns 的周期信号，保存波形设置，如图 13.2.14 所示。

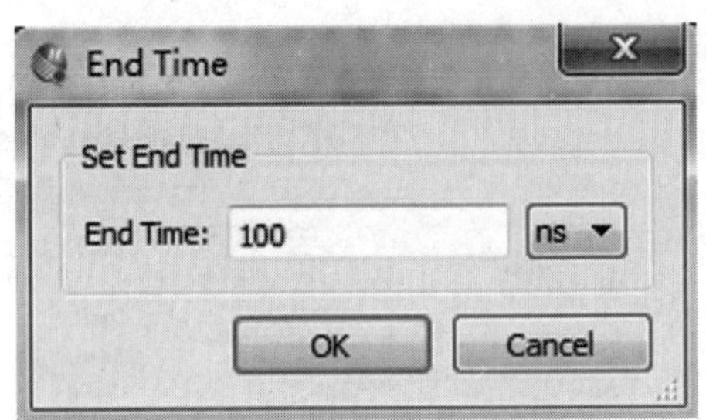

图 13.2.13　仿真时间设置窗口

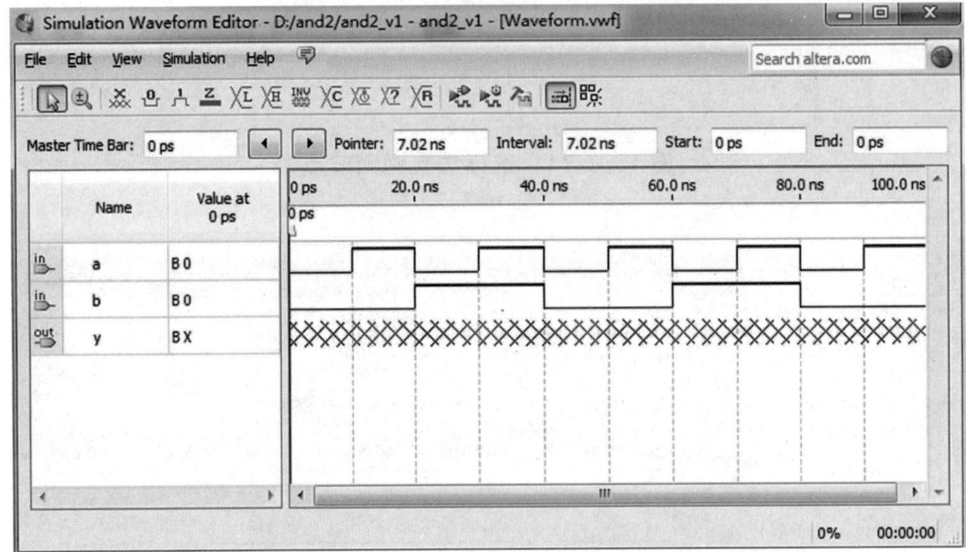

图 13.2.14　定义了输入信号的波形仿真窗口

(4)仿真。选择 Simulation 菜单下的 Options 选项，使用 Quartus 自带的仿真工具：Options→Quartus 2 Simulator，如图 13.2.15 所示。点击 完成功能仿真，如图 13.2.16 所示，考察在输入信号的激励下，电路的响应是否正确。点击 完成时序仿真，如图 13.2.17 所示，输出信号加载了时延，体现了时序仿真在逻辑综合后或布局布线后对线路传输的评估模拟。

图 13.2.15　选择仿真工具

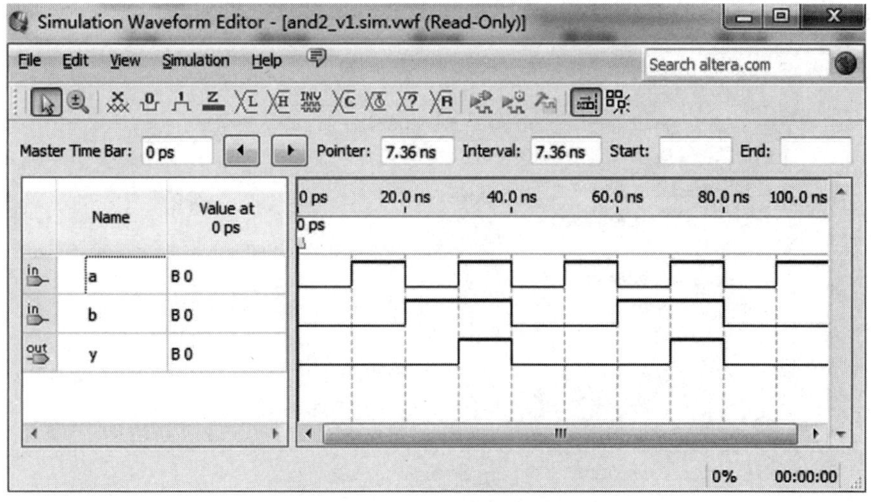

图 13.2.16　功能仿真结果

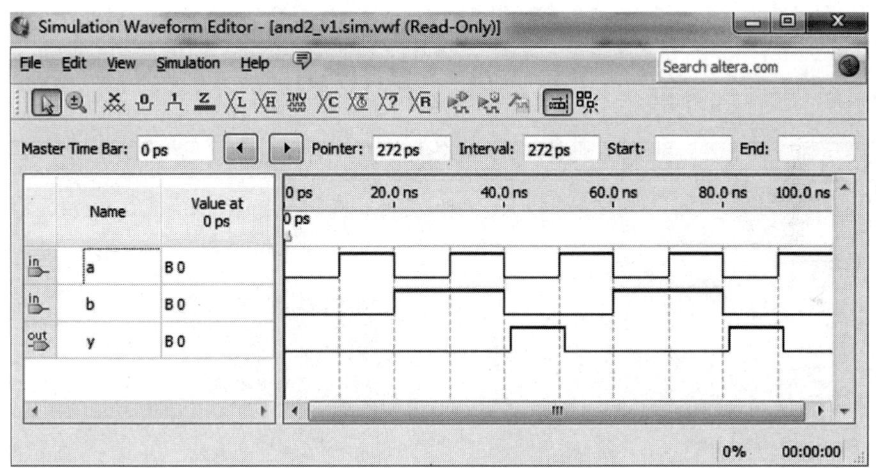

图 13.2.17　时序仿真结果

13.2.5　编程下载

编译和波形仿真正确后，Quartus II 将生成的如 . pof 和 . sof 等编程数据文件通过下载电缆载到预先选择的 FPGA 芯片中。下载成功后，该 FPGA 芯片就会执行设计文件描述的功能。

(1)指定目标器件。如果在建立项目时，没有指定目标器件，可以如图 13.2.18 所示，在"Assignments"下选择 Device 项，进而指定设计项目使用的目标器件。

(2)管脚分配。选择菜单 Assignments\Pin Planner，出现 Pin Planner 对话框，如图 13.2.19 所示。由于设计项目已经进行过编译，因此在节点列表区会自动列出所有信号的名称，在需要锁定的节点名处，双击引脚锁定区 Location，在列出的引脚号中进行选择，选择了器件和分配了管脚后，重新运行编译器，逻辑电路图上出现已分配的管脚号。

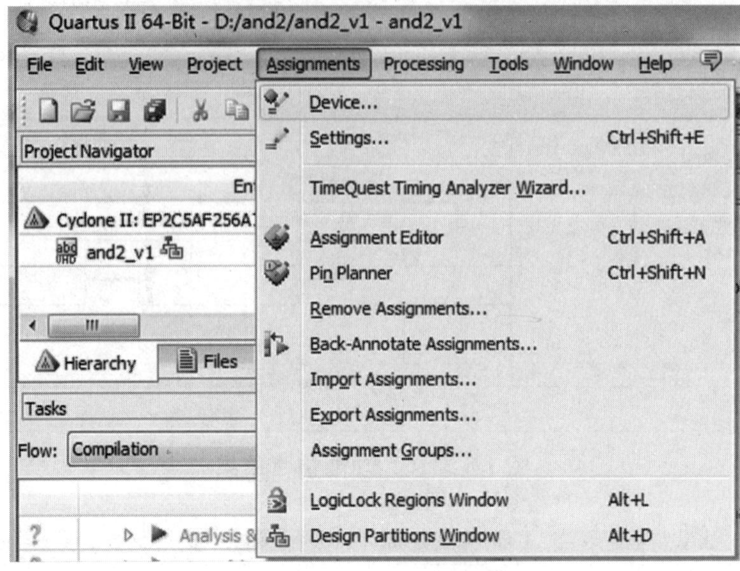

图 13.2.18 配置目标器件

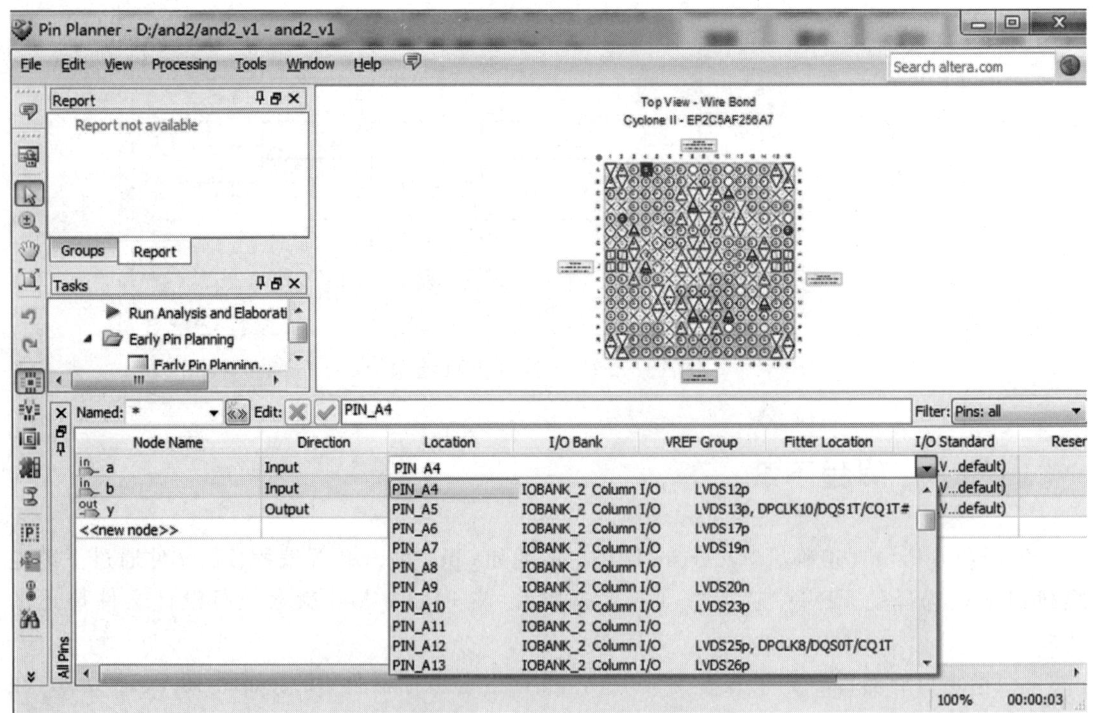

图 13.2.19 管脚分配

选择了器件和分配了管脚后，重新运行编译器，逻辑电路图上出现已分配的管脚号。

(3)编程操作。选择菜单 Tools\Programmer 或点击工具栏中编程快捷按钮，打开编程窗口如图 13.2.20 所示。设计者需要根据自己的实验设备情况进行器件编程的设置。

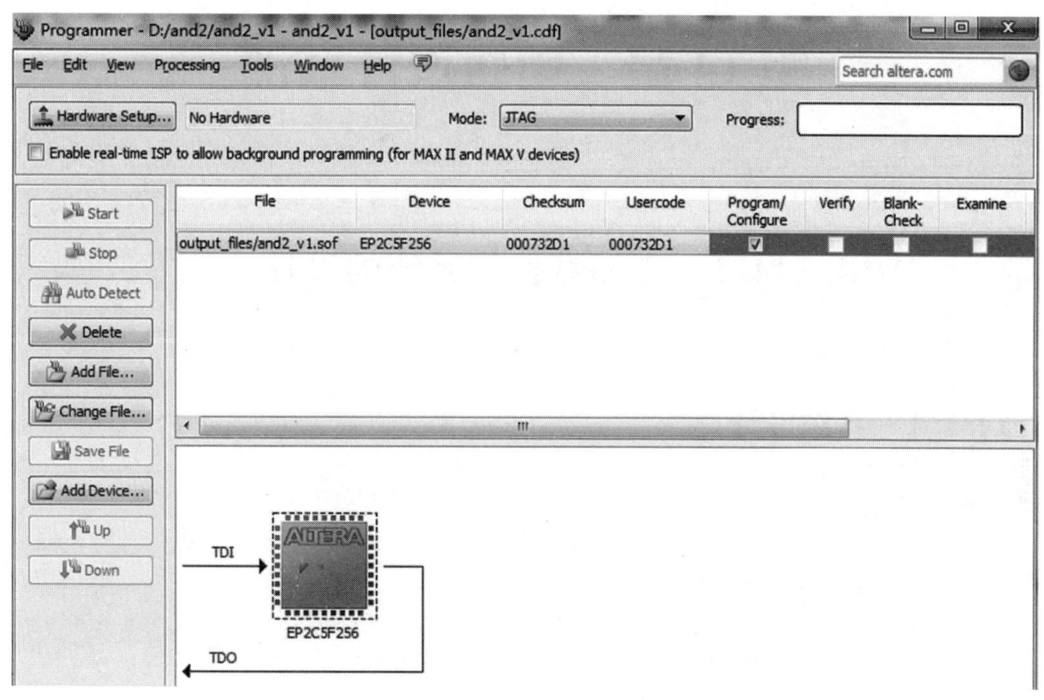

图 13.2.20　编程下载窗口

硬件选择 ByteBlasterMV 下载电缆；初始打开时显示“No Hardware”(没有硬件)。

配置模式 Mode 设置：JTAG 模式(即默认选项)。

单击 Add File…添加配置文件。默认当前项目文件的编程配置文件已出现在右侧窗口。

把“Program/Configure”选择框勾选。

单击编程按钮 Start，开始对器件进行编程。编程过程中进度表显示下载进程，信息窗口显示下载过程中的警告和错误信息。

器件编程结束后，在实验设备上实际查看 FPGA 芯片作为 2 输入与门的工作情况。

第 14 章　电路设计实训

14.1　交通灯控制系统的设计

14.1.1　系统设计要求

基本设计要求：

(1)在十字路口的两个方向分别设置红、黄、绿三种指示灯，每个方向的通行时间 30 s。

(2)红绿灯切换时公共停车黄灯亮 5 s。

(3)灯亮的时间通过数码管以倒计时的形式显示出来。

(4)利用 MAX＋plusⅡ软件模拟交通管理系统的仿真波形。

提高部分要求：

(1)在原有系统上增加车辆左拐指示灯，灯亮的时间参数自行定义。

(2)红灯和绿灯亮的瞬间，设置声音报警。

14.1.2　系统设计参考方案

系统的时钟基准频率为 1 MHz，设计中采用自顶向下的设计方法，顶层设计采用原理图设计的方式，系统主要由计数模块、分频电路、控制器以及分位模块构成，系统框图如图 14.1.1 所示。系统整体组装模块图如图 14.1.2 所示。

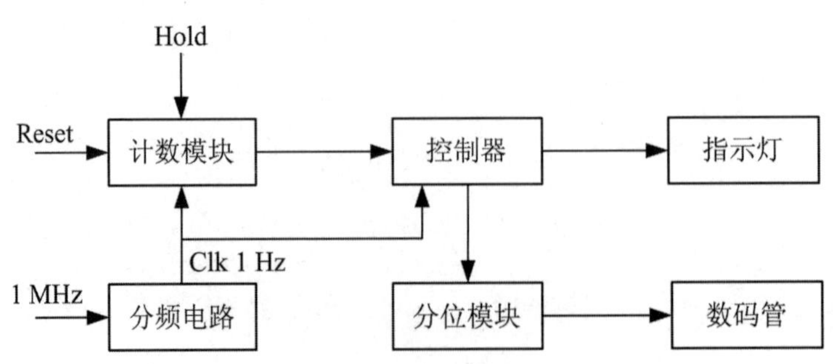

图 14.1.1　交通灯控制系统框图

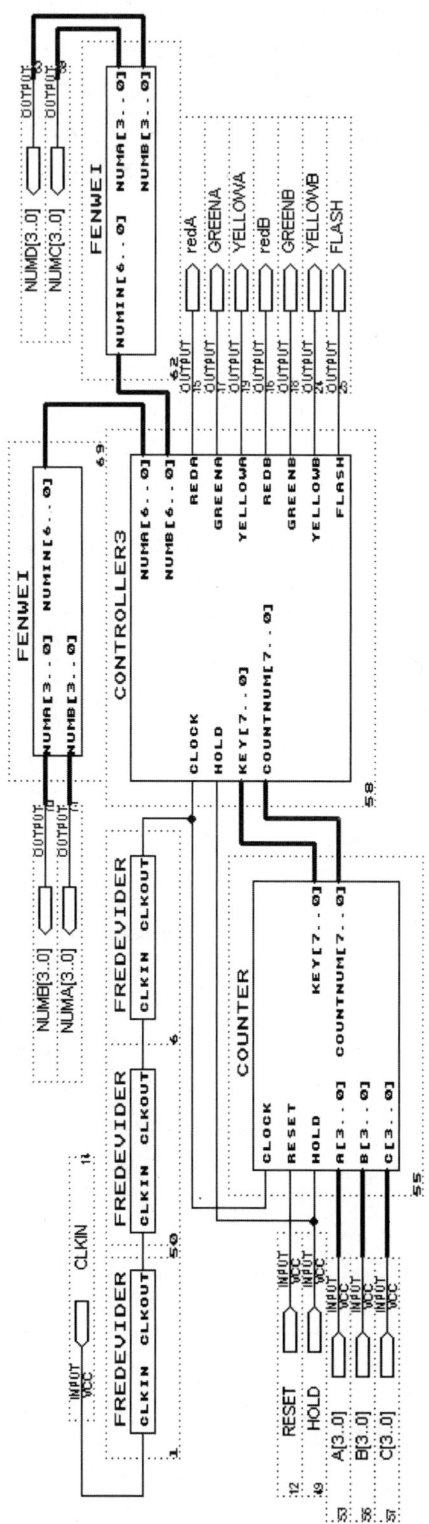

图14.1.2　交通灯控制系统模块图

系统的时钟基准频率是 1 MHz,Reset 为系统复位控制开关,高电平有效。Hold 为紧急控制信号,当 Hold 为高电平时,交通控制系统计数停止,各路口的交通灯维持现况。计数模块作用在于控制交通灯整个的工作时间,分频电路将输入的基准频率转化为 1 Hz,作为计数模块和控制模块的时钟激励信号。控制器模块实现了各方向交通灯闪烁时间的控制及转换,在控制模块的作用下,闪烁时间通过分位模块在两个七段数码管上动态显示,各色指示灯的亮灭也可清楚地通过实验箱展示出来。

14.1.3 VHDL 参考程序

(1)计数器。

```
entity counter is
port
 (clock:in std_logic;
 reset:in std_logic;                              ——复位信号
 hold:in std_logic;
 A,B,C:in std_logic_vector(3 downto 0);           ——键盘输入值
 key:out integer range 0 to 255;
 countnum:buffer integer range 0 to 255);         ——计数值
end;
architecture behavior of counter is
signal keyin:integer range 0 to 255;
begin
   keyin<=conv_integer(A)*100+conv_integer(B)*10+conv_integer(C);
   process(reset,clock)
   begin
   if reset='1' then
      countnum<=0;
   elsif rising_edge(clock) then
    if hold='1' then                              ——出现紧急情况,计数器暂停计数
      countnum<=countnum;
    else
      if countnum=keyin then
      countnum<=0;
    else
      countnum<=countnum+1;
    end if;
   end if;
  end if;
```

```
  end process;
key<=keyin;
end;
```

(2)分频器。

```
entity fredevider is
port
 (clkin:in std_logic;
clkout:out std_logic);
end;
architecture devider of fredevider is
constant N:integer:=49;                        --控制分频大小
signal counter:integer range 0 to N ;
signal clk:std_logic;
begin
   process(clkin)
     begin
       if rising_edge(clkin) then
         if counter=N then
              counter<=0;
              clk<=not clk;
         else
              counter<=counter+1;
         end if;
       end if;
   end process;
       clkout<=clk;
end;
```

(3)控制器。

```
entity controller3 is
port
 (clock:in std_logic;
 hold:in std_logic;                            --紧急状态控制键
 key:in integer range 0 to 255;                --键盘输入值
 countnum:in integer range 0 to 255;           --前级计数器的计数值
 numA,numB:out integer range 0 to 99;          --倒计时数值输出
 redA,greenA,yellowA:out std_logic;            --控制东西方向的红、黄、绿灯的亮灭
 redB,greenB,yellowB:out std_logic;            --控制南北方向的红、黄、绿灯的亮灭
 flash:out std_logic);                         --用以指示紧急状态
```

```
end;
architecture behavior of controller3 is
begin
  process(clock)
begin
  if falling_edge(clock) then                    ——计数器是下降沿改变计数值
   if hold='1' then                              ——进入紧急状态
     redA<='1';
     redB<='1';
     greenA<='0';
     greenB<='0';
     yellowA<='0';
     yellowB<='0';
     flash<='1';
   else
     flash<='0';
if countnum<key/2 then                           ——控制东西方向绿灯亮的时间
     numA<=key/2-countnum;
     redA<='0';
     greenA<='1';
     yellowA<='0';
   elsif countnum<key/8 * 5 then                 ——控制东西方向黄灯亮的时间
     numA<=key/8 * 5-countnum;
     redA<='0';
     greenA<='0';
     yellowA<='1';
   elsif countnum=key then
     numA<=16;
     redA<='1';
     greenA<='0';
     yellowA<='0';
   else
     numA<=key-countnum;                         ——控制东西方向红灯亮的时间
     redA<='1';
     greenA<='0';
     yellowA<='0';
   end if;
if countnum<key/2 then                           ——控制南北方向红灯亮的时间
```

```
      numB<=key/2-countnum;
      redB<='1';
      greenB<='0';
      yellowB<='0';
    elsif countnum<key/8 * 7 then                    ——控制南北方向绿灯亮的时间
      numB<=key/8 * 7-countnum;
      redB<='0';
      greenB<='1';
      yellowB<='0';
    elsif countnum=key then
      numb<=16;
      redB<='0';
      greenB<='0';
      yellowB<='1';
    else
      numB<=key-countnum;                            ——控制南北方向黄灯亮的时间
      redB<='0';
      greenB<='0';
      yellowB<='1';
    end if;
   end if;
  end if;
end process;
end;
```

(4)分位器。

```
entity fenwei is
port
 (numin:in integer range 0 to 99;
 numA,numB:out integer range 0 to 9);          ——倒计时数值输出
end;
architecture behavior of fenwei is
begin
process(numin)
begin
      if numin>=90 and numin<100 then
        numA<=9;
        numB<=numin-90;
      elsif numin>=80 then
```

```
            numA<=8;
            numB<=numin-80;
          elsif numin>=70 then
            numA<=7;
            numB<=numin-70;
          elsif numin>=60 then
            numA<=6;
            numB<=numin-60;
          elsif numin>=50 then
            numA<=5;
            numB<=numin-50;
          elsif numin>=40 then
            numA<=4;
            numB<=numin-40;
          elsif numin>=30 then
            numA<=3;
            numB<=numin-30;
          elsif numin>=20 then
            numA<=2;
            numB<=numin-20;
          elsif numin>=10 then
            numA<=1;
            numB<=numin-10;
          else
            numA<=0;
            numB<=numin;
          end if;
    end process;
end;
```

14.1.4 系统仿真

(1)计数模块仿真图(图 14.1.3)。
(2)分频器模块仿真图(图 14.1.4)。
(3)分位模块仿真图(图 14.1.5)。
(4)控制模块仿真图(图 14.1.6)。

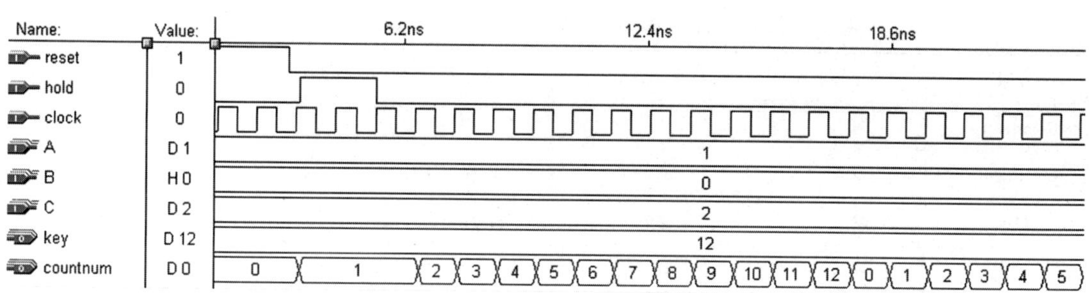

图 14.1.3　计数模块仿真图

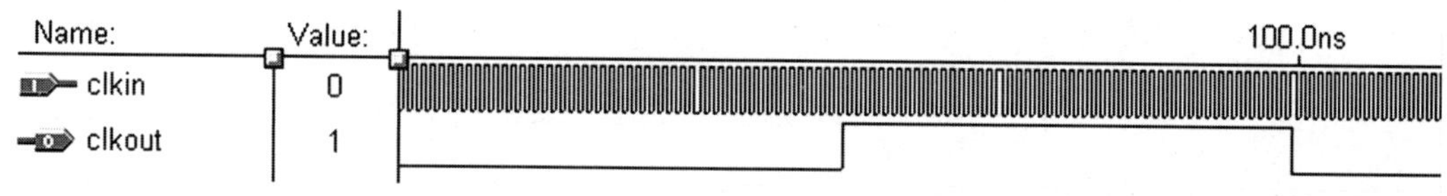

图 14.1.4　分频器仿真图

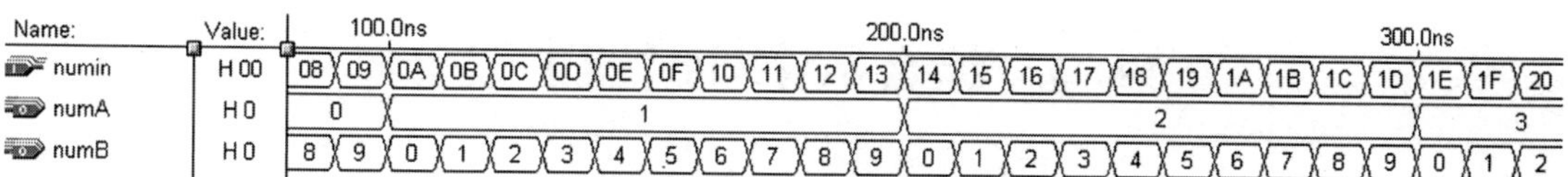

图 14.1.5　分位模块仿真图

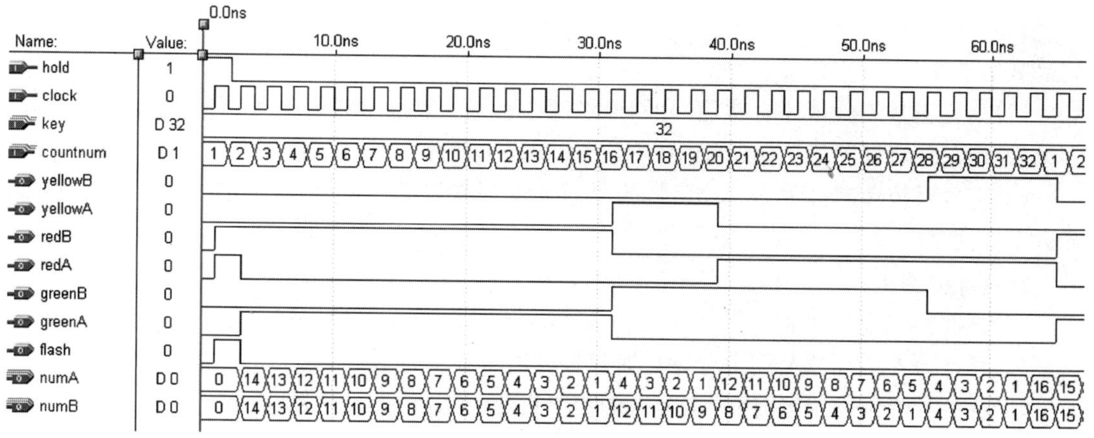

图 14.1.6　控制模块仿真图

14.1.5　引脚锁定

本设计根据实验输入输出要求，选择模式一作为实验电路。信号名及其类型与实验电路信号的对照表如表 14.1.1 所示。

表 14.1.1　信号名及其类型与实验电路信号的对照表

信号名	类型	使用电路信号	信号名	类型	使用电路信号
clkin	输入	CLOCK0	redB	输出	D2
hold	输入	键 8	greenB	输出	D3
reset	输入	键 7	yellowB	输出	D4
A	输入	键 1	flash	输出	D1
B	输入	键 2	numA	输出	PIO27-24
C	输入	键 3	numB	输出	PIO31-28
redA	输出	D8	numC	输出	PIO19-16
greenA	输出	D7	numD	输出	PIO23-20
yellowA	输出	D6			

14.2　综合数字计时器的设计

14.2.1　系统设计要求

基本设计要求：

(1)具有正常的分秒计时功能，分别通过四个数码管显示分秒的时间数值变化。

(2)设置使能控制信号 en，当 en 为低电平时正常工作，en 为高电平时钟停止工作。

(3)设置系统清零开关 clr。当 clr 为低电平时时钟正常工作，clr 为高电平时系统的分秒计数全部清零。

提高部分要求：

(1)具有整点报时功能。当计数到达每个整分时，时钟系统可以自动报时。

(2)将计数器的计数范围由分秒计时扩展到时分秒的计时。

(3)在计数范围内预置时间，实现时钟定时提醒的功能。

14.2.2　系统设计参考方案

根据题目设计要求，采用自顶向下的设计方法，系统的整体组装设计原理图如图 14.2.1 所示，整个系统设计划分成五大模块：clk_div1024 是分频模块；计时模块；alert 模块为整点报警模块；seltime 模块为分时扫描模块；dispa 模块为七段译码模块。其中，sel 模块提供数码管片选信号。

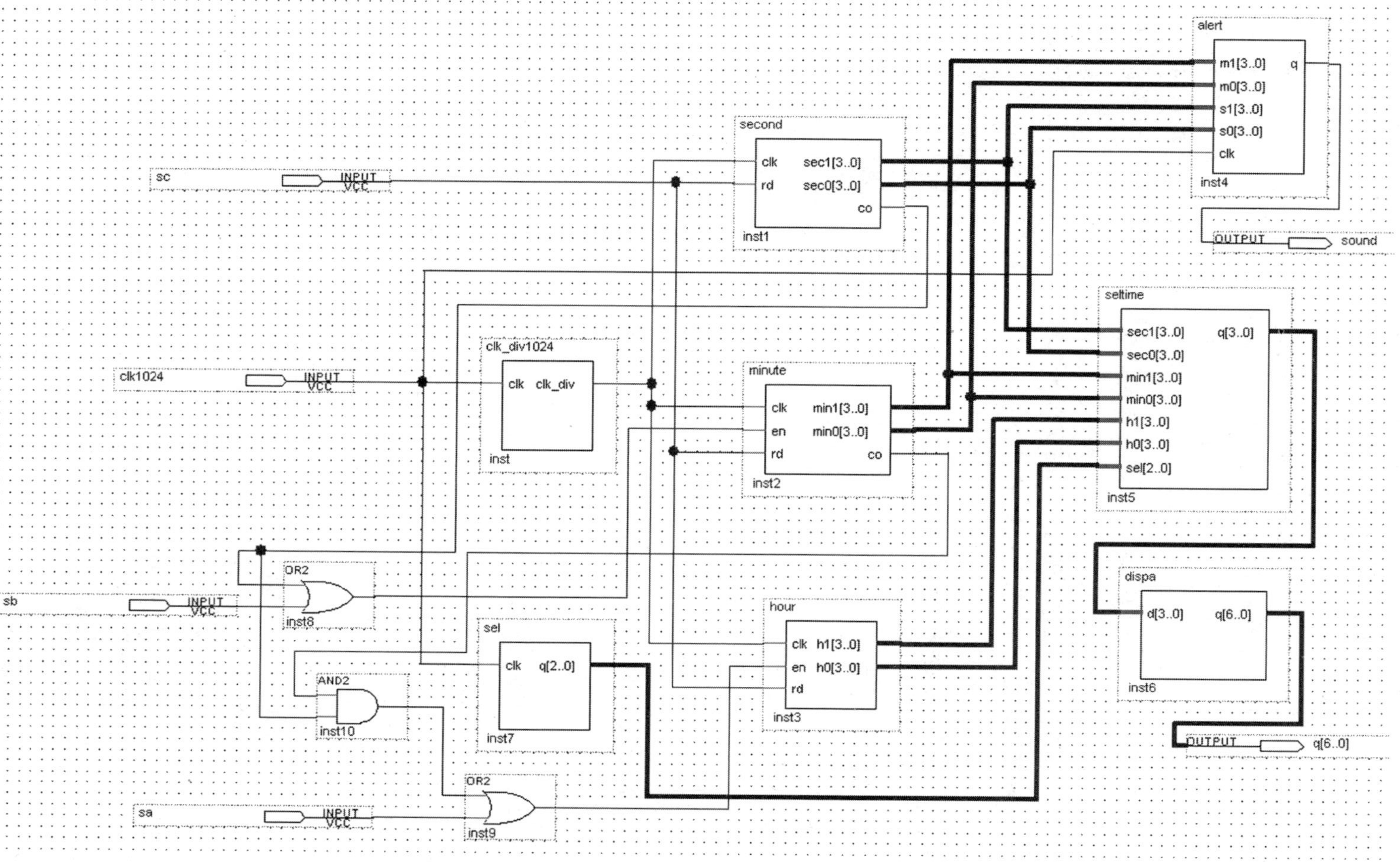

图14.2.1　综合数字计时器组装设计原理图

(1)分频模块。分频模块的功能是产生标准的脉冲信号和提供功能扩展电路所需要的信号。将系统提供的1 024 Hz的时基信号进行分频,产生1 Hz的时钟激励信号,实现对计数模块的驱动。

(2)计时模块。本模块包含了秒计数模块、分计数模块、小时计数模块,主要用来实现时分秒的设定和产生时间信号。其中rd信号为清零信号,高电平有效。

(3)整点报警模块。如果当前时间中分、秒的计时都为零,说明整点到来,计时器报警。

(4)分时扫描模块。该模块的具体功能是将时、分、秒的计数输出给译码器。sel为控制输出的片选信号,它是在时基信号的激励下通过一个八进制加法计数器产生八路选择信号实现的。

(5)译码模块。该模块根据七译码管的译码规则将最终的BCD码转换成七段译码管的数字显示,从而能够直观地显示出所表示的数字。

14.2.3 VHDL参考程序

(1)秒计数器模块VHDL源程序。

```
entity second is
port (clk,rd:in std_logic;
      sec1,sec0:out std_logic_vector(3 downto 0);
      co:out std_logic);
 end second;
architecture miao_arc of second is
begin
process(clk,rd)
variable cnt1:std_logic_vector(3 downto 0);
variable cnt0:std_logic_vector(3 downto 0);
begin
      if rd='1' then
           cnt1:="0000";
           cnt0:="0000";
      elsif clk'event and clk='1' then
          if cnt1="0101" and cnt0="1000" then
                 co<='1';
                 cnt0:="1001";
        elsif cnt0<"1001" then
              cnt0:=cnt0+1;
        else
              cnt0:="0000";
      if cnt1<"0101" then
```

```
          cnt1:=cnt1+1;
        else
          cnt1:="0000";
          co<='0';
        end if;
      end if;
    end if;
sec1<=cnt1;
sec0<=cnt0;
end process;
end miao_arc;
```

(2)整点报警模块 VHDL 源程序。

```
entity alert is
port (m1,m0,s1,s0:in std_logic_vector(3 downto 0);
      clk:in std_logic;
      q:out std_logic);
 end alert;
architecture sst_arc of alert is
begin
 process(clk)
  begin
   if clk'event and clk='1' then
         if m1="0000" and m0="0000" and s1="0000" and s0="0000"then
              q<='1';
              else
              q<='0';
         end if;
      end if;
    end process;
end sst_arc;
```

(3)分时扫描模块 VHDL 源程序。

```
entity seltime is
port (sec1,sec0,min1,min0,h1,h0:in std_logic_vector(3 downto 0);
      sel:in std_logic_vector(2 downto 0);
      q:out std_logic_vector(3 downto 0));
 end seltime;
architecture bbb_arc of seltime is
begin
```

```
process(sel)
  begin
        case sel is
          when"000"=>q<=sec0;
          when"001"=>q<=sec1;
          when"011"=>q<=min0;
          when"100"=>q<=min1;
          when"110"=>q<=h0;
          when"111"=>q<=h1;
          when others=>q<="1111";
        end case;
    end process;
 end bbb_arc;
```

(4)译码器模块 VHDL 源程序。

```
entity dispa is
port (d:in std_logic_vector(3 downto 0);
      q:out std_logic_vector(6 downto 0));
 end dispa;
architecture dispa_arc of dispa is
begin
 process(d)
  begin
        case d is
          when"0000"=>q<="0111111";
          when"0001"=>q<="0000110";
          when"0010"=>q<="1011011";
          when"0011"=>q<="1001111";
          when"0100"=>q<="1100110";
          when"0101"=>q<="1101101";
          when"0110"=>q<="1111101";
          when"0111"=>q<="0100111";
          when"1000"=>q<="1111111";
          when"1001"=>q<="1101111";
          when others=>q<="0000000";
        end case;
    end process;
  end dispa_arc;
```

(5)产生片选信号 sel VHDL 源程序。

```
entity sel is
port (clk:in std_logic;
        q:out std_logic_vector(2 downto 0));
end sel;
architecture sel_arc of sel is
begin
process(clk)
variable cnt:std_logic_vector(2 downto 0);
begin
       if clk'event and clk='1' then
            cnt:=cnt+1;
          end if;
          q<=cnt;
 end process;
end sel_arc;
```

(6)分频模块 VHDL 源程序。

```
ENTITY clk_div1024 is
       port (clk:in std_logic;
               clk_div:out std_logic);
end clk_div1024;
ARCHITECTURE rtl of clk_div1024 is
         signal count:integer range 0 to 511;
         signal clk_temp:std_logic;
         signal cnt:integer range 0 to 511;
         BEGIN
               PROCESS(clk)
                BEGIN
                    If (clk'event AND clk='1') THEN
                       if cnt=511 then
                            cnt<=0;
                          clk_temp<=not clk_temp;
                       else
                          cnt<=cnt+1;
                       END IF;
                 END IF;
            END PROCESS;
            clk_div<=clk_temp;
END rtl;
```

14.2.4 系统仿真

60 进制秒计数器的仿真波形图如图 14.2.2 所示。24 进制小时计数器的仿真波形图如图 14.2.3 所示。报警模块的仿真波形图如图 14.2.4 所示。分时选择模块仿真波形图如图 14.2.5 所示。

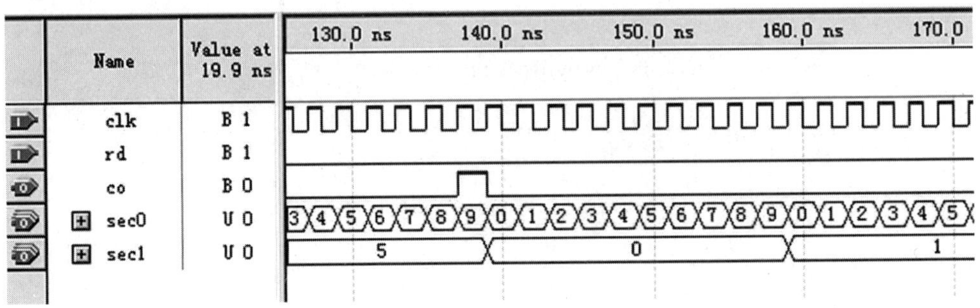

图 14.2.2 60 进制秒计数器的仿真波形图

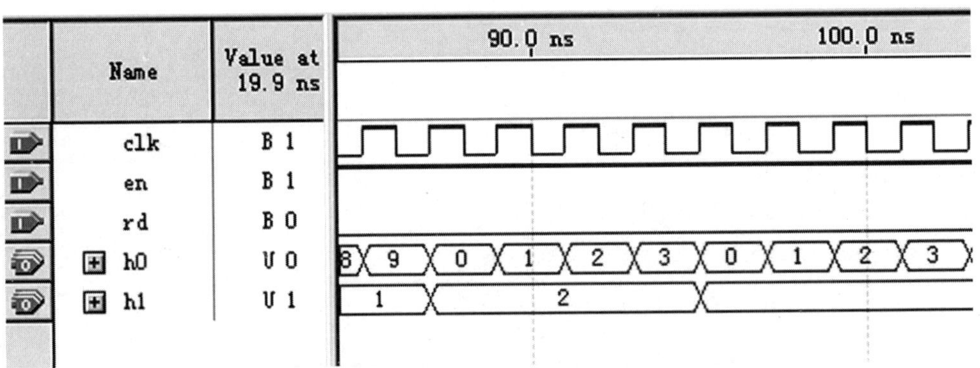

图 14.2.3 24 进制小时计数器的仿真波形图

图 14.2.4 报警模块的仿真波形图

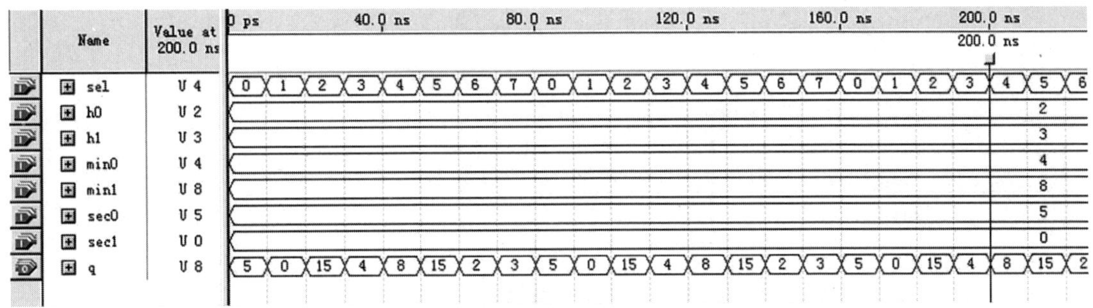

图 14.2.5　分时选择模块仿真波形图

14.3　多路彩灯控制系统设计

14.3.1　系统设计要求

基本设计要求：

(1)实现四路彩灯交替亮灭的循环花型设计。

(2)设置系统清零信号 clr，当 clr=0 时正常工作，clr=1 时系统全部清零。

(3)系统具有节奏快慢选择功能，设置节奏快慢选择开关，控制不同的彩灯闪烁速度。

提高部分要求：

(1)自行设计四种以上的彩灯花型的循环变化。

(2)利用 VHDL 语言编译相应的音乐曲目，设计音乐彩灯控制系统，在彩灯循环闪烁的同时，伴随背景音乐的输出。

14.3.2　系统设计参考方案

本例子利用 VHDL 语言编译相应的音乐曲目，通过音阶编码实现彩灯闪烁。系统的输入信号有时钟信号 clk(12MHz)、系统复位信号 reset、控制选择信号 sel，输出信号有声音信号 s0、七段数码管 led，彩灯输出 d06～d00，z04～z00。整个系统主要由分频模块、音乐产生模块、选择控制模块以及数码管显示模块构成。系统组装模块图如图 14.3.1 所示。

(1)分频模块。分频模块的功能是产生音乐节拍控制信号以及音乐发生器的激励信号。

(2)音乐产生模块。本模块利用音名与频率的对应关系，对音乐发生器的基准频率进行分频，产生所需的乐声，并在音乐节拍控制信号的驱动下转换音调，从而形成乐曲，本模块中通过 VHDL 语言编译了四首歌曲。

(3)选择控制模块。根据选择信号的不同，输出相应的曲目以及音阶代码。

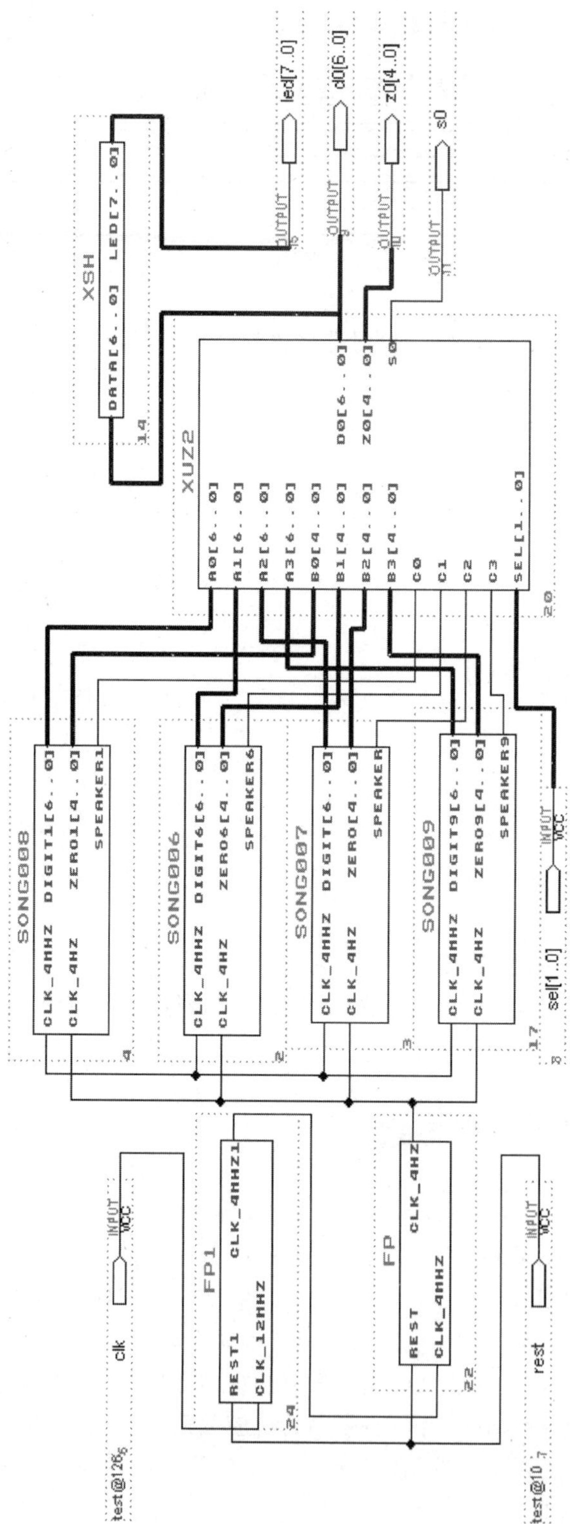

图14.3.1 多路彩灯控制系统模块图

(4)数码管显示模块。该模块的具体功能是根据七段数码管的显示规则,将正在演奏的音符对应的 BCD 码转化在七段数码管上,显示对应的音阶。

14.3.3　VHDL 参考程序

(1)三分频电路的 VHDL 源程序。

```
entity fp1 is
  port (rest1,clk_12MHz:in std_logic;                         ——复位和基准时钟
        clk_4MHz1:out std_logic);
end fp1;
architecture behav of fp1 is
  signal count1:integer range 0 to 2;
begin
plus0:process(clk_12MHz)
begin
  if(rest1='1')then                   ——计数器的产生
  count1<=0;
  elsif(clk_12MHz'event and clk_12MHz='1')then
    if (count1=2)then
      count1<=0;
    else
   count1<=count1+1;
end if;
end if;
end process;
plus1:process(clk_12MHz)
begin
if(clk_12MHz'event and clk_12MHz='1')then
   if (count1<=1) then clk_4MHz1<='0';                 ——产生三分频
  else
   clk_4MHz1<='1';
end if;
end if;
end process;
end behav;
```

(2)《那些花儿》乐曲的 VHDL 源代码。

```
ENTITY song006 IS
  PORT(clk_4MHz,clk_4Hz:IN STD_LOGIC;    ——预置计数器和乐谱产生器的时钟
```

```
        digit6:BUFFER STD_LOGIC_VECTOR(6 DOWNTO 0);      ——高、中、低音数码管指示
        zero6:OUT STD_LOGIC_VECTOR(4 DOWNTO 0);          ——用于数码管高位置低
        speaker6:out STD_LOGIC);           ——扬声器
  END song006;
ARCHITECTURE song_arch OF song006 IS
SIGNAL divider,origin:STD_LOGIC_VECTOR(12 DOWNTO 0);     ——13 位计数值和预置值
SIGNAL counter:integer range 0 to 140;           ——7 位计数器
SIGNAL count:STD_LOGIC_VECTOR(1 DOWNTO 0);            ——记录 1/4 拍
SIGNAL carrier:STD_LOGIC;
BEGIN
zero6<="00000";
PROCESS(clk_4MHz)
BEGIN
IF(clk_4MHz'event AND clk_4MHz='1') THEN
IF(divider="1111111111111") THEN
carrier<='1';
divider<=origin;
ELSE
divider<=divider+'1';
carrier<='0';
END IF;
END IF;
END PROCESS;
PROCESS(carrier)
BEGIN
IF(carrier'event AND carrier='1') THEN
count<=count+'1';                    ——输出时钟四分频
IF count="00" THEN
speaker6<='1';
ELSE
speaker6<='0';
END IF;
END IF;
END PROCESS;
PROCESS(clk_4Hz)
```

```
BEGIN
IF(clk_4Hz'event AND clk_4Hz='1') THEN
IF(counter=140) THEN
counter<=0;
ELSE
counter<=counter+1;
END IF;
END IF;
CASE counter IS                    ——乐谱存储
WHEN 0=>digit6<="0101000"; WHEN 1=>digit6<="0101000";
WHEN 2=>digit6<="0011000"; WHEN 3=>digit6<="0011000";
WHEN 4=>digit6<="0010000"; WHEN 5=>digit6<="0011000";
WHEN 6=>digit6<="0011000"; WHEN 7=>digit6<="0000110";
WHEN 8=>digit6<="0001000"; WHEN 9=>digit6<="0001000";
WHEN 10=>digit6<="0001000"; WHEN 11=>digit6<="0010000";
WHEN 12=>digit6<="0010000"; WHEN 13=>digit6<="0010000";
WHEN 14=>digit6<="0010000"; WHEN 15=>digit6<="0010000";
WHEN 16=>digit6<="0010000"; WHEN 17=>digit6<="0101000";
WHEN 18=>digit6<="0101000"; WHEN 19=>digit6<="0011000";
WHEN 20=>digit6<="0011000"; WHEN 21=>digit6<="0010000";
WHEN 22=>digit6<="0011000"; WHEN 23=>digit6<="0011000";
WHEN 24=>digit6<="0000110"; WHEN 25=>digit6<="0000110";
WHEN 26=>digit6<="0000110"; WHEN 27=>digit6<="0001000";
WHEN 28=>digit6<="0010000"; WHEN 29=>digit6<="0001000";
WHEN 30=>digit6<="0001000"; WHEN 31=>digit6<="0001000";
WHEN 32=>digit6<="0001000"; WHEN 33=>digit6<="0000101";
WHEN 34=>digit6<="0000101"; WHEN 35=>digit6<="0000110";
WHEN 36=>digit6<="0001000"; WHEN 37=>digit6<="0001000";
WHEN 38=>digit6<="0011000"; WHEN 39=>digit6<="0011000";
WHEN 40=>digit6<="0010000"; WHEN 41=>digit6<="0010000";
WHEN 42=>digit6<="0010000"; WHEN 43=>digit6<="0010000";
WHEN 44=>digit6<="0010000"; WHEN 45=>digit6<="0000000";
WHEN 46=>digit6<="0000000"; WHEN 47=>digit6<="0000000";
WHEN 48=>digit6<="0000101"; WHEN 49=>digit6<="0011000";
WHEN 50=>digit6<="0011000"; WHEN 51=>digit6<="0010000";
WHEN others=>digit6<="0000000";
END CASE;
CASE digit6 IS                    ——预置计数初始值
```

```
WHEN "0000011"=>origin<="0100001001100";  --2124
WHEN "0000101"=>origin<="0110000010001";  --3089
WHEN "0000110"=>origin<="0111000111110";  --3646
WHEN "0000111"=>origin<="1000000101101";  --4141
WHEN "0001000"=>origin<="1000100010001";  --4369
WHEN "0010000"=>origin<="1001010110010";  --4786
WHEN "0011000"=>origin<="1010000100101";  --5157
WHEN "0101000"=>origin<="1011000001000";  --5640
WHEN "0110000"=>origin<="1011100011110";  --5918
WHEN "1000000"=>origin<="1100010001000";  --6280
WHEN others=>origin<="1111111111111";  --8191
END CASE;
END PROCESS;
END song_arch;
```

(3)选择模块的 VHDL 源代码。

```
library ieee;
use ieee. std_logic_1164. all;
use ieee. std_logic_arith. all;
use ieee. std_logic_unsigned. all;
entity xuz2 is
    port(a0,a1,a2,a3:in STD_LOGIC_VECTOR(6 DOWNTO 0);  --多路输入信号
        b0,b1,b2,b3:in STD_LOGIC_VECTOR(4 DOWNTO 0);
        c0,c1,c2,c3:in STD_LOGIC;
        s0:out std_logic;
        sel:in std_logic_vector(1 downto 0)
        d0:out STD_LOGIC_VECTOR(6 DOWNTO 0);
        z0:out STD_LOGIC_VECTOR(4 DOWNTO 0) );;
end xuz2;
architecture behav of xuz2 is
begin
  process (sel)
begin
if sel="00" then                  --按条件进行选择
  d0<=a0;z0<=b0;s0<=c0;
if sel="01" then
d0<=a1;z0<=b1;s0<=c1 ;
if sel="10" then
d0<=a2;z0<=b2;s0<=c2;
```

```
else
d0<=a3;z0<=b3;s0<=c3;
end if; end if;
end if;
end process;
end behav;
```

(4)灯显模块。

```
library ieee;
use ieee. std_logic_1164. all;
entity xsh is
  port ( data:in STD_LOGIC_VECTOR(6 DOWNTO 0);
      led:out STD_LOGIC_VECTOR(7 DOWNTO 0));
    end xsh;
    architecture behav of xsh is
    begin
      process(data)
      begin
          case data (6 downto 0) is
        WHEN "0000011"=>led<="01111110";      ——指示灯显示控制模块
        WHEN "0000101"=>led<="10111101";
        WHEN "0000110"=>led<="11011011";
        WHEN "0000111"=>led<="11100111";
        WHEN "0001000"=>led<="11110011";
        WHEN "0010000"=>led<="11111001";
        WHEN "0011000"=>led<="11111100";
        WHEN "0101000"=>led<="00111111";
        WHEN "0110000"=>led<="10011111";
        WHEN "1000000"=>led<="11001111";
        WHEN others=>led<="00000000";
      END CASE;
      END PROCESS;
      END ;
```

14.3.4　管脚锁定

本设计目标器件是 ACEX1K 系列的 EP1K30TC144-3 芯片，选择实验电路为模式 5，根据确定的实验模式锁定在目标芯片中的具体引脚。用键 1、键 2、键 3(PIO0、PIO1、PIO2)控制选择信号 sel0、sel1 以及复位信号 rest；基准时钟信号 clock 选用 clock0，输出信号 s0 接扬声器

speaker。通过短路帽选择 clock0 接 12 MHz 信号。当 rest 键输入高电平时，扬声器发出 12 MHz 高频声，当用 rest 键输入低电平时，通过数控分频模块、音乐发生模块、按键选择模块、动态显示模块的作用，实现音乐的选择播放(表 14.3.1)。

表 14.3.1　管脚配置

端口	端口性质	管脚	端口	端口性质	管脚
sel0	input	8	d06	output	68
sel1	input	9	zero00	output	33
rest	input	10	zero01	output	39
d00	output	30	zero02	output	69
d01	output	31	zero03	output	70
d02	output	32	zero04	output	72
d03	output	36	LED[7..0]	output	20-23/26-29
d04	output	37	clk	input	126
d05	output	38	S0	output	99

14.3.5　系统仿真

(1)三分频器波形仿真图(如图 14.3.2)。

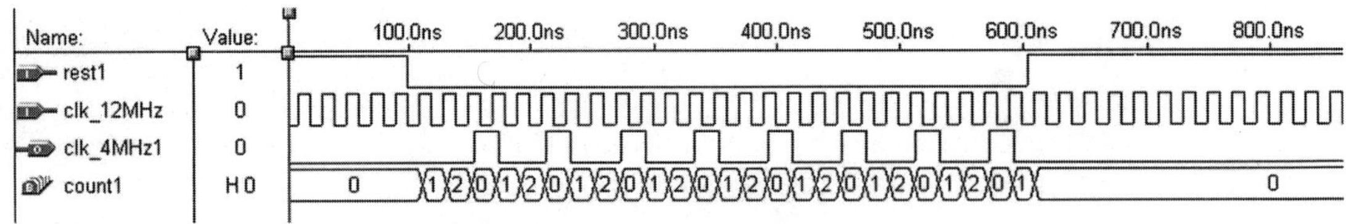

图 14.3.2　三分频器波形仿真图

(2)指示灯显示波形仿真图(如图 14.3.3)。

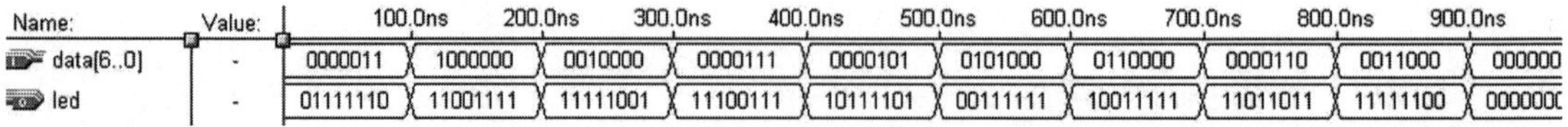

图 14.3.3　指示灯显示波形仿真图

(3)选择器波形仿真图(14.3.4)。

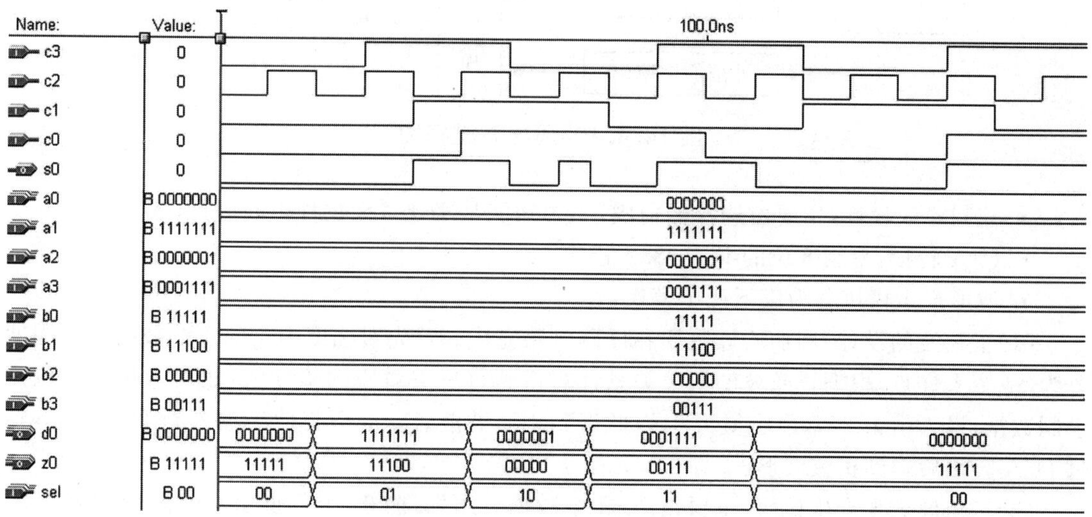

图 14.3.4　选择器波形仿真

14.4　波形信号发生器的设计

14.4.1　系统设计要求

基本设计要求：

(1)产生频率是 1 MHz 的递减斜波、递增斜波、方波以及三角波信号。

(2)设置使能控制信号 en，当 en=0 时正常工作，en=1 时钟停止工作。

(3)设置波形选择控制信号 sel，实现对波形选择输出。

提高部分要求：

(1)产生频率是 1 MHz 的正弦波信号。

(2)可以提供多种频率的信号产生。

(3)通过示波器上显示产生的信号。

14.4.2　系统设计参考方案

整个设计采用 VHDL 语言进行系统描述，系统主要由波形产生模块、频率调节模块、控制模块以及 D/A 转换模块构成，系统框图如图 14.4.1 所示。

各模块作用说明如下：

• 频率调节模块的设计：分频器的功能是在输入端输入不同数据时，对输入时钟产生不同的分频比，输出不同频率的时钟，以改变输出信号的频率。

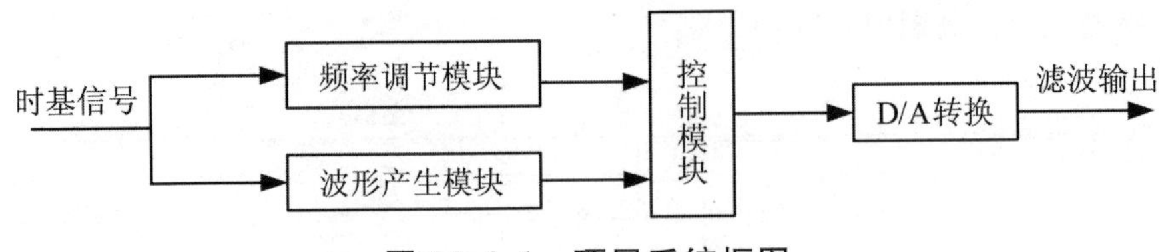

图 14.4.1 顶层系统框图

- 控制模块设计：主要由选择器构成，主要功能是实现对函数种类的选择。
- D/A 转换：采用 8 位的 D/A0832 芯片。
- 波形产生模块分为以下三个模块：

(1)正弦波的设计：用加法计数器和译码电路完成。首先对幅度为 1 的正弦波的一个周期分为 64 个采样点，根据正弦波的函数关系计算得到每一点对应的幅度值，然后量化为 8 位二进制数据，最大值为 255，最小值为 0，以此得到正弦波波表。最后将此表输入到 D/A0832，经过 D/A 转化后得到正弦波形。

(2)三角波数据产生模块：主要是由 64 个数据点产生，前 32 个数据由 0 逐渐增加到 255，后面 32 个后逐渐减小到 0，然后 D/A 转换输出，64 个时钟产生一个周期的波形。

(3)方波的设计：方波波形数据产生模块设计通过交替送出全 0 和全 1，并给以 32 个时钟延时实现，64 个时钟为一个周期。

14.4.3 VHDL 参考程序

```
library ieee;
use ieee.std_logic_1164.all;
use ieee.std_logic_unsigned.all;
entity mine is
 generic(ACCWidth:Integer:=16);                   ——相位累加器的长度
 port (
 CLK:in std_logic;                  ——系统时钟 FClk
 STEP:in std_logic_vector(ACCWidth-1 downto 0);   ——即相位累加器的累加增量
 CHOICE:in std_logic_vector(1 downto 0);          ——波形选择信号
 DAOUT:out std_logic_vector(7 downto 0) );        ——8 位 DA 输出模拟信号，直通方式
end;
architecture a of mine is
signal ACC:std_logic_vector(ACCWidth-1 downto 0):=(others=>'0');
begin
 process(CLK,STEP)
 begin
  if(CLK'event and CLK='1') then
   ACC<=ACC+STEP;
```

```
  end if;
end process;
process(CHOICE,ACC)
begin
 case CHOICE is
  when "00"=>                    ——正弦
   case ACC(ACCWidth-1 downto ACCWidth-8) is
                when "00000000"=>DAOUT<="10000000";
                when "00000001"=>DAOUT<="10000011";
                when "00000010"=>DAOUT<="10000110";
                when "00000011"=>DAOUT<="10001001";
                when "00000100"=>DAOUT<="10001101";
                when "00000101"=>DAOUT<="10010000";
                when "00000110"=>DAOUT<="10010011";
                when "00000111"=>DAOUT<="10010110";
                when "00001000"=>DAOUT<="10011001";
                when "00001001"=>DAOUT<="10011100";
                when "00001010"=>DAOUT<="10011111";
                when "00001011"=>DAOUT<="10100010";
                when "00001100"=>DAOUT<="10100101";
                when "00001101"=>DAOUT<="10101000";
                when "00001110"=>DAOUT<="10101011";
                when "00001111"=>DAOUT<="10101110";
                when "00010000"=>DAOUT<="10110001";
                when "00010001"=>DAOUT<="10110100";
                when "00010010"=>DAOUT<="10110111";
                when "00010011"=>DAOUT<="10111010";
                when "00010100"=>DAOUT<="10111100";
                when "00010101"=>DAOUT<="10111111";
                when "00010110"=>DAOUT<="11000010";
                when "00010111"=>DAOUT<="11000100";
                when "00011000"=>DAOUT<="11000111";
                when "00011001"=>DAOUT<="11001010";
                when "00011010"=>DAOUT<="11001100";
                when "00011011"=>DAOUT<="11001111";
                when "00011100"=>DAOUT<="11010001";
                when "00011101"=>DAOUT<="11010100";
                when "00011110"=>DAOUT<="11010110";
```

```
when "00011111"=>DAOUT<="11011000";
when "00100000"=>DAOUT<="11011011";
when "00100001"=>DAOUT<="11011101";
when "00100010"=>DAOUT<="11011111";
when "00100011"=>DAOUT<="11100001";
when "00100100"=>DAOUT<="11100011";
when "00100101"=>DAOUT<="11100101";
when "00100110"=>DAOUT<="11100111";
when "00100111"=>DAOUT<="11101001";
when "00101000"=>DAOUT<="11101010";
when "00101001"=>DAOUT<="11101100";
when "00101010"=>DAOUT<="11101110";
when "00101011"=>DAOUT<="11101111";
when "00101100"=>DAOUT<="11110001";
when "00101101"=>DAOUT<="11110010";
when "00101110"=>DAOUT<="11110100";
when "00101111"=>DAOUT<="11110101";
when "00110000"=>DAOUT<="11110110";
when "00110001"=>DAOUT<="11110111";
when "00110010"=>DAOUT<="11111001";
when "00110011"=>DAOUT<="11111010";
when "00110100"=>DAOUT<="11111010";
when "00110101"=>DAOUT<="11111011";
when "00110110"=>DAOUT<="11111100";
when "00110111"=>DAOUT<="11111101";
when "00111000"=>DAOUT<="11111110";
when "00111001"=>DAOUT<="11111110";
when "00111010"=>DAOUT<="11111111";
when "00111011"=>DAOUT<="11111111";
when "00111100"=>DAOUT<="11111111";
when "00111101"=>DAOUT<="11111111";
when "00111110"=>DAOUT<="11111111";
when "00111111"=>DAOUT<="11111111";
when "01000000"=>DAOUT<="11111111";
when "01000001"=>DAOUT<="11111111";
when "01000010"=>DAOUT<="11111111";
when "01000011"=>DAOUT<="11111111";
when "01000100"=>DAOUT<="11111111";
```

```
when "01000101"=>DAOUT<="11111111";
when "01000110"=>DAOUT<="11111111";
when "01000111"=>DAOUT<="11111110";
when "01001000"=>DAOUT<="11111110";
when "01001001"=>DAOUT<="11111101";
when "01001010"=>DAOUT<="11111100";
when "01001011"=>DAOUT<="11111011";
when "01001100"=>DAOUT<="11111010";
when "01001101"=>DAOUT<="11111010";
when "01001110"=>DAOUT<="11111001";
when "01001111"=>DAOUT<="11110111";
when "01010000"=>DAOUT<="11110110";
when "01010001"=>DAOUT<="11110101";
when "01010010"=>DAOUT<="11110100";
when "01010011"=>DAOUT<="11110010";
when "01010100"=>DAOUT<="11110001";
when "01010101"=>DAOUT<="11101111";
when "01010110"=>DAOUT<="11101110";
when "01010111"=>DAOUT<="11101100";
when "01011000"=>DAOUT<="11101010";
when "01011001"=>DAOUT<="11101001";
when "01011010"=>DAOUT<="11100111";
when "01011011"=>DAOUT<="11100101";
when "01011100"=>DAOUT<="11100011";
when "01011101"=>DAOUT<="11100001";
when "01011110"=>DAOUT<="11011111";
when "01011111"=>DAOUT<="11011101";
when "01100000"=>DAOUT<="11011011";
when "01100001"=>DAOUT<="11011000";
when "01100010"=>DAOUT<="11010110";
when "01100011"=>DAOUT<="11010100";
when "01100100"=>DAOUT<="11010001";
when "01100101"=>DAOUT<="11001111";
when "01100110"=>DAOUT<="11001100";
when "01100111"=>DAOUT<="11001010";
when "01101000"=>DAOUT<="11000111";
when "01101001"=>DAOUT<="11000100";
when "01101010"=>DAOUT<="11000010";
```

```
when “01101011”=>DAOUT<=“10111111”;
when “01101100”=>DAOUT<=“10111100”;
when “01101101”=>DAOUT<=“10111010”;
when “01101110”=>DAOUT<=“10110111”;
when “01101111”=>DAOUT<=“10110100”;
when “01110000”=>DAOUT<=“10110001”;
when “01110001”=>DAOUT<=“10101110”;
when “01110010”=>DAOUT<=“10101011”;
when “01110011”=>DAOUT<=“10101000”;
when “01110100”=>DAOUT<=“10100101”;
when “01110101”=>DAOUT<=“10100010”;
when “01110110”=>DAOUT<=“10011111”;
when “01110111”=>DAOUT<=“10011100”;
when “01111000”=>DAOUT<=“10011001”;
when “01111001”=>DAOUT<=“10010110”;
when “01111010”=>DAOUT<=“10010011”;
when “01111011”=>DAOUT<=“10010000”;
when “01111100”=>DAOUT<=“10001101”;
when “01111101”=>DAOUT<=“10001001”;
when “01111110”=>DAOUT<=“10000110”;
when “01111111”=>DAOUT<=“10000011”;
when “10000000”=>DAOUT<=“10000000”;
when “10000001”=>DAOUT<=“01111101”;
when “10000010”=>DAOUT<=“01111010”;
when “10000011”=>DAOUT<=“01110111”;
when “10000100”=>DAOUT<=“01110011”;
when “10000101”=>DAOUT<=“01110000”;
when “10000110”=>DAOUT<=“01101101”;
when “10000111”=>DAOUT<=“01101010”;
when “10001000”=>DAOUT<=“01100111”;
when “10001001”=>DAOUT<=“01100100”;
when “10001010”=>DAOUT<=“01100001”;
when “10001011”=>DAOUT<=“01011110”;
when “10001100”=>DAOUT<=“01011011”;
when “10001101”=>DAOUT<=“01011000”;
when “10001110”=>DAOUT<=“01010101”;
when “10001111”=>DAOUT<=“01010010”;
when “10010000”=>DAOUT<=“01001111”;
```

```
when “10010001”=>DAOUT<=“01001100”;
when “10010010”=>DAOUT<=“01001001”;
when “10010011”=>DAOUT<=“01000110”;
when “10010100”=>DAOUT<=“01000100”;
when “10010101”=>DAOUT<=“01000001”;
when “10010110”=>DAOUT<=“00111110”;
when “10010111”=>DAOUT<=“00111100”;
when “10011000”=>DAOUT<=“00111001”;
when “10011001”=>DAOUT<=“00110110”;
when “10011010”=>DAOUT<=“00110100”;
when “10011011”=>DAOUT<=“00110001”;
when “10011100”=>DAOUT<=“00101111”;
when “10011101”=>DAOUT<=“00101100”;
when “10011110”=>DAOUT<=“00101010”;
when “10011111”=>DAOUT<=“00101000”;
when “10100000”=>DAOUT<=“00100101”;
when “10100001”=>DAOUT<=“00100011”;
when “10100010”=>DAOUT<=“00100001”;
when “10100011”=>DAOUT<=“00011111”;
when “10100100”=>DAOUT<=“00011101”;
when “10100101”=>DAOUT<=“00011011”;
when “10100110”=>DAOUT<=“00011001”;
when “10100111”=>DAOUT<=“00010111”;
when “10101000”=>DAOUT<=“00010110”;
when “10101001”=>DAOUT<=“00010100”;
when “10101010”=>DAOUT<=“00010010”;
when “10101011”=>DAOUT<=“00010001”;
when “10101100”=>DAOUT<=“00001111”;
when “10101101”=>DAOUT<=“00001110”;
when “10101110”=>DAOUT<=“00001100”;
when “10101111”=>DAOUT<=“00001011”;
when “10110000”=>DAOUT<=“00001010”;
when “10110001”=>DAOUT<=“00001001”;
when “10110010”=>DAOUT<=“00000111”;
when “10110011”=>DAOUT<=“00000110”;
when “10110100”=>DAOUT<=“00000110”;
when “10110101”=>DAOUT<=“00000101”;
when “10110110”=>DAOUT<=“00000100”;
```

```
when “10110111”=>DAOUT<=“00000011”;
when “10111000”=>DAOUT<=“00000010”;
when “10111001”=>DAOUT<=“00000010”;
when “10111010”=>DAOUT<=“00000001”;
when “10111011”=>DAOUT<=“00000001”;
when “10111100”=>DAOUT<=“00000001”;
when “10111101”=>DAOUT<=“00000000”;
when “10111110”=>DAOUT<=“00000000”;
when “10111111”=>DAOUT<=“00000000”;
when “11000000”=>DAOUT<=“00000000”;
when “11000001”=>DAOUT<=“00000000”;
when “11000010”=>DAOUT<=“00000000”;
when “11000011”=>DAOUT<=“00000000”;
when “11000100”=>DAOUT<=“00000001”;
when “11000101”=>DAOUT<=“00000001”;
when “11000110”=>DAOUT<=“00000001”;
when “11000111”=>DAOUT<=“00000010”;
when “11001000”=>DAOUT<=“00000010”;
when “11001001”=>DAOUT<=“00000011”;
when “11001010”=>DAOUT<=“00000100”;
when “11001011”=>DAOUT<=“00000101”;
when “11001100”=>DAOUT<=“00000110”;
when “11001101”=>DAOUT<=“00000110”;
when “11001110”=>DAOUT<=“00000111”;
when “11001111”=>DAOUT<=“00001001”;
when “11010000”=>DAOUT<=“00001010”;
when “11010001”=>DAOUT<=“00001011”;
when “11010010”=>DAOUT<=“00001100”;
when “11010011”=>DAOUT<=“00001110”;
when “11010100”=>DAOUT<=“00001111”;
when “11010101”=>DAOUT<=“00010001”;
when “11010110”=>DAOUT<=“00010010”;
when “11010111”=>DAOUT<=“00010100”;
when “11011000”=>DAOUT<=“00010110”;
when “11011001”=>DAOUT<=“00010111”;
when “11011010”=>DAOUT<=“00011001”;
when “11011011”=>DAOUT<=“00011011”;
when “11011100”=>DAOUT<=“00011101”;
```

```
                when "11011101"=>DAOUT<="00011111";
                when "11011110"=>DAOUT<="00100001";
                when "11011111"=>DAOUT<="00100011";
                when "11100000"=>DAOUT<="00100101";
                when "11100001"=>DAOUT<="00101000";
                when "11100010"=>DAOUT<="00101010";
                when "11100011"=>DAOUT<="00101100";
                when "11100100"=>DAOUT<="00101111";
                when "11100101"=>DAOUT<="00110001";
                when "11100110"=>DAOUT<="00110100";
                when "11100111"=>DAOUT<="00110110";
                when "11101000"=>DAOUT<="00111001";
                when "11101001"=>DAOUT<="00111100";
                when "11101010"=>DAOUT<="00111110";
                when "11101011"=>DAOUT<="01000001";
                when "11101100"=>DAOUT<="01000100";
                when "11101101"=>DAOUT<="01000110";
                when "11101110"=>DAOUT<="01001001";
                when "11101111"=>DAOUT<="01001100";
                when "11110000"=>DAOUT<="01001111";
                when "11110001"=>DAOUT<="01010010";
                when "11110010"=>DAOUT<="01010101";
                when "11110011"=>DAOUT<="01011000";
                when "11110100"=>DAOUT<="01011011";
                when "11110101"=>DAOUT<="01011110";
                when "11110110"=>DAOUT<="01100001";
                when "11110111"=>DAOUT<="01100100";
                when "11111000"=>DAOUT<="01100111";
                when "11111001"=>DAOUT<="01101010";
                when "11111010"=>DAOUT<="01101101";
                when "11111011"=>DAOUT<="01110000";
                when "11111100"=>DAOUT<="01110011";
                when "11111101"=>DAOUT<="01110111";
                when "11111110"=>DAOUT<="01111010";
                when "11111111"=>DAOUT<="01111101";
  when others=>DAOUT<=(others=>'0');
 end case;
when "01"=>              ——三角波
```

```
    case ACC(ACCWidth-1) is
     when '0'=>DAOUT<=ACC(ACCWidth-2 downto ACCWidth-9);
     when '1'=>DAOUT<=("11111111" -ACC(ACCWidth-2 downto ACCWidth-9) );
     when others=>DAOUT<=(others=>'0');
    end case;
  when "10"=>                ——方波
    case ACC(ACCWidth-1) is
     when '0'=>DAOUT<=(others=>'0');
     when '1'=>DAOUT<=(others=>'1');
     when others=>DAOUT<=(others=>'0');
    end case ;
  when "11"=>                ——锯齿波
     DAOUT<=ACC(ACCWidth-1 downto ACCWidth-8);
       when others=>DAOUT<=(others=>'0');
     end case;
   end process;
  end;
```

14.4.4 仿真波形图及引脚配置图

累加器波形仿真图如图 14.4.2 所示。正弦波仿真图如图 14.4.3 所示。方波仿真图如图 14.4.4 所示。三角波仿真图如图 14.4.5 所示。锯齿波仿真图如图 14.4.6 所示。总设计仿真图如图 14.4.7 所示。引脚配置图如图 14.4.8 所示。

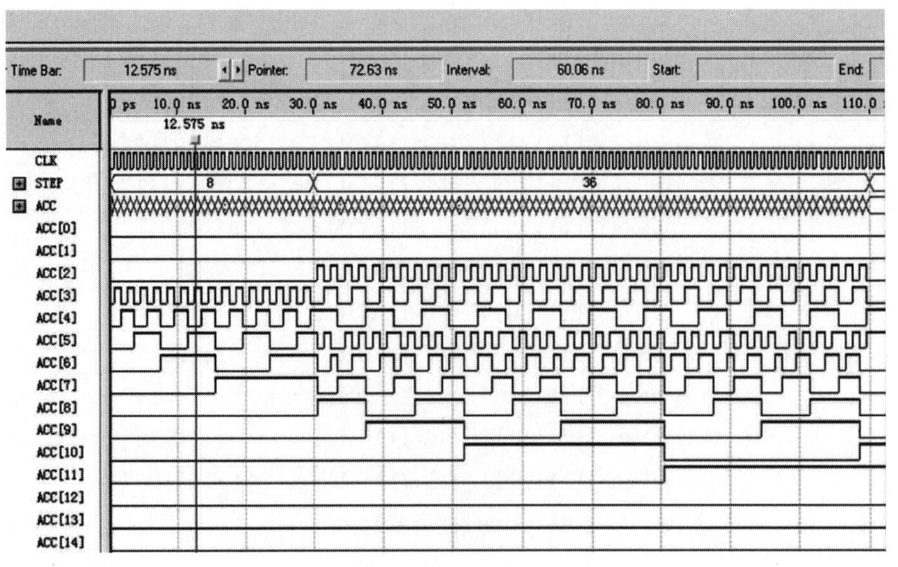

图 14.4.2 累加器波形仿真图

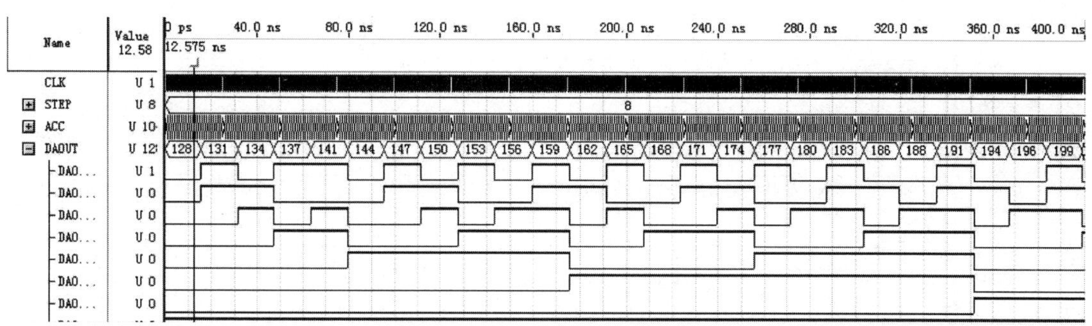

图 14.4.3　正弦波仿真图

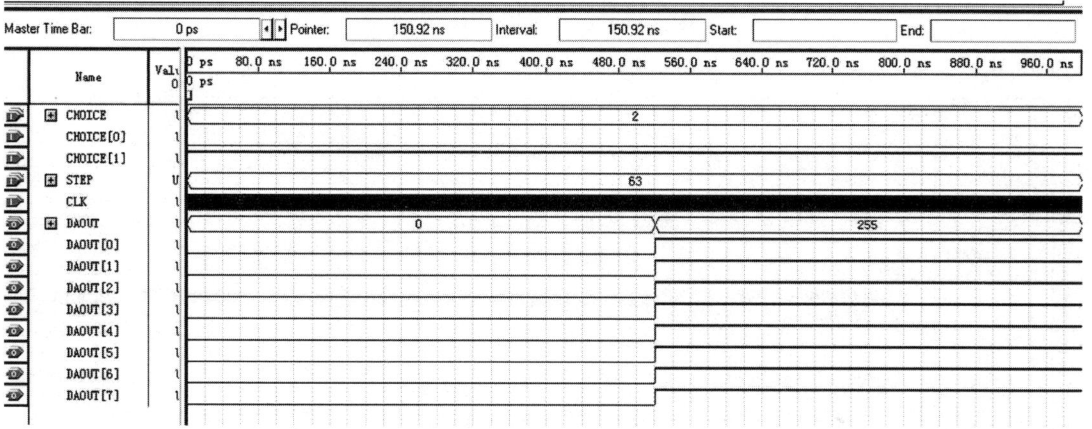

图 14.4.4　方波仿真图

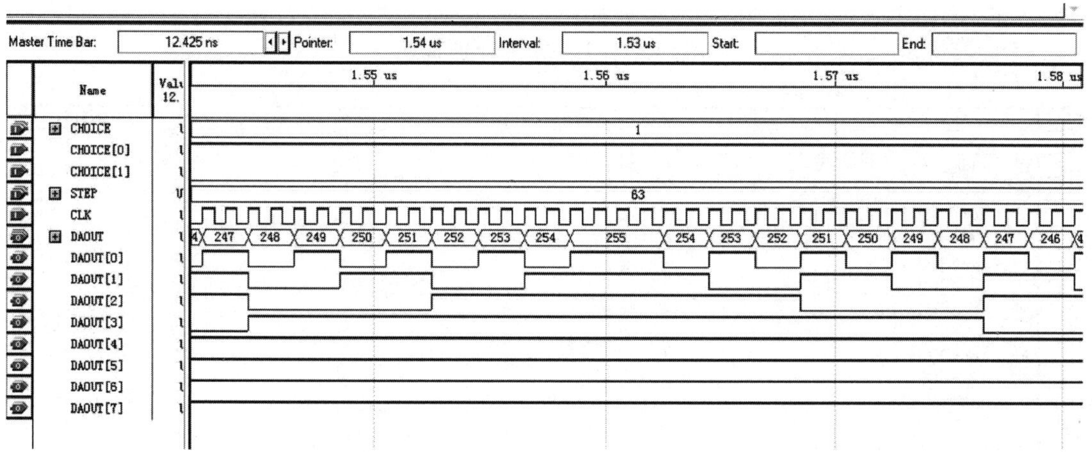

图 14.4.5　三角波仿真图

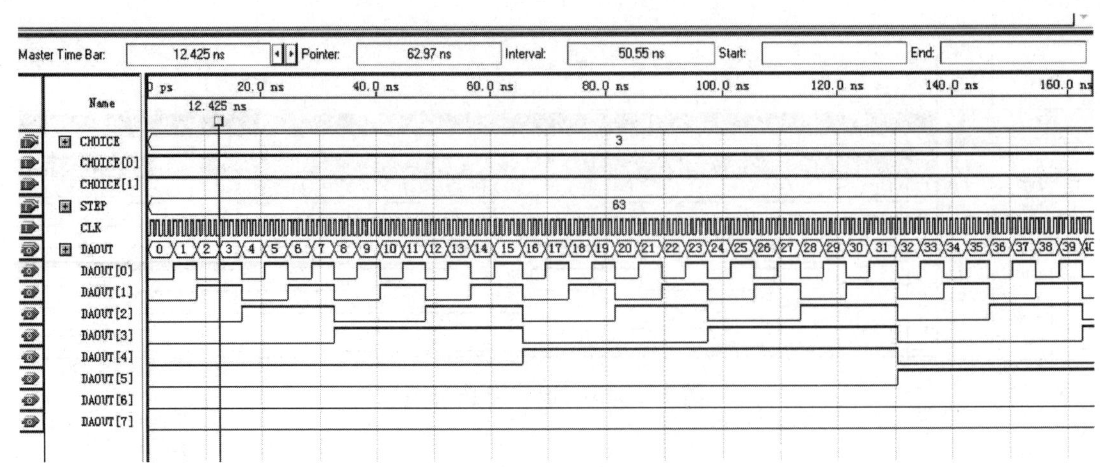

图 14.4.6　锯齿波仿真图

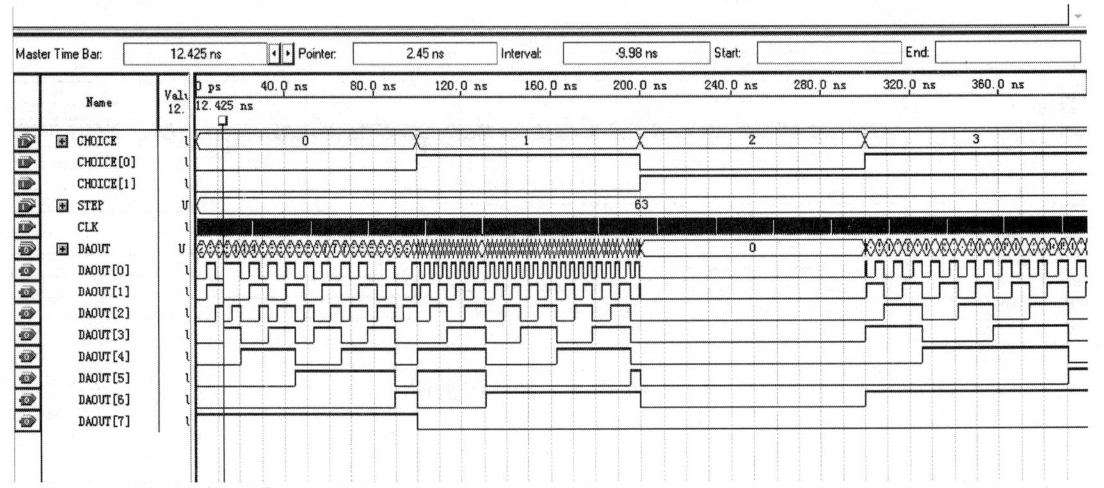

图 14.4.7　总设计仿真图

	Node Name	Direction	Location	I/O Bank	Vref Group	I/O Standard
1	CHOICE[0]	Input	PIN_18			LVTTL/LVCMOS (defa...
2	CHOICE[1]	Input	PIN_19			LVTTL/LVCMOS (defa...
3	CLK	Input	PIN_126			LVTTL/LVCMOS (defa...
4	DAOUT[0]	Output	PIN_41			LVTTL/LVCMOS (defa...
5	DAOUT[1]	Output	PIN_42			LVTTL/LVCMOS (defa...
6	DAOUT[2]	Output	PIN_65			LVTTL/LVCMOS (defa...
7	DAOUT[3]	Output	PIN_67			LVTTL/LVCMOS (defa...
8	DAOUT[4]	Output	PIN_68			LVTTL/LVCMOS (defa...
9	DAOUT[5]	Output	PIN_69			LVTTL/LVCMOS (defa...
10	DAOUT[6]	Output	PIN_70			LVTTL/LVCMOS (defa...
11	DAOUT[7]	Output	PIN_72			LVTTL/LVCMOS (defa...
12	STEP[0]	Input	PIN_8			LVTTL/LVCMOS (defa...
13	STEP[1]	Input	PIN_9			LVTTL/LVCMOS (defa...
14	STEP[2]	Input	PIN_10			LVTTL/LVCMOS (defa...
15	STEP[3]	Input	PIN_12			LVTTL/LVCMOS (defa...
16	STEP[4]	Input	PIN_13			LVTTL/LVCMOS (defa...

图 14.4.8　引脚配置图

参考文献

[1] 黄智伟.基于 NI Multisim 的电子电路计算机仿真设计与分析[M].北京:电子工业出版社,2008.

[2] 张新喜.Multisim 10 电路仿真及应用[M].北京:机械工业出版社,2010.

[3] 于军.数字电子技术实验[M].北京:中国电力出版社,2010.

[4] 蒋卓勤,黄天录,邓玉元.Multisim 及其在电子设计中的应用[M].西安:西安电子科技大学出版社,2011.

[5] 周润景,张丽敏,王伟.Altium Designer 原理图与 PCB 设计[M].北京:电子工业出版社,2009.

[6] 高敬鹏,武超群,王臣业.Altium Designer 原理图与 PCB 设计教程[M].北京:机械工业出版社,2013.

[7] 张义和.Altium Designer 电路设计全攻略——电路板设计[M].北京:科学出版社,2013.

[8] 陈学平.Altium Designer 10.0 电路设计实用教程[M].北京:清华大学出版社,2013.

[9] 侯伯亨,刘凯,顾新.VHDL 硬件描述语言与数字逻辑电路设计[M].西安:西安电子科技大学出版社,2014.

[10] 张鹏南,孙宇,夏洪洋.基于 Quartus II 的 VHDL 数字系统设计入门与应用实例[M].北京:电子工业出版社,2012.

[11] 潘松,黄继业.EDA 技术与 VHDL[M].4 版.北京:清华大学出版社,2013.

[12] 徐向民.VHDL 数字系统设计[M].北京:电子工业出版社,2015.